卓越工程师培养计划

■ **PLC** ■

http://www.phei.com.cn

初 航 史进波 编著

三菱FX系列

PLC编程及应用

（第2版）

U0350291

电子工业出版社

Publishing House of Electronics Industry

北京·BEIJING

内 容 摘 要

本书以三菱公司主流的 FX2N 系列 PLC 为例,由浅入深、通俗易懂地介绍了 FX2N 系列产品的工作原理、硬件结构、指令系统、特殊模块、通信知识,以及手持编程器和 GX Developer 编程软件的使用方法;同时,结合丰富的工程实例介绍了 PLC 编程的方法与技巧。

本书适合从事 PLC 控制系统设计、开发的工程技术人员阅读使用,也可作为高等院校自动化、电气工程、测控技术及仪器、电子科学与技术、机电一体化技术等专业的教学用书。

图书在版编目(CIP)数据

三菱 FX 系列 PLC 编程及应用/初航,史进波编著. —2 版. —北京:电子工业出版社,2014.3
(卓越工程师培养计划)
ISBN 978 - 7 - 121 - 22477 - 5

Ⅰ. ①三… Ⅱ. ①初… ②史… Ⅲ. ①plc 技术 – 程序设计 Ⅳ. ①TM571. 6

中国版本图书馆 CIP 数据核字(2014)第 029147 号

责任编辑:张　剑(zhang@ phei. com. cn)
印　　刷:北京虎彩文化传播有限公司
装　　订:北京虎彩文化传播有限公司
出版发行:电子工业出版社
　　　　　北京市海淀区万寿路 173 信箱　邮编　100036
开　　本:787×1 092　1/16　印张:21　字数:538 千字
版　　次:2011 年 1 月第 1 版
　　　　　2014 年 3 月第 2 版
印　　次:2021 年 8 月第 10 次印刷
定　　价:49. 90 元

凡所购买电子工业出版社图书有缺损问题,请向购买书店调换。若书店售缺,请与本社发行部联系,联系及邮购电话:(010)88254888。

质量投诉请发邮件至 zlts@ phei. com. cn,盗版侵权举报请发邮件至 dbqq@ phei. com. cn。

服务热线:(010)88258888。

前　言

可编程控制器（PLC）是专门应用于工业环境的以计算机技术为核心的自动控制装置。经过多年的发展，PLC已集数据处理、程序控制、参数调节和数据通信等功能于一体，可以满足工业控制中绝大多数应用场合的需要。

本书所介绍的三菱 FX2N 系列 PLC 是日本三菱公司小型 PLC 的代表产品之一。本书按照实际 PLC 控制系统设计的需要，在广泛吸收先进设计思想的基础上，系统地介绍 PLC 基础知识、指令系统、通信应用及扩展技术，便于读者全面、深入地掌握 PLC 的应用技术。在编写过程中，注意遵循由浅入深、循序渐进的认识规律，便于读者学习和掌握。

本书分为 10 章。各章的主要内容如下所述。

第 1 章：重点介绍 PLC 的特点、基本组成、编程语言及常见产品。通过讲解，使读者对 PLC 有一个基本的认识，了解 PLC 的产生、演化过程，掌握常见 PLC 的型号及其基本组成部分，了解 PLC 常见的编程语言及编程方式等知识。

第 2 章：详细介绍三菱 FX2N 系列 PLC 的结构特点、型号分类，以及不同型号的配置情况，讲解了 PLC 的内部软元件的编号、作用及使用注意事项，使读者可以系统地了解 FX2N 系列 PLC 的软、硬件组成，为后续学习打好基础。

第 3 章：以三菱 FX2N 系列 PLC 为例，详细介绍 PLC 的基本指令系统、编程元件等软件知识。本章介绍了 FX 系列 PLC 的编程语言，详细讲解了 PLC 的内部软元件的编号、作用及使用注意事项。

第 4 章：讲解 PLC 步进指令的基本格式、应用方法，并结合实例介绍状态转移图的流程分类及应用方法等知识。

第 5 章：讲述 FX2N 应用指令的类别、功能定义和书写方式，使读者掌握应用指令的使用条件、表示的方法及编程的规则，能针对一般的工程控制要求，应用功能指令编写工程控制程序。

第 6 章：介绍三菱公司 FX 系列 PLC 某些特殊功能模块的主要性能、电路连接及编程应用方法。

第 7 章：介绍有关数字通信的基本知识和基本实现方法。重点让读者了解 FX 系列 PLC 的 N:N 链接与并行链接通信协议、计算机链接通信协议、无协议通信方式及其应用。

第 8 章：介绍 PLC 控制系统设计所必须遵循的基本原则，以及 PLC 控制系统的硬件设计方面的问题，使读者对 PLC 的使用和设计有一个比较全面的了解。

第 9 章：介绍三菱 FX2N 系列 PLC 在实际工业控制中的应用。结合工程实例讲述了进行硬件、软件设计的方法、步骤及注意事项。读者通过本章的学习，掌握 PLC 控制系统的设计方法及应用知识。

第 10 章：结合实例介绍使用手持编程器 FX – 20P – E 进行工程开发的方法，以及 PLC 编程应用软件 GX Developer 的使用方法。

本书部分章节的编写参考了三菱公司最新的技术资料和同行的相关文献，在此对书中所参考和引用的相关教材与资料的作者、译者和单位表示感谢！

本书主要由初航、史进波编著。参加本书编写的还有李昊、陈建国、初嫣、王燕、李亮亮、管殿柱、宋一兵、李文秋、王献红、张轩和付本国。

因编者水平及时间有限，书中难免有疏漏之处，恳请读者批评指正。

编著者

目　　录

第1章　PLC 概述 ･･ 1

1.1　PLC 的产生与发展 ･･ 1

1.2　PLC 的特点与工作原理 ･･････････････････････････････････ 2

1.3　PLC 的分类 ･･･ 5

1.4　PLC 的编程语言 ･･･ 9

1.5　继电控制与 PLC 控制比较 ･･･････････････････････････････ 12

思考与练习 ･･･ 13

第2章　FX 系列 PLC 的体系结构 ････････････････････････････ 14

2.1　FX 系列 PLC 简介 ･････････････････････････････････････ 14

2.1.1　FX 系列 PLC 型号命名方式 ･････････････････････････ 14

2.1.2　FX 系列 PLC 的技术指标 ･･･････････････････････････ 15

2.1.3　FX 系列 PLC 的性能比较 ･･･････････････････････････ 15

2.2　FX2N PLC 的硬件结构 ･･･････････････････････････････････ 16

2.2.1　主机面板结构 ･････････････････････････････････････ 16

2.2.2　FX2N 系列 PLC 的技术特点、技术指标 ･････････････ 17

2.2.3　FX2N 系列 PLC 的结构模块 ････････････････････････ 19

2.2.4　FX2N 系列 PLC 常用单元 ･･････････････････････････ 23

2.3　FX2N 系列 PLC 内部资源 ･･･････････････････････････････ 26

2.3.1　I/O 继电器的编号及其功能 ･････････････････････････ 26

2.3.2　辅助继电器的编号及其功能 ･･･････････････････････ 27

2.3.3　状态继电器的编号及其功能 ･･･････････････････････ 28

2.3.4　定时器的编号及其功能 ･････････････････････････････ 28

2.3.5　内部计数器的编号及其功能 ･･･････････････････････ 29

2.3.6　数据寄存器的编号及其功能 ･･･････････････････････ 32

2.3.7　指针的编号及其功能 ･･･････････････････････････････ 33

2.3.8　实例：优先电路 ･･･････････････････････････････････ 33

2.3.9　实例：译码电路 ･･･････････････････････････････････ 34

思考与练习 ･･･ 35

第3章　FX 系列 PLC 基本指令系统 ････････････････････････ 36

3.1　数值基础知识 ･･ 36

3.2　基本逻辑指令 ･･ 37

3.2.1　逻辑取及线圈驱动指令 ･････････････････････････････ 37

3.2.2　触点串联指令 ･････････････････････････････････････ 38

3.2.3　触点并联指令 ･････････････････････････････････････ 39

3.2.4　串联电路块并联指令 ………………………………………………… 40

3.2.5　并联电路块串联指令 ………………………………………………… 40

3.2.6　多重输出电路指令 …………………………………………………… 41

3.2.7　主控指令 ……………………………………………………………… 43

3.2.8　置位与复位指令 ……………………………………………………… 45

3.2.9　计数器、定时器指令 ………………………………………………… 46

3.2.10　脉冲指令 …………………………………………………………… 47

3.2.11　脉冲输出指令 ……………………………………………………… 48

3.2.12　取反指令 …………………………………………………………… 48

3.2.13　空操作指令、程序结束指令 ……………………………………… 49

3.3　梯形图编程规则 …………………………………………………………… 50

3.4　基本指令应用 ……………………………………………………………… 53

3.4.1　定时器应用 …………………………………………………………… 53

3.4.2　异步电动机单向运转控制电路设计 ………………………………… 54

3.4.3　异步电动机可逆运行控制互锁电路设计 …………………………… 55

3.4.4　三台电动机分时起动的基本延时电路设计 ………………………… 57

3.4.5　电动机星三角起动控制 ……………………………………………… 58

3.4.6　按钮计数控制 ………………………………………………………… 60

3.4.7　单按钮双路交替启/停输出控制 …………………………………… 60

3.4.8　报警电路的 PLC 程序设计 ………………………………………… 61

3.4.9　纺织用刺针冲刺机控制程序 ………………………………………… 62

思考与练习 ……………………………………………………………………… 64

第4章　FX 系列 PLC 步进指令 …………………………………………………… 65

4.1　状态转移图 ………………………………………………………………… 65

4.2　步进指令及编程方法 ……………………………………………………… 67

4.2.1　步进指令介绍 ………………………………………………………… 67

4.2.2　步进梯形图编程方法 ………………………………………………… 68

4.2.3　编程注意事项 ………………………………………………………… 69

4.3　状态转移图常见流程状态 ………………………………………………… 73

4.3.1　单流程状态编程 ……………………………………………………… 73

4.3.2　跳转与重复状态 ……………………………………………………… 75

4.3.3　选择性分支与汇合状态编程 ………………………………………… 78

4.3.4　并行分支与汇合状态 ………………………………………………… 82

4.3.5　分支与汇合的组合 …………………………………………………… 86

思考与练习 ……………………………………………………………………… 90

第5章　PLC 应用指令 ……………………………………………………………… 93

5.1　应用指令的表示与执行方式 ……………………………………………… 93

5.1.1　指令与操作数 ………………………………………………………… 93

5.1.2　指令的数据长度与执行形式 ………………………………………… 94

5.2　常用应用指令说明 ………………………………………………………… 97

5.2.1 程序流程控制指令 ····································· 98

5.2.2 数据传送与比较指令 ····································· 104

5.2.3 算术与逻辑运算指令 ····································· 108

5.2.4 数据循环与移位指令 ····································· 112

5.2.5 数据处理指令 ··· 117

5.2.6 高速处理指令 ··· 119

5.2.7 方便类指令 ·· 122

5.2.8 外围设备 I/O 应用指令 ··································· 124

5.3 其他应用指令 ··· 128

5.4 功能指令应用实例 ·· 129

5.4.1 实例：应用转移指令对分支程序 A 和 B 进行控制 ··············· 129

5.4.2 实例：分频器控制程序 ··································· 130

5.4.3 实例：十键输入指令编程 ································· 130

5.4.4 实例：BCD 码显示指令编程 ······························ 131

5.4.5 实例：应用高速计数器控制变频电动机 ····················· 131

5.4.6 实例：数据传送程序 ···································· 133

5.4.7 实例：应用子程序调用指令编程 ··························· 133

思考与练习 ··· 135

第6章 三菱 FX 系列 PLC 特殊功能模块 ····························· 136

6.1 模拟量 I/O 特殊模块 ······································ 136

6.1.1 FX2N - 4AD 输入模块 ···································· 136

6.1.2 FX2N - 4AD - PT 温度输入模块 ····························· 139

6.1.3 FX2N - 2DA 输出模块 ···································· 141

6.1.4 设定增益和偏移量 ····································· 143

6.2 高速计数模块 ··· 144

6.3 可编程凸轮控制器模块 ····································· 147

6.3.1 缓冲寄存器及设置 ····································· 148

6.3.2 应用实例 ··· 150

6.4 通信模块 ·· 151

6.4.1 FX2N - 232 - BD ······································· 151

6.4.2 FX2N - 485 - BD ······································· 152

6.5 应用实例 ·· 153

6.5.1 实例：恒压供水系统 ···································· 153

6.5.2 实例：工业洗衣机控制系统 ······························ 157

思考与练习 ··· 159

第7章 PLC 的通信与计算机通信网络 ······························· 160

7.1 通信基本知识 ··· 160

7.1.1 数据通信系统构成 ····································· 160

7.1.2 数据通信方式及传输速率 ································· 160

7.1.3 串行通信接口标准 ····································· 162

7.2　计算机通信的国际标准 ……………………………………………………… 164
　7.2.1　开放系统互连模型 …………………………………………………… 164
　7.2.2　IEEE802 通信标准 …………………………………………………… 165
　7.2.3　局域网的介质访问控制 ……………………………………………… 167
7.3　PLC 与 PLC 之间的通信 …………………………………………………… 169
　7.3.1　N∶N 链接通信 ………………………………………………………… 169
　7.3.2　双机并行链接通信 …………………………………………………… 175
7.4　计算机链接与无协议数据传输 ……………………………………………… 176
　7.4.1　串行通信协议的格式 ………………………………………………… 177
　7.4.2　计算机链接通信协议 ………………………………………………… 178
　7.4.3　无协议数据传输 ……………………………………………………… 181
7.5　MELSEC NET 网络 …………………………………………………………… 184
7.6　实例：PLC 与变频器的 RS – 485 通信 …………………………………… 186
思考与练习 …………………………………………………………………………… 190

第 8 章　PLC 的应用 ………………………………………………………………… 192
8.1　PLC 控制系统设计的内容和步骤 …………………………………………… 192
　8.1.1　系统设计的主要原则和内容 ………………………………………… 192
　8.1.2　PLC 控制系统设计步骤 ……………………………………………… 193
8.2　PLC 控制系统的硬件设计 …………………………………………………… 194
　8.2.1　PLC 机型的选择 ……………………………………………………… 194
　8.2.2　I/O 模块的选择 ……………………………………………………… 196
8.3　PLC 控制系统软件设计 ……………………………………………………… 198
　8.3.1　软件系统设计的步骤 ………………………………………………… 198
　8.3.2　PLC 软件系统设计的方法 …………………………………………… 199
　8.3.3　用经验法设计小车的左右行走控制系统 …………………………… 200
　8.3.4　用梯形图法设计机床刀具主轴运动控制系统 ……………………… 201
　8.3.5　用步进顺控法设计搬运机械手控制程序 …………………………… 202
　8.3.6　控制系统的调试 ……………………………………………………… 205
8.4　PLC 控制系统的可靠性措施 ………………………………………………… 207
　8.4.1　系统安装及环境条件设计 …………………………………………… 208
　8.4.2　布线注意事项 ………………………………………………………… 209
　8.4.3　接地系统设计 ………………………………………………………… 214
　8.4.4　供电系统设计 ………………………………………………………… 215
　8.4.5　冗余系统与热备用系统 ……………………………………………… 216
　8.4.6　PLC 控制系统工程应用的抗干扰设计 ……………………………… 220
8.5　静电预防 ……………………………………………………………………… 223
8.6　节省 I/O 点数的方法 ………………………………………………………… 225
　8.6.1　节省输入点数的方法 ………………………………………………… 225
　8.6.2　节省输出点数的方法 ………………………………………………… 226
思考与练习 …………………………………………………………………………… 227

第9章 三菱 FX2N 系列 PLC 应用实例 ·· 228

9.1 滚砂机控制系统 ··· 228

9.1.1 系统需求分析 ·· 228

9.1.2 硬件设计 ··· 228

9.1.3 软件设计 ··· 230

9.2 FX2N PLC 在给煤机输煤系统中的应用 ·· 235

9.2.1 系统需求分析 ·· 235

9.2.2 系统硬件设计 ·· 236

9.2.3 系统软件设计 ·· 241

9.3 FX2N PLC 在气动机械手中的应用 ··· 248

9.3.1 系统需求分析 ·· 248

9.3.2 系统硬件设计 ·· 249

9.3.3 系统软件设计 ·· 250

9.4 FX2N PLC 在饮料灌装机中的应用 ··· 255

9.4.1 系统需求分析 ·· 255

9.4.2 系统硬件设计 ·· 256

9.4.3 系统软件设计 ·· 257

9.5 FX2N PLC 在电梯控制系统中的应用 ·· 260

9.5.1 系统需求分析 ·· 260

9.5.2 系统硬件设计 ·· 262

9.5.3 系统软件设计 ·· 265

9.6 电镀流水线控制系统设计 ··· 270

9.6.1 系统需求分析 ·· 270

9.6.2 系统硬件设计 ·· 273

9.6.3 系统软件设计 ·· 276

9.7 某机车厂抬车机控制系统设计 ·· 283

9.8 某黄酒厂搅拌冷却设备运动控制 ·· 287

思考与练习 ·· 292

第10章 三菱 PLC 的编程工具简介 ·· 294

10.1 手持编程器简介 ··· 294

10.2 手持式编程器操作方法 ··· 297

10.2.1 工作方式选择 ··· 297

10.2.2 基本编程操作 ··· 299

10.2.3 对 PLC 编程元件和基本指令通/断状态的监视 ······························· 303

10.2.4 对编程元件的测试 ·· 305

10.3 编程软件简介 ··· 307

10.3.1 软件安装 ·· 308

10.3.2 软件卸载 ·· 309

10.3.3 GX Developer 界面简介 ··· 309

10.4 GX Developer 基本应用 ·· 311

10.4.1　创建梯形图程序 ·· 311

10.4.2　用工具按钮创建梯形图程序 ······························· 312

10.4.3　转换已创建的梯形图程序 ··································· 314

10.4.4　修改梯形图程序部件 ··· 315

10.4.5　剪切和复制梯形图块 ··· 315

10.4.6　改变 PLC 类型 ·· 316

10.4.7　参数设定 ·· 317

10.4.8　在线操作 ·· 319

思考与练习 ··· 322

参考文献 ··· 323

第 1 章 PLC 概述

可编程序控制器（Programmable Logic Controller，PLC）是以微处理器为核心，综合计算机技术、自动控制技术和通信技术发展起来的一种新型工业自动控制装置。随着大规模、超大规模集成电路技术和数字通信技术的进步和发展，PLC 技术不断提高，在工业生产中获得极其广泛的应用。

本章重点介绍了 PLC 的特点、基本组成、编程语言，以及常见的 PLC 产品。通过讲解使读者对 PLC 有一个基本的认识，了解 PLC 的演化过程。掌握常见 PLC 的型号及其基本组成部分，了解 PLC 常见的编程语言及编程方式等知识。

 ## 1.1 PLC 的产生与发展

PLC 是以微处理器为基础，综合了计算机技术、自动控制技术和通信技术，用面向控制过程、面向用户的"自然语言"编程，适应工业环境需求，简单易懂，操作方便，可靠性高的新一代通用工业控制装置。

PLC 是在继电器顺序控制基础上发展起来的以微处理器为核心的通用自动控制装置。

1. PLC 的产生

在 PLC 出现前，继电控制在工业领域中占有主导地位。以继电器、接触器为核心元件的自动控制系统有许多固有的缺陷。

☺ 系统利用布线逻辑来实现各种控制，需要使用大量的机械触点，系统运行的可靠性差；

☺ 当生产的工艺流程改变时，要改变大量的硬件接线，为此要耗费许多人力、物力和时间；

☺ 功能局限性大；

☺ 体积大、功耗高。

为了解决这些问题，早在 1968 年美国最大的汽车制造商通用公司（GM），为了适应汽车型号不断翻新，以求在竞争日益激烈的汽车市场中占有优势，提出了要用一种新型的控制装置取代继电控制装置，并对未来的新型控制装置做出了具体设想，即要把计算机的完备功能及灵活性、通用性好等优点，与继电器、接触器的简单易懂、操作方便、价格便宜等优点，融入新的控制装置中，并要求新的控制装置编程简单。为此，特制定了以下 10 项公开招标的技术要求。

☺ 编程简单方便，可在现场修改程序；

☺ 硬件维护方便，采用插件式结构；

☺ 可靠性高于继电控制装置；

☺ 体积小于继电器、接触器装置；

☺ 可将数据直接送入计算机；

☺ 用户程序数据存储器的容量至少可以扩展到 4KB；

☺ 输入可以使用 115V AC；

☺ 输出可以使用 115V AC，可直接驱动电磁阀、接触器；

☺ 通用性强，扩展方便；

☺ 成本上可与继电控制系统竞争。

1969 年，美国数字设备公司（DEC 公司）首先研制成功第一台可编程控制器 PDP - 14，并且在 GM 公司汽车自动装配线上试用，获得成功，从而开创了工业控制的新局面。接着，美国 MODICON 公司也开发出可编程序控制器 084。1971 年，日本从美国引进了这项新技术，很快研制成功日本第一台可编程控序制器 DSC - 8；1973 年，西欧等国家也研制出他们的第一台可编程序控制器；我国从 1974 年开始研制可编程序控制器，1977 年开始工业应用。

2. PLC 的定义

在 20 世纪 70 年代初期和中期，可编程序控制器虽然引入了计算机的优点，但实际上只能完成顺序控制，仅有逻辑运算、定时、计数等功能。所以人们将可编程序控制器称为 PLC（Programmable Logic Controller）。

随着微处理器技术的发展，20 世纪 70 年代末至 80 年代初，可编程序控制器的处理速度大大提高，增加了许多特殊功能，使得可编程序控制器不仅可以进行逻辑控制，而且可以对模拟量进行控制。因此，美国电器制造协会（NEMA）将可编程序控制器命名为 PC（Programmable Controller），但是人们习惯上还是称之为 PLC，以便区别于个人计算机（Personal Computer, PC）。80 年代以来，随着大规模和超大规模集成电路技术的迅猛发展，以 16 位和 32 位微处理器为核心的 PLC 得到了迅猛的发展，这时的 PLC 具有了高速计数、中断、PID 调节和数据通信功能，从而使 PLC 的应用范围和应用领域不断扩大。

为使这一新兴的工业控制装置的生产和发展规范化，国际电工委员会（IEC）于 1985 年 1 月制定了 PLC 的标准，并给它做了如下定义：

> 可编程序控制器是一种数字运算操作电子系统，专为在工业环境下应用而设计。它采用了可编程序的存储器，用来在其内部存储执行逻辑运算、顺序控制、定时、计数和算术运算等操作的指令，并通过数字的、模拟的输入和输出，控制各种类型的机械或生产过程。可编程序控制器及其有关的外围设备，都应按易于与工业控制系统形成一个整体、易于扩充其功能的原则设计。

3. PLC 的发展

为了适应市场的需求，各生产厂家对 PLC 不断进行改进，推出了功能更强、结构更完善的新产品。总体来说，这些新产品朝两个方向发展：一个是向超小型、专用化和低价格的方向发展，以便于进行单机控制；另一个是向大型、高速、多功能和分布式全自动网络化方向发展，以适应现代化的大型工厂、企业自动化的需要。

1.2　PLC 的特点与工作原理

PLC 是综合继电控制的优点及计算机灵活、方便的优点而设计制造和发展起来的，这就使 PLC 具有许多其他控制器所无法比拟的特点。

1. PLC 的基本特点

【**可靠性高，抗干扰能力强**】由 PLC 的定义可以知道，PLC 是专门为工业应用而设计的，因此在设计 PLC 时，从硬件和软件上都采取了抗干扰的措施，提高了其可靠性。可靠性高的 PLC 的平均无故障时间一般在 5×10^4 h 以上，三菱、西门子、ABB、松下等微小型 PLC 可达 10×10^4 h 以上，而且均有完善的自诊断功能，判断故障迅速，便于维护。

☺ 硬件措施：

    ⌒ 屏蔽：对 PLC 的电源变压器、内部 CPU、编程器等主要部件采用导电、导磁良好的材料进行屏蔽，以防外界的电磁干扰。

    ⌒ 滤波：对 PLC 的 I/O 线路采用了多种形式的滤波，以消除或抑制高频干扰。

    ⌒ 隔离：在 PLC 内部的微处理器和 I/O 电路之间采用光隔离措施，有效地隔离了 I/O 间电气的联系，减少了故障和误动作。

    ⌒ 采用模块式结构：这种结构有助于在故障情况下短时修复。因为一旦查出某一模块出现故障，就能迅速更换该模块，使系统尽快恢复正常工作。

☺ 软件措施：

    ⌒ 故障检测：设计了故障检测软件，定期检测外界环境，如掉电、欠电压、强干扰信号等，以便及时进行处理。

    ⌒ 信息保护和恢复：信息保护和恢复软件使 PLC 偶发性故障出现时，对 PLC 内部信息进行保护，使其不被破坏。一旦故障条件消失，即可恢复原来的信息，使之正常工作。

    ⌒ 设置警戒时钟 WDT：如果 PLC 程序每次循环执行时间超过了 WDT 规定的时间，预示程序进入死循环，立即报警。

    ⌒ 对程序进行检查和检验，一旦程序有错，立即报警，并停止执行。

【**通用性强，使用方便**】PLC 产品已系列化和模块化，PLC 制造商为用户提供了品种齐全的 I/O 模块和配套部件。用户在进行控制系统的设计时，不需要自己设计和制作硬件装置，只需根据控制要求进行模块的配置。用户所做的工作只是设计满足控制对象的控制要求的应用程序。对于一个控制系统，当控制要求改变时，只需修改程序，就能变更控制功能。

【**功能强**】PLC 应用微电子技术和微计算机，最简单的 PLC 都具有逻辑、定时、计数等顺序控制功能；基本型式的 PLC 还具备模拟 I/O、基本算术运算、通信能力等功能；复杂的 PLC 除了具有上述功能外，还具有扩展的计算能力、多级终端机制、智能 I/O、PID 调节、过程监视、网络通信能力、远程 I/O、多处理器和高速数据处理能力。

【**采用模块化结构，使系统组合灵活方便**】PLC 的各个部件均采用模块化设计，各模块之间可由机架和电缆连接。系统的功能和规模可根据用户的实际需求自行组合，使系统的性能价格比更容易趋于合理。

【**编程语言简单、易学，便于掌握**】PLC 是由继电控制系统发展而来的一种新型的工业自动化控制装置，其主要的使用对象是广大的电气技术人员。利用工业控制的梯形图、功能块图、指令表和顺序功能表图（SFC）编程，不需要太多的计算机编程知识。新的编程工作站配有综合的软件工具包，并可在任何兼容的 PC 上编程。采用了与继电控制原理相似的梯形图语言，易学、易懂。

【系统设计周期短】 由于系统硬件的设计任务仅是根据对象的控制要求配置适当的模块，而不需要设计具体的接口电路，这样可以大大缩短整个设计所花费的时间，加快了整个工程的进度。

【对生产工艺改变适应性强】 PLC 的核心部件是微处理器，它实质上是一种工业控制计算机，其控制功能是通过软件编程来实现的。当生产工艺发生变化时，不必改变 PLC 硬件设备，只需改变 PLC 中的程序。这对现代化的小批量、多品种产品的生产尤其适合。

【安装简单、调试方便、维护工作量小】 与计算机系统相比，PLC 的安装不需要特殊机房和严格的屏蔽。使用时，只要各种部件连接无误，系统便可工作，各个模件上设有运行和故障指示装置，便于查找故障，大多数模块可以带电插拔，模块可更换，使用户可以在最短的时间内查出故障并将其排除，最大限度地压缩故障停机时间，使生产迅速恢复。一些 PLC 外壳由可在不良工作环境下工作的合金制成，结构简单，上面带有散热槽，在高温下这种外壳不像塑料制品那样容易变形，还可抗无线电频率（RF 高频）电磁干扰、防火等。PLC 控制系统的安装接线工作量比继电控制系统的少得多，只需将现场的各种设备与 PLC 相应的 I/O 端相连即可。PLC 软件设计和调试大多可在实验室里进行，用模拟实验开关代替输入信号，其输出状态可以从 PLC 上的相应发光二极管（LED）观察得知，也可以另接输出模拟实验板。模拟调试好后，再将 PLC 控制系统安装到现场，进行联机调试，这样既省时间又很方便，提高了调试、维护的工作效率。

2. PLC 的基本工作原理

PLC 运行程序的方式与微型计算机相比有较大的不同。微型计算机运行程序时，一旦执行到 END 指令，程序运行结束。而 PLC 从 0000 号存储地址所存放的第一条用户程序开始，在无中断或跳转的情况下，按存储地址号递增的方向顺序逐条执行用户程序，直到 END 指令结束，然后再从头开始执行，并周而复始地重复，直到停机或从运行（RUN）状态切换到停止（STOP）工作状态。通常把 PLC 这种执行程序的方式称为扫描工作方式。每扫描完一次程序就构成一个扫描周期。另外，PLC 对 I/O 信号的处理与微型计算机的也不同。微型计算机对 I/O 信号实时处理，而 PLC 对 I/O 信号是集中批处理。下面具体介绍 PLC 的扫描工作过程。

PLC 扫描工作方式主要分 3 个阶段，即输入采样、程序执行、输出刷新，如图 1-1 所示。

图 1-1　PLC 工作原理示意图

【输入采样阶段】 在输入采样阶段，PLC 以扫描方式依次读入所有输入状态和数据，并将它们存入 I/O 映像区中的相应的单元内。输入采样结束后，转入用户程序执行和输出刷新阶段。在这两个阶段中，即使输入状态和数据发生变化，I/O 映像区中的相应单元的状态和数据也不会改变。因此，如果输入是脉冲信号，则该脉冲信号的宽度必须大于一个扫描周期，才能保证在任何情况下该输入均能被读入。

【用户程序执行阶段】在用户程序执行阶段，PLC 总是按由上而下的顺序依次扫描用户程序（梯形图）。在扫描每一条梯形图时，又总是先扫描梯形图左边的由各触点构成的控制线路，并按先左后右、先上后下的顺序对由触点构成的控制线路进行逻辑运算，然后根据逻辑运算的结果，刷新该逻辑线圈在系统 RAM 存储区中对应位的状态；或者刷新该输出线圈在 I/O 映像区中对应位的状态；或者确定是否要执行该梯形图所规定的特殊功能指令。即在用户程序执行过程中，只有输入点在 I/O 映像区内的状态和数据不会发生变化，而其他输出点和软设备在 I/O 映像区或系统 RAM 存储区内的状态和数据都有可能发生变化，而且排在上面的梯形图，其程序执行结果会对排在下面的凡是用到这些线圈或数据的梯形图起作用；相反，排在下面的梯形图，其被刷新的逻辑线圈的状态或数据只能到下一个扫描周期才能对排在其上面的程序起作用。

【输出刷新阶段】当扫描用户程序结束后，PLC 就进入输出刷新阶段。在此期间，CPU 按照 I/O 映像区内对应的状态和数据刷新所有的输出锁存电路，再经输出电路驱动相应的外设。这时才是 PLC 的真正输出。

从微观上来看，由于 PLC 特定的扫描工作方式，程序在执行过程中所用的输入信号是本周期内采样阶段的输入信号。若在程序执行过程中，输入信号发生变化，其输出不能即时作出反映，只能等到下一个扫描周期开始时才能采样该变化了的输入信号。另外，程序执行过程中产生的输出不是立即去驱动负载，而是将处理的结果存放在输出映像寄存器中，等程序全部执行结束，才能将输出映像寄存器的内容通过锁存器输出到端子上。

因此，PLC 最显著的不足之处是 I/O 有响应滞后现象。但对一般工业设备来说，其输入为一般的开关量，其输入信号的变化周期（秒级以上）大于程序扫描周期（毫微秒级），因此从宏观上来看，输入信号一旦变化，就能立即进入输入映像寄存器。也就是说，PLC 的 I/O 滞后现象对一般工业设备来说是完全允许的。但对某些设备，如需要输出对输入作快速反应，这时可采用快速响应模块、高速计数模块或中断处理等措施来尽量减少滞后时间。

从 PLC 的工作过程可以总结如下 4 个结论。

☺ 以扫描的方式执行程序，其 I/O 信号间的逻辑关系存在着原理上的滞后。扫描周期越长，滞后就越严重。

☺ 扫描周期除了包括输入采样、程序执行、输出刷新 3 个主要工作阶段所占的时间外，还包括系统管理操作占用的时间。其中，程序执行的时间与程序的长短及指令操作的复杂程度有关，其他基本不变。扫描周期一般为毫微秒级。

☺ 第 n 次扫描执行程序时，所依据的输入数据是该次扫描周期中采样阶段的扫描值 X_n；所依据的输出数据有上一次扫描的输出值 $Y(n-1)$，也有本次的输出值 Y_n 送往输出端子的信号，是本次执行全部运算后的最终结果 Y_n。

☺ I/O 响应滞后，不仅与扫描方式有关，还与程序设计安排有关。

1.3 PLC 的分类

PLC 是以微处理器为核心，综合了计算机技术、自动控制技术和通信技术发展起来的一种通用的工业自动控制装置，它具有可靠性高、体积小、功能强、程序设计简单、灵活通用、维护方便等一系列的优点，因而在冶金、能源、化工、交通、电力等领域中有着广泛的应用，成为现代工业控制的三大支柱（PLC、机器人和 CAD/CAM）之一。

PLC 产品种类繁多，其规格和性能也各不相同。通常根据 PLC 的结构形式的不同、功能的差异和 I/O 点数的多少等对其进行大致分类。

1. 按结构形式分类

根据 PLC 的结构形式，可将 PLC 分为整体式和模块式两类。

【整体式 PLC】 整体式 PLC 是将电源、CPU、I/O 接口等部件都集中装在一个机箱内，如图 1-2 所示。这种 PLC 具有结构紧凑、体积小、价格低的特点。小型 PLC 一般采用这种整体式结构。整体式 PLC 由不同 I/O 点数的基本单元（又称主机）和扩展单元组成。基本单元内有 CPU、I/O 接口、与 I/O 扩展单元相连的扩展口，以及与编程器或 EPROM 写入器相连的接口等。扩展单元内只有 I/O 和电源等，没有 CPU。基本单元和扩展单元之间一般用扁平电缆连接。整体式 PLC 一般还可配备特殊功能单元，如模拟量单元、位置控制单元等，使其功能得以扩展。

图 1-2 整体式 PLC

【模块式 PLC】 模块式 PLC 是将 PLC 各组成部分，分别制成若干个单独的模块，如 CPU 模块、I/O 模块、电源模块（有的含在 CPU 模块中）及各种功能模块，如图 1-3 所示。模块式 PLC 由框架或基板和各种模块组成。模块装在框架或基板的插座上。模块式 PLC 的特点是配置灵活，可根据需要选配不同规模的系统，而且装配方便，便于扩展和维修。大、中型 PLC 一般采用模块式结构。

图 1-3 模块式 PLC

还有一些 PLC 将整体式和模块式的特点结合起来，构成所谓叠装式 PLC。叠装式 PLC 的 CPU、电源、I/O 接口等也是各自独立的模块，但它们之间是靠电缆进行连接的，并且各模块可以逐层叠装。这样，不仅系统可以灵活配置，还可做得体积小巧。

2. 按 PLC 所具有的功能不同分类

根据 PLC 的功能不同可将 PLC 分为低档、中档、高档三类。

【低档 PLC】 具有逻辑运算、定时、计数、移位、自诊断和监控等基本功能，还可有少量模拟量 I/O、算术运算、数据传送和比较、通信等功能。主要用于逻辑控制、顺序控制或少量模拟量控制的单机控制系统。

【中档 PLC】 除具有低档 PLC 的功能外，还具有较强的模拟量 I/O、算术运算、数据传送和比较、数制转换、远程 I/O、子程序、通信联网等功能。有些还可增设中断控制、PID 控制等功能，适用于复杂控制系统。

【高档 PLC】 除具有中档机的功能外，还增加了带符号算术运算、矩阵运算、位逻辑运算、平方根运算及其他特殊功能函数的运算、制表及表格传送功能等。高档 PLC 机具有更强的通信联网功能，可用于大规模过程控制或构成分布式网络控制系统，实现工厂自动化控制。

3. 按 I/O 点数分类

根据 PLC 的 I/O 点数的多少，可将 PLC 分为小型、中型和大型三类。

【小型 PLC】 小型 PLC 是指 I/O 点数小于 256 点，单 CPU、8 位或 16 位处理器，用户存储器容量为 4KB 以下，如三菱 FX0S 系列等。

【中型 PLC】 中型 PLC 是指 I/O 点数在 256～2048 点之间，双 CPU，用户存储器容量为 2～8KB。

【大型 PLC】 大型 PLC 是指 I/O 点数大于 2048 点，多 CPU，16 位、32 位处理器，用户存储器容量为 8～16KB。

我国有不少厂家研制和生产 PLC，但是还没有出现有较大影响力和较大市场占有率的品牌，目前我国使用的 PLC 基本上是国外品牌的产品。

世界上 PLC 产品可按地域分成三大流派，即美国产品、欧洲产品和日本产品。美国和欧洲的 PLC 技术是在相互隔离情况下独立研究开发的，因此美国和欧洲的 PLC 产品有明显的差异性。而日本的 PLC 技术是由美国引进的，对美国的 PLC 产品有一定的继承性，但日本主推的产品定位在小型 PLC 上。美国和欧洲以大中型 PLC 而闻名，而日本则以小型 PLC 著称。

常见 PLC 产品如表 1-1 所示。

表 1-1　常见 PLC 产品

PLC 厂家	典型产品	产品特点
西门子（SIEMENS）公司	S5—100U	小型模块式 PLC，最多可配置到 256 个 I/O 点
	S5—115U	中型 PLC，最多可配置到 1024 个 I/O 点
	S5—115UH	中型机，它是由两台 SS–115U 组成的双机冗余系统
	S5—155U	大型机，最多可配置到 4096 个 I/O 点，模拟量可达 300 多路
	SS—155H	大型机，它是由两台 S5–155U 组成的双机冗余系统
	S7—200	属于微型 PLC
	S7—300	属于中小型 PLC
	S7—400	属于中高性能的大型 PLC
	S7—1200	最新小型 PLC，集成 PROFINET 接口，具有卓越的灵活性和可扩展性，同时集成高级功能

续表

PLC 厂家	典型产品	产品特点
A－B 公司	PLC—5/10、PLC—5/12、PLC—5/15、PLC—5/25	中型 PLC，I/O 点配置范围为 256～1024 点
	PLC—5/11、PLC—5/20、PLC—5/30、PLC—5/40、PLC—5/60、PLC—5/40L、PLC—5/60L	大型 PLC，I/O 点最多可配置到 3072 点。该系列中，PLC—5/250 功能最强，最多可配置到 4096 个 I/O 点，具有强大的控制和信息管理功能
GE 公司	GE—1、GE—1/J、GE—1/P	除 GE—1/J 外，均采用模块结构。GE—1 用于开关量控制系统，最多可配置到 112 个 I/O 点。GE—1/J 是更小型化的产品，其 I/O 点最多可配置到 96 点。GE—1/P 是 GE—1 的增强型产品，增加了部分功能指令（数据操作指令）、功能模块（A/D、D/A 等）、远程 I/O 功能等，其 I/O 点最多可配置到 168 点
	GE—Ⅲ	比 GE—1/P 增加了中断、故障诊断等功能，最多可配置到 400 个 I/O 点
	GE—V	比 GE—Ⅲ 增加了部分数据处理、表格处理、子程序控制等功能，并具有较强的通信功能，最多可配置到 2048 个 I/O 点。GE—Ⅵ/P 最多可配置到 4000 个 I/O 点
三菱公司	F1/F2	是 F 系列的升级产品，早期在我国的销量也不小。F1/F2 系列加强了指令系统，增加了特殊功能单元和通信功能，比 F 系列有了更强的控制能力
	FX 系列	在容量、速度、特殊功能、网络功能等方面都有了全面的加强。FX2 系列是在 20 世纪 90 年代开发的整体式高功能小型机，它配有各种通信适配器和特殊功能单元。FX2N 系列是高功能整体式小型机，它是 FX2 的换代产品，各种功能都有了全面的提升。近年来还不断推出满足不同要求的微型 PLC，如 FX0S、FX1S、FX0N、FX1N 及 α 系列等产品
	A 系列、QnA 系列、Q 系列	具有丰富的网络功能，I/O 点数可达 8192 点。其中 Q 系列具有超小的体积、丰富的机型、灵活的安装方式、双 CPU 协同处理、多存储器、远程口令等特点，是三菱公司现有 PLC 中最高性能的 PLC
欧姆龙（OMRON）公司	SP 系列	体积极小，速度极快
	P 型、H 型、CPM1A 系列、CPM2A 系列、CPM2C、CQM1 等	P 型机现已被性价比更高的 CPM1A 系列所取代，CPM2A/2C、CQM1 系列内置 RS－232C 接口和实时时钟，并具有软 PID 功能，CQM1H 是 CQM1 的升级产品
	C200H、C200HS、C200HX、C200HG、C200HE、CS1 系列	C200H 曾经是畅销的高性能中型机，配置齐全的 I/O 模块和高功能模块，具有较强的通信和网络功能。C200HS 是 C200H 的升级产品，指令系统更丰富、网络功能更强。C200HX/HG/HE 是 C200HS 的升级产品，有 1148 个 I/O 点，其容量是 C200HS 的 2 倍，速度是 C200HS 的 3.75 倍，有品种齐全的通信模块，是适应信息化的 PLC 产品。CS1 系列具有中型机的规模、大型机的功能，是一种极具推广价值的新机型
	C1000H、C2000H、CV（CV500/CV1000/CV2000/CVM1）等	C1000H、C2000H 可单机或双机热备运行，安装带电插拔模块，C2000H 可在线更换 I/O 模块；CV 系列中除 CVM1 外，均可采用结构化编程，易读、易调试，并具有更强大的通信功能
松下公司	FP0 为微型机，FP1 为整体式小型机，FP3 为中型机，FP5/FP10、FP10S（FP10 的改进型）、FP20 为大型机，其中 FP20 是最新产品	指令系统功能强；有的机型还提供可以用 FP－BASIC 语言编程的 CPU 及多种智能模块，为复杂系统的开发提供了软件手段；FP 系列的各种 PLC 都配置通信机制，由于它们使用的应用层通信协议具有一致性，这给构成多级 PLC 网络和开发 PLC 网络应用程序带来方便

1.4　PLC 的编程语言

与一般计算机语言相比，PLC 的编程语言具有明显的特点，它既不同于高级语言，也不同与一般的汇编语言，它既要满足易于编写，又要满足易于调试的要求。目前，还没有一种对各厂家产品都能兼容的编程语言。如三菱公司的产品有它自己的编程语言，OMRON 公司的产品也有它自己的语言。但不管什么型号的 PLC，其编程语言都具有以下特点。

【图形式指令结构】 程序由图形方式表达，指令由不同的图形符号组成，易于理解和记忆。系统的软件开发者已把工业控制中所需的独立运算功能编制成象征性图形，用户根据自己的需要对这些图形进行组合，并输入适当的参数。在逻辑运算部分，几乎所有的厂家都采用类似于继电控制电路的梯形图，很容易被用户接受。西门子公司还采用控制系统流程图来表示，它沿用二进制逻辑元件图形符号来表达控制关系，直观易懂。较复杂的算术运算、定时、计数等，一般也参照梯形图或逻辑元件图给予表示。

【明确的变量常数】 图形符号相当于操作码，规定了运算功能，操作数由用户输入，如 K400，T120 等。PLC 中的变量和常数，以及其取值范围有明确规定，由产品型号决定，可查阅产品目录手册。

【简化的程序结构】 PLC 的程序结构通常很简单，多为模块式结构，不同模块完成不同的功能，使程序的调试者对整个程序的控制功能和控制顺序有清晰的概念。

【简化应用软件生成过程】 使用汇编语言和高级语言编写程序，要完成编辑、编译和链接 3 个过程；而使用编程语言，只需要编辑一个过程，其余由系统软件自动完成，整个编辑过程都在人机对话下进行，不要求用户有高深的软件设计能力。

【强化调试手段】 无论是汇编程序，还是高级语言程序，调试都是令编程人员头疼的事，而 PLC 的程序调试提供了完备的条件，使用编程器，利用 PLC 和编程器上的按键、显示和内部编辑、调试、监控等，并在软件支持下，诊断和调试操作都很简单。

总之，PLC 的编程语言是面向用户的，不要求使用者具备高深的知识，也不需要长时间的专门训练。

1. 梯形图程序设计语言

梯形图（Ladder Diagram）程序设计语言是用梯形图的图形符号来描述程序的一种程序设计语言。这种程序设计语言利用因果关系来描述事件发生的条件和结果，每个梯级是一个因果关系。在梯级中，描述事件发生的条件表示在左侧，事件发生的结果表示在右侧。梯形图程序设计语言是最常用的一种 PLC 编程语言，它来源于继电控制系统的描述。在工业过程控制领域，电气技术人员对继电控制技术较为熟悉。因此，由这种逻辑控制技术发展而来的梯形图受到广泛欢迎。梯形图程序设计语言的特点如下所述。

☺ 与电气操作原理图相对应，具有直观性和对应性。

☺ 与原有继电控制技术相一致，易于掌握和学习。

☺ 与布尔助记符程序设计语言有一一对应关系，便于相互转换和程序检查。

☺ 梯形图中的继电器不是"硬"继电器，而是 PLC 存储器的一个存储单元。当写入该单元的逻辑状态为"1"时，则表示相应继电器的线圈接通，其动合触点闭合，动断触点断开；当写入该单元的逻辑状态为"0"时，则表示相应继电器的线圈断开，其动断触点闭合，动合触点断开。

☺ 梯形图按从左到右、自上而下的顺序排列。每个逻辑行（或称梯级）起始于左母线，然后是触点的串、并联连接，最后是线圈与右母线相联。

☺ 梯形图中每个梯级流过的不是物理电流，而是"概念电流"，从左流向右，其两端没有电源。这个"概念电流"只是用于形象地描述用户程序执行中满足线圈接通的条件。

☺ 输入继电器用于接收外部输入信号，而不能由 PLC 内部其他继电器的触点来驱动。因此，梯形图中只出现输入继电器的触点，而不出现其线圈。输出继电器输出程序执行结果给外部输出设备。当梯形图中的输出继电器线圈接通时，就有信号输出，但不是直接驱动输出设备，而要通过输出接口的继电器、晶体管或晶闸管才能实现。

梯形图编程示意图如图 1-4 所示。

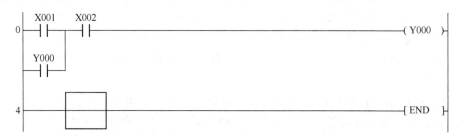

图 1-4　梯形图编程示意图

2. 布尔助记符程序设计语言

布尔助记符（Boolean Mnemonic）程序设计语言是用布尔助记符来描述程序的一种程序设计语言。布尔助记符程序设计语言与计算机中的汇编语言非常相似，采用布尔助记符来表示操作功能。布尔助记符程序设计语言具有下列特点。

☺ 采用助记符来表示操作功能，具有容易记忆，便于掌握的特点。

☺ 在编程器的键盘上采用助记符表示，具有便于操作的特点，可在无计算机的场合进行编程设计。

☺ 与梯形图有一一对应关系，其特点与梯形图语言基本类同。

图 1-4 所示的梯形图程序可以变换成布尔助记符编程，见表 1-2。

表 1-2　布尔助记符编程

LD　X001	OUT　Y000
OR　Y000	END
AND　X002	

3. 程序设计语言

功能模块图（Function Block）程序设计语言采用功能模块来表示模块所具有的功能，不同的功能模块有不同的功能。它有若干个输入端和输出端，通过软连接的方式，分别连接到所需的其他端子，完成所需的控制运算或控制功能。功能模块可以分为不同的类型，在同一种类型中，也可能因功能参数的不同而使功能或应用范围有所差别。例如，输入端的数量、输入信号的类型等的不同，使它的使用范围也不同。由于采用软连接的方式进行功能模块之间及功能模块与外部端子的连接，因此控制方案的更改、信号连接的替换等操作可以很方便地实现。功能模块图程序设计语言的特点如下所述。

- ☺ 以功能模块为单位，从控制功能入手，使控制方案的分析和理解变得容易。
- ☺ 功能模块是用图形化的方法描述功能，它的直观性大大方便了设计人员的编程和组态，有较好的易操作性。
- ☺ 对控制规模较大、控制关系较复杂的系统，由于控制功能的关系可以较清楚地表达出来，因此编程和组态时间可以缩短，调试时间也能减少。
- ☺ 由于每种功能模块需要占用一定的程序内存，对功能模块的执行需要一定的执行时间，因此这种设计语言在大中型 PLC 和集散控制系统的编程和组态中才被采用。

图 1-4 所示的梯形图程序可以变换成功能模块图编程，如图 1-5 所示。

图 1-5　功能模块图编程示意图

4. 功能表图程序设计语言

功能表图（Sepuential Function Chart，SFC）程序设计语言是用功能表图来描述程序的一种程序设计语言。SFC 是近年来发展起来的一种程序设计语言。采用功能表图的描述，控制系统被分为若干个子系统，从功能入手，使系统的操作具有明确的含义，便于设计人员与操作人员沟通设计思想，便于程序的分工设计、检查和调试。功能表图程序设计语言的特点如下所述。

- ☺ 以功能为主线，条理清楚，便于对程序操作的理解和沟通。
- ☺ 对于大型的程序，可分工设计，采用较为灵活的程序结构，可节省程序设计、调试时间。
- ☺ 常用于系统规模较大、程序关系较复杂的场合。
- ☺ 只有在活动步的命令和操作被执行后，才对活动步后的转换进行扫描，因此整个程序的扫描时间较其他程序编制的程序扫描时间要短得多。

图 1-6　功能表图编程

功能表图来源于佩特利（Petri）网，由于它具有图形表达方式，能比较简单、清楚地描述并发系统和复杂系统的所有现象，并能对系统中存在的死锁、不安全等反常现象进行分析和建模，在模型的基础上可以直接编程，因此得到了广泛的应用。近几年推出的 PLC 和小型离散控制系统中也已提供了采用功能表图描述语言进行编程的软件。功能表图体现了一种编程思想，在程序的编制中有很重要的意义。功能表图编程如图 1-6 所示。

5. 结构化语句描述程序设计语言

结构化语句（Structured Text）描述程序设计语言是用结构化的描述语句来描述程序的一种程序设计语言。它是一种类似于高级语言的程序设计语言。在大中型的 PLC 系统中，常采用结构化语句描述程序设计语言来描述控制系统中各个变量的关系。它也被用于集散控制系统的编程和组态。

结构化语句描述程序设计语言采用计算机的描述语句来描述系统中各种变量之间的运算关系，完成所需的功能或操作。大多数制造厂商采用的语句描述程序设计语言与 BASIC 语言、Pascal 语言或 C 语言等高级语言相类似，但为了应用方便，在语句的表达方法及语句的种类等方面都进行了简化。结构化程序设计语言具有如下特点。

- ☺ 采用高级语言进行编程，可以完成较复杂的控制运算。
- ☺ 需要有一定的计算机高级程序设计语言的知识和编程技巧，对编程人员的技能要求较高，普通电气人员难以完成。
- ☺ 直观性和易操作性等较差。
- ☺ 常被用于采用功能模块等其他语言较难实现的一些控制功能的实施。

1.5　继电控制与 PLC 控制比较

继电控制为接线程序控制，它是由分离元件（继电器、接触器等）用导线连接起来加以实现的，它的程序就在接线之中，对控制程序的修改必须通过改变接线来实现。

PLC 控制为存储程序控制，其工作程序放在存储器中，系统要完成的控制任务是通过执行存储器中的程序来实现的，控制程序的修改不需要改变 PLC 的接线，只需改变存储器中的某些程序语句即可。对比两个系统框图可以看到，继电控制与 PLC 控制的 I/O 部分基本相同，只是中间的控制部分不同，如图 1-7 和图 1-8 所示。继电控制部分采用的是硬接线的形式，而 PLC 采用了程序控制。

图 1-7　继电控制系统框图

图 1-8　PLC 控制系统框图

电动机单向旋转控制电路如图 1-9 所示。图 1-9（a）所示为主电路部分，图 1-9（b）所示为接触器控制方式，图 1-9（c）所示为 PLC 控制方式。可以看到，PLC 控制方式下接线数量大大减少，改变控制只需要调整程序即可，既减少了工作量，也提高了系统的可靠性。

图 1-9　电动机单向旋转控制电路

 思考与练习

（1）PLC 有哪些主要特点？

（2）当前 PLC 的发展趋势如何？

（3）PLC 的基本结构如何？试阐述其基本工作原理。

（4）PLC 有哪些编程语言？常用的是什么编程语言？

第2章 FX系列PLC的体系结构

FX2N系列PLC是现在市场上的主流产品，能完成绝大多数工业控制要求。与其他厂商同级别的PLC相比较，性价比较高。本章详细介绍了三菱FX2N系列PLC的结构特点，型号分类，以及不同型号的配置情况；讲解了PLC的内部软元件的编号、作用及其使用注意事项，使读者可以系统地了解FX2N系列PLC的软、硬件组成，为后续学习打好基础。

 ## 2.1 FX系列PLC简介

三菱公司近年来推出的FX系列PLC有FX0、FX2、FX0S、FX0N、FX2C、FX1S、FX1N、FX2N、FX2NC等系列型号。这里选择了常见的FX0S、FX0N和FX2N三个FX系列PLC进行简要介绍。

2.1.1 FX系列PLC型号命名方式

FX系列PLC型号命名的基本方式如下：

☺ 系列序号：如0、2、0N、2C、1S、1N、2N、1NC、2NC；

☺ I/O点数：10~256点；

☺ 单元类型：

    ↳ M—基本单元；

    ↳ E—扩展单元（I/O混合）；

    ↳ EX—扩展输入单元（模块）；

    ↳ EY—扩展输出单元（模块）。

☺ 输出形式：

    ↳ R—继电器输出；

    ↳ T—晶体管输出；

    ↳ S—晶闸管输出。

☺ 特殊品种区别：

    ↳ D—DC电源，DC输入；

    ↳ A—AC电源，AC输入；

- H—大电流输出扩展单元；
- V—立式端子排的扩展单元；
- C—接插口 I/O 方式；
- F—输入滤波器 1ms 的扩展单元；
- L—TFL 输入型扩展单元；
- S—独立端子（无公共端）扩展单元。

2.1.2　FX 系列 PLC 的技术指标

FX 系列 PLC 的输入、输出技术指标见表 2-1 和表 2-2。

表 2-1　FX 系列 PLC 输入技术指标

输入电压	24V DC ±10%	
元件号	X0 ~ X7	其他输入点
输入信号电压	24V DC ±10%	
输入信号电流	24V DC，7mA	24V DC，5mA
输入开关电流 OFF→ON	>4.5mA	>3.5mA
输入开关电流 ON→OFF	<1.5mA	
输入响应时间	10ms	
可调节输入响应时间	X0 ~ X17 为 0 ~ 60ms（FX2N），其他系列 0 ~ 15ms	
输入信号形式	无电压触点或 NPN 集电极开路输出晶体管	
输入状态显示	输入 ON 时 LED 灯亮	

表 2-2　FX 系列 PLC 的输出技术指标

项　目		继电器输出	晶闸管输出（仅 FX2N）	晶体管输出
外部电源		最大 240V AC 或 30V DC	85 ~ 242V AC	5 ~ 30V DC
最大负载	电阻负载	2A/点，8A/COM	0.3A/点，0.8A/COM	0.5A/点，0.8A/COM
	感性负载	80VA，120/240V AC	36VA/240V AC	12W/24V DC
	灯负载	100W	30W	0.9W/24V DC（FX1S），其他系列 1.5W/24V DC
最小负载		电压 <5V DC 时 2mA，电压 <24V DC 时 5mA（FX2N）	2.3VA/240V AC	—

2.1.3　FX 系列 PLC 的性能比较

三菱公司 FX 系列 PLC 吸收了整体式和模块式 PLC 的优点，它的基本单元、扩展单元和扩展模块的高度和宽度相同。它们之间的相互连接不用基板，仅用扁平电缆连接，紧密拼装后组成一个整齐的长方体。其体积小，适于在机电一体化产品中使用。

FX1S、FX1N 和 FX2N、FX2NC 外观相似，但其性能和价格上还是有某些差别，见表 2-3。

表 2-3　FX1S、FX1N 和 FX2N、FX2NC 基本性能比较

项　目		FX1S	FX1N	FX2N 和 FX2NC
运算控制方式		存储程序，反复运算		
I/O 控制方式		批处理方式（在执行 END 指令时），可以使用 I/O 刷新指令		
运算处理速度	基本指令	0.55μs/指令～0.7μs/指令		0.08μs/指令
	应用指令	3.7μs/指令～数百 μs/指令		1.52μs/指令～数百 μs/指令
程序语言		逻辑梯形图和指令表，可以用步进梯形指令来生成顺序控制指令		
程序容量（EEPROM）		内置 2KB	内置 8KB	内置 8KB，用存储盒可达 16KB
指令数量	基本、步进指令	基本指令 27 条，步进指令 2 条		
	应用指令	85 条	89 条	128 条
I/O 设置		最多 30 点	最多 128 点	最多 256 点

2.2　FX2N PLC 的硬件结构

　　FX 系列 PLC 的系统配置灵活，用户除了可以选用不同型号的 FX 系列 PLC 外，还可以选用各种扩展单元和扩展模块，组成不同 I/O 点数和不同功能的控制系统。FX2N 系列 PLC 为现在市场上的主流产品，能完成绝大多数工业控制要求。上市多年后，价格有所下降，性价比较高。

2.2.1　主机面板结构

　　FX2N 系列小型 PLC 外形如图 2-1 所示。

图 2-1　FX2N 系列 PLC 外形图

　　【电源输入端子】AC 电源型的主机，其电源电压为 100～240V AV；DC 电源型的主机，其电源电压为 24V DC。

　　【功能接地端子（仅 AC 电源型）】在有严重噪声干扰时，功能接地端子必须接地，它和保护接地端子可连接在一起接地。

【保护接地端子】为了防止触电，保护接地端子必须接地。

【输入端子】输入端子用于连接输入设备，输入电源为 24V DC。

【输入 LED】输入端子触点 ON 时，LED 灯亮；输入端子触点 OFF 时，LED 灯灭。

【工作状态显示 LED】主机面板的中部有 4 个工作状态显示 LED，其作用如下。

☺ POWER（绿）：电源的接通或断开指示，电源接通时亮，断开时灭。

☺ RUN（绿）：工作状态指示，PLC 处于运行或监控状态时亮，处于编程状态或运行异常时灭。

☺ BATTV：内部电池电量指示灯。点亮时需更换电池，否则可能会造成程序丢失。

☺ PROG – E/CPU – E（红）：程序错误或 CPU 错误指示，这两种显示共用一个 LED。PLC 出现错误时 LED 常亮，此时 PLC 停止工作且不执行程序，运行正常时 LED 灭。

【输出 LED】输出端子触点 ON 时，LED 灯亮；输出端子触点 OFF 时，LED 灯灭。

【输出端子】输出端子用于连接输出电路，电压可为 24V DC 或 220V AC，视负载而定。PLC 的 I/O 点数不同，I/O 端子数量也不同。

【输出 24V DC 电源端子】24V DC 电源端子（仅 AC 电源型）对外部提供 24V DC 电源（容量 200mA），可作为输入设备或现场传感器的电源。

【外设端口】外设端口用于连接编程工具或 RS – 232、RS – 422 通信适配器，根据需要而定。

2.2.2　FX2N 系列 PLC 的技术特点、技术指标

FX2N 系列 PLC 具有以下技术特点。

☺ FX2N 系列 PLC 采用一体化箱体结构，其基本单元将 CPU、存储器、I/O 接口及电源等都集成在一个模块内，结构紧凑，体积小巧，成本低，安装方便。

☺ FX2N 是 FX 系列中功能最强、运行速度最快的 PLC。FX2N 基本指令执行时间最短可达 $0.08\mu s$，超过了许多大、中型 PLC。

☺ FX2N 的用户存储器容量可扩展到 16KB，其 I/O 点数最大可扩展到 256 点。

☺ FX2N 有多种特殊功能模块，如模拟量 I/O 模块、高速计数器模块、脉冲输出模块、位置控制模块、RS – 232C/RS – 422/RS – 485 串行通信模块或功能扩展板、模拟定时器扩展板等。

☺ FX2N 有 3000 多点辅助继电器、1000 点状态继电器、200 多点定时器、200 点 16 位加计数器、35 点 32 位加/减计数器、8000 多点 16 位数据寄存器、128 点跳步指针、15 点中断指针。

☺ FX2N 有 128 种功能指令，具有中断输入处理、修改输入滤波器常数、数学运算、浮点数运算、数据检索、数据排序、PID 运算、开平方、三角函数运算、脉冲输出、脉宽调制、串行数据传送、校验码、比较触点等功能指令。

☺ FX2N 还有矩阵输入、10 键输入、16 键输入、数字开关、方向开关、7 段显示器扫描显示等方便指令。

FX2N 的技术指标包括一般技术指标、电源技术指标、输入技术指标、输出技术指标和性能技术指标等。下面以表格的形式作介绍，各项性能指标见表 2-4 ~ 表 2-6。

表 2-4　一般技术指标

环境温度	使用时：0 ~ 55℃，储存时：-20 ~ +70℃
环境湿度	35% ~ 89% RH 时（不结露）使用
抗振	JIS C0911 标准 10 ~ 55Hz、0.5mm（最大 2G），3 轴方向各 2h（但用 DIN 导轨安装时 0.5G）
抗冲击	JIS C0912 标准　10G　3 轴方向各 3 次
抗噪声干扰	在用噪声仿真器产生电压为 1000Vp - p、噪声脉冲宽度为 1μs、周期为 30 ~ 100Hz 的噪声干扰时工作正常

耐压	1500V AC，1min	所有端子与接地端之间
绝缘电阻	5MΩ 以上（500V DC Ω 表）	
接地	第 3 种接地，不能接地时也可浮空	
使用环境	无腐蚀性气体，无尘埃	

表 2-5　FX2N 电源技术指标

项　　目		FX2N - 16M	FX2N - 32M FX2N - 32E	FX2N - 48M FX2N - 48E	FX2N - 64M	FX2N - 80M	FX2N - 128M
电源电压		100 ~ 240V AV，50/60Hz					
允许瞬间断电时间		对于 10ms 以下的瞬间断电，控制动作不受影响					
电源熔断器		250V，3.15A，φ5 ×20mm		250V，5A，φ5 ×20mm			
电力消耗（V·A）		35	40（32E 35）	50（48E 45）	60	70	100
传感器 电源	无扩展部件	24V DC，250mA 以下		24V DC，460mA 以下			
	有扩展部件	5V DC 基本单元 290mA，扩展单元 690mA					

表 2-6　FX2N 输出技术指标

项　　目		继电器输出	晶闸管输出	晶体管输出
外部电源		250V AV，30V DC 以下	85 ~ 240V AC	5 ~ 30V DC
最大负载	电阻负载	2A/1 点，8A/4 点共享，8A/8 点共享	0.3A/1 点 0.8A/4 点	0.5A/1 点 0.8A/4 点
	感性负载	80V·A	15V·A/ 100V AC 30V·A/200V AC	12W/24V DC
	灯负载	100W	30W	1.5W/24V DC
开路漏电流		—	1mA/100V AC 2mA/200V AC	0.1mA 以下/30V DC
响应时间	OFF 到 ON	约 10ms	1ms 以下	0.2ms 以下
	ON 到 OFF	约 10ms	最大 10ms	0.2ms 以下①
电路隔离		机械隔离	光电晶闸管隔离	光耦合器隔离
动作显示		继电器通电时 LED 灯亮	光电晶闸管驱动时 LED 灯亮	光耦合器隔离驱动时 LED 灯亮

　　注：响应时间 0.2ms 是在条件为 24V/200mA 时测得的，实际所需时间为电路切断负载电流到电流为 0 的时间，可用并接续流二极管的方法改善响应时间。大电流时为 0.4mA 以下。

2. 2. 3 FX2N 系列 PLC 的结构模块

目前，PLC 的产品很多，不同厂家生产的 PLC 或同一厂家生产的不同型号的 PLC，其结构各不相同，但就其基本组成和基本工作原理而言，是大致相同的。它们都是以微处理器为核心的结构，其功能的实现不仅基于硬件的作用，更要靠软件的支持。实际上，PLC 就是一种新型的工业控制计算机。

PLC 硬件系统的基本结构框图如图 2-2 所示。

图 2-2 PLC 硬件系统结构框图

在图 2-2 中，PLC 的主机由微处理器（CPU）、存储器（EPROM、RAM）、I/O 单元、外设 I/O 接口、通信接口及电源组成。对于整体式的 PLC，这些部件都在同一个机壳内。而对于模块式结构的 PLC，各部件独立封装（称为模块），各模块通过机架和电缆连接在一起。主机内的各个部分均通过电源总线、控制总线、地址总线和数据总线连接。根据实际控制对象的需要配备一定的外部设备，可构成不同的 PLC 控制系统。常用的外部设备有编程器、打印机、EPROM 写入器等。PLC 可以配置通信模块与上位机及其他的 PLC 进行通信，构成 PLC 的分布式控制系统。

下面分别介绍 PLC 各组成部分及其作用，以便读者进一步了解 PLC 的控制原理和工作过程。

1）中央处理单元（CPU） PLC 中所采用的 CPU 随机型不同而不同，通常有 3 种，即通用微处理器（如 8086、80286、80386 等）、单片机、位片式微处理器。小型 PLC 大多采用 8 位、16 位微处理器或单片机作为 CPU，如 Z80A、8031、M6800 等，这些芯片具有价格低、通用性好等优点。中型的 PLC 大多采用 16 位、32 位微处理器或单片机作为 CPU，如 8086、96 系列单片机，具有集成度高、运算速度快、可靠性高等优点。大型 PLC 大多数采用高速位片式微处理器，具有灵活性强、速度快、效率高等优点。

CPU 是 PLC 的控制中枢，PLC 在 CPU 的控制下有条不紊地协调工作，从而实现对现场设备的控制。CPU 由微处理器和控制器组成，它可以实现逻辑运算和数学运算，协调控制系统内部各部分的工作。控制器的作用是控制整个微处理器的各个部件有条不紊地进行工作，它的基本功能就是从内存中读取指令和执行指令。

CPU 的具体作用如下所述。

☺ 采集由现场输入装置送来的状态或数据，通过输入接口存入输入映像寄存器或数据寄存器中，用扫描方式接收输入设备的状态信号，并存入相应的数据区（输入映像寄存器）。

☺ 按用户程序存储器中存放的先后次序逐条读取指令，完成各种数据的运算、传递和存储等功能，进行编译解释后，按指令规定的任务完成各种运算和操作。

☺ 把各种运算结果向外界输出。

☺ 监测和诊断电源及 PLC 内部电路工作状态和用户程序编程过程中出现的语法错误。

☺ 根据数据处理的结果，刷新有关标志位的状态和输出状态寄存器表的内容，响应各种外部设备（如编程器、打印机、上位计算机、图形监控系统、条码判读器等）的工作请求，以实现输出控制、制表打印或数据通信等功能。

> **【说明】** 一些专业生产 PLC 的品牌厂家均采用自己开发的 CPU 芯片。

2）存储器　PLC 配有两种存储器，即系统存储器（EPROM）和用户存储器（RAM）。系统存储器用于存放系统管理程序，用户不能访问和修改这部分存储器的内容。用户存储器用于存放编制的应用程序和工作数据状态。存放工作数据状态的用户存储器部分也称为数据存储区，它包括 I/O 数据映像区、定时器/计数器预置数、当前值的数据区及存放中间结果的缓冲区等。PLC 的存储器主要包括：

☺ 只读存储器（Read Only Memory，ROM）。

☺ 可编程只读存储器（Programmable Read Only Memory，PROM）。

☺ 可擦除可编程只读存储器（Erasable Programmable Read Only Memory，EPROM）。

☺ 电可擦除可编程只读存储器（Electrically Erasable Programmable Read Only Memory，EEPROM）。

☺ 随机存取存储器（Random Access Memory，RAM）。

3）I/O 模块　PLC 的控制对象是工业生产过程，实际生产过程中的信号电平是多种多样的，外部执行机构所需的电平也是各不相同的，而 PLC 的 CPU 所处理的信号只能是标准电平，这样就需要有相应的 I/O 模块作为 CPU 与工业生产现场的桥梁，进行信号电平的转换。目前，生产厂家已开发出各种型号的 I/O 模块供用户选择，且这些模块在设计时采取了光隔离、滤波等抗干扰措施，提高了 PLC 的可靠性。对各种型号的 I/O 模块，可以把它们以不同形式进行归类。按照信号的种类归类有直流信号 I/O，交流信号 I/O；按照信号的 I/O 形式分有数字量 I/O，开关量 I/O，模拟量 I/O 等形式。

下面通过开关量 I/O 模块来说明 I/O 模块与 CPU 的连接方式。

【开关量输入模块】 开关量输入设备是指各种开关、按钮、传感器等，通常 PLC 的输入类型可以是直流、交流和交/直流。输入电路的电源可由外部供给，也可由 PLC 内部提供。图 2-3 和图 2-4 所示分别为 PLC 采用外接电源的直流和交流输入接口电路的电路图。

图 2-3 描述了一个输入点的接口电路。其输入电路的一次电路与二次电路用光耦合器相连。当行程开关闭合时，输入电路和一次电路接通，上面的 LED 用于对外显示，同时光耦合器中的 LED 使晶体管导通，信号进入内部电路，此输入点对应的位由 0 变为 1，即输入映像寄存器的对应位由 0 变为 1。

图 2-4 所示为交流开关量输入模块原理图，与上述的直流开关量模块原理基本相同，

在此不再赘述。

图 2-3　直流开关量输入模块

图 2-4　交流开关量输入模块

【开关量输出模块】输出模块的作用是将 CPU 执行用户程序所输出的 TTL 电平的控制信号转化为生产现场所需的能驱动特定设备的信号，以驱动执行机构的动作。

通常开关量输出模块有 3 种形式，即继电器输出、晶体管输出和双向晶闸管输出。继电器输出可接直流或交流负载，晶体管输出属直流输出，只能接直流负载。当开关量输出的频率低于 1kHz 时，一般选用继电器输出模块；当开关量输出的频率大于 1kHz 时，一般选用晶体管输出；双向晶闸管输出属交流输出。下面着重介绍继电器输出模块的工作过程，其原理图如图 2-5 所示。输出信号经 I/O 总线由输出锁存器输出，驱动继电器线圈，从而使继电器触点吸合，驱动外部负载工作。

图 2-5　继电器输出原理图

从上面的分析可知，对于继电器输出型，CPU 输出时接通或断开继电器的线圈，继电器的触点闭合或断开从而控制外电路的通/断。PLC 继电器输出电路形式允许负载一般是 250V AC 以下，负载电流可达 2A，容量可达 80～100VA（电压×电流），因此 PLC 的输出一般不宜直接驱动大电流负载（一般通过一个小负载来驱动大负载，如 PLC 的输出可以接一个电流比较小的中间继电器，再由中间继电器触点驱动大负载，如接触器线圈等）。

继电器触点的使用寿命也有限制（一般约为数十万次，根据负载而定，如连接感性负载时的寿命要小于阻性负载）。此外，继电器输出的响应时间也比较慢（约 10ms），因此在要求快速响应的场合不适合使用此种类型的电路输出形式。

【注意】当连接感性负载时，为了延长继电器触点的使用寿命，在外接直流电源时，通常应在负载两端加过电压抑制二极管（如图 2-5 中并在外接继电器线圈上的二极管）；对于交流负载，应在负载两端加 RC 抑制器。

晶体管输出型电路如图 2-6 所示，它是通过光耦合使开关晶体管截止或饱和导通以控制外部电路的。晶体管输出型电路的外接电源只能是直流电源，这是其应用局限性的一方面。另外，晶体管输出驱动能力要小于继电器输出，允许负载电压一般为 5～30V DC，允许负载电流为 0.2～0.5A。和继电器输出形式电路一样，在驱动感性负载时也要在负载两端反向并联二极管（二极管的阴极接电源的正极）以防止过电压，保护 PLC 的输出电路。

晶闸管输出型电路如图 2-7 所示。它采用的是光触发型双向晶闸管。双向晶闸管输出的驱动能力要比继电器输出的要小，允许负载电压一般为 85 ~ 242V AC；单点输出电流为 0.2 ~ 0.5A；当多点共用公共端时，每点的输出电流应减小（如单点驱动能力为 0.3A 的双向晶闸管输出，在 4 点共用公共端时，最大允许输出为 0.8A/4 点）。

图 2-6 晶体管输出原理图

图 2-7 晶闸管输出原理图

> **【注意】**为了保护晶闸管，通常在 PLC 内部电路晶闸管的两端并接 RC 阻容吸收元件（一般约为 0.015μF/22Ω）和压敏电阻，因此在晶闸管关断时，PLC 的输出仍然有 1 ~ 2mA 的开路漏电流，这就可能导致一些小型继电器在 PLC 输出 OFF 时发生无法关断的情况。

4）编程器 编程器用于用户程序的编制、编辑、调试及监控、显示 PLC 的一些系统参数和内部状态，是开发、维护、设计 PLC 控制系统的必要工具。主机内存中的用户程序就是由编程器通过通信接口输入的。对于已设计、安装好的 PLC 控制系统，一般都不带编程器而直接运行。不同系列的 PLC 的编程器互不通用。

编程器一般具有下列 5 种功能。

☺ 编辑功能：实现用户程序的修改、插入、删除等。

☺ 编程功能：用户程序的全部清除、写入/读出、检索等。

☺ 监视功能：对 I/O 点通/断的监视，对内部线圈、计数器、定时器通/断状态的监视，以及跟踪程序运行过程等。

☺ 检查功能：对语法、输入步骤、I/O 序号进行检查。

☺ 命令功能：向 PLC 发出运行、暂停等命令。

此外，编程器还具有与 EPROM 写入器、打印机、盒式录音机等外围设备通信的功能。编程器可分为简易编程器和图形编程器两种，也可以利用通用计算机进行编程。

【简易编程器】它可以直接与 PLC 的专用插座相连，或者通过电缆与 PLC 相连。它与主机共用一个 CPU，一般只能用助记符或功能指令代号编程。其优点是携带方便，价格便宜。多用于微型、小型 PLC，缺点是因编程器与主机共用一个 CPU，只能连机编程，对 PLC 的控制能力较小。

【图形编程器】图形编程器有两种显示屏，即 LCD 或 CRT。显示屏可以用来显示编程的情况，还可以显示 I/O、各继电器的工作状况、信号状态和出错信息等。工作方式既可以是连机编程，也可以是脱机编程；可以是梯形图编程，也可以用助记符指令编程。同时还可以与打印机、绘图仪等设备相连，并有较强的监控功能，但价格高，通常被用于大、中型 PLC。

【通用计算机编程】它采用通用计算机，通过硬件接口和专用软件包，使用户可以直接在计算机上以连机或脱机方式编程。可以运用梯形图编程，也可以用助记符指令编程，并有较强的监控能力。

2.2.4　FX2N 系列 PLC 常用单元

1）主机单元　FX2N 系列 PLC 的主机单元见表 2-7。

表 2-7　基本单元

型　号			输入点数	输出点数	扩展模块可用点数
继电器输出	晶闸管输出	晶体管输出			
FX2N - 16MR - 001	FX2N - 16MS	FX2N - 16MT	8	8	24 ~ 32
FX2N - 32MR - 001	FX2N - 32MS	FX2N - 32MT	16	16	24 ~ 32
FX2N - 48MR - 001	FX2N - 48MS	FX2N - 48MT	24	24	48 ~ 64
FX2N - 64MR - 001	FX2N - 64MS	FX2N - 64MT	32	32	48 ~ 64
FX2N - 80MR - 001	FX2N - 80MS	FX2N - 80MT	40	40	48 ~ 64
FX2N - 128MR - 001		FX2N - 128MT	64	64	48 ~ 64

2）扩展单元　FX2N 系列 PLC 的扩展单元见表 2-8。

表 2-8　扩展单元

型　号	总 I/O 数目	输　入			输　出	
		数目	电压	类型	数目	类型
FX2N - 32ER	32	16	24V 直流	漏型	16	继电器
FX2N - 32ET	32	16	24V 直流	漏型	16	晶体管
FX2N - 48ER	48	24	24V 直流	漏型	24	继电器
FX2N - 48ET	48	24	24V 直流	漏型	24	晶体管
FX2N - 48ER - D	48	24	24V 直流	漏型	24	继电器（直流）
FX2N - 48ET - D	48	24	24V 直流	漏型	24	继电器（直流）

3）扩展模块　基本扩展模块按地域远近可分为近程扩展方式和远程扩展方式。

当 CPU 主机上 I/O 点数不能满足需要时，或者组合式 PLC 选用的模块较多，在主机上安装不开时，可通过扩展口进行近程扩展。

当有部分现场信号相对集中，而又与其他现场信号相距较远时，可采用远程扩展方式。在远程扩展方式下，远程 I/O 模块作为远程从站可安装在主机及其近程扩展机上，远程扩展机作为远程从站安装在现场。

远程主站用于远程从站与主机间的信息交换，每个远程控制系统中可以有多个远程主站，一个远程主站可以有多个远程扩展机从站，每个远程扩展机又可以带多个近程扩展机，但远程部分的扩展机数量有一定的限制。远程主站和从站（远程扩展机）之间利用双绞线连接，同一个主站下面的不同从站用双绞线并联在一起。远程扩展机与远程扩展机的近程扩展机之间的连接，与主机和近程扩展机之间的连接方式相同。

远程部分的每个扩展机上都有一个编号，远程扩展机的编号由用户在远程扩展机上设定，具体编号按不用型号的规定而设置。

FX2N 系列 PLC 的扩展模块见表 2-9。通过扩展，可以增加 I/O 点数，以弥补点数不足的问题。

表 2-9　FX2N 的扩展模块

型　号	总 I/O 数目	输　入			输　出	
		数目	电压	类型	数目	类型
FX2N - 16EX	16	16	24V 直流	漏型		
FX2N - 16EYT	16				16	晶体管
FX2N - 16EYR	16				16	继电器

4）特殊功能模块　特殊 I/O 功能模块作为智能模块，有自己的 CPU、存储器和控制逻辑，与 I/O 接口电路及总线接口电路组成一个完整的微型计算机系统。一方面，它可以在自己的 CPU 和控制程序的控制下，通过 I/O 接口完成相应的 I/O 和控制功能；另一方面，它又通过总线接口与 CPU 进行数据交换，接收主 CPU 发来的命令和参数，并将执行结果和运行状态返回主 CPU，这样既实现了特殊 I/O 单元的独立运行，减轻了主 CPU 的负担，又实现了主 CPU 模块对整个系统的控制与协调，从而大幅度增强了系统的处理能力和运行速度。

下面简单介绍模拟量 I/O 模块、高速计数模块、位置控制模块、PID 控制模块、温度传感器模块和通信模块等特殊的扩展模块。

【模拟量 I/O 模块】模拟量输入模块将生产现场中连续变化的模拟量信号（如温度、流量、压力），通过变送器转换成 1 ~ 5V DC、0 ~ 10V DC、4 ~ 20mA DC、0 ~ 10mA DC 的标准电压或电流信号。

模拟量输入单元的作用是把此连续变化的电压、电流信号转化成 CPU 能处理的若干位数字信号。模拟量输入电路一般由放大电路、模数转换（A/D）、光隔离等部分组成。A/D 模块常有 2 ~ 8 路模拟量输入通道，输入信号可以是 1 ~ 5V 或 4 ~ 20mA，有些产品输入信号可为 0 ~ 10V 或 - 20 ~ + 20mA。

模拟量输出模块的作用是把 CPU 处理后的若干位数字信号转换成相应的模拟量信号输出，以满足生产控制过程中需要连续信号的要求。

CPU 的控制信号由输出锁存器经光隔离、数模转换（D/A）和放大电路，变换成标准模拟量信号输出。模拟量电压输出为 1 ~ 5V DC 或 0 ~ 10V DC；模拟量电流输出为 4 ~ 20mA 或 0 ~ 10mA。

A/D、D/A 模块的主要参数有分辨率、精度、转换速度、输入阻抗、输出阻抗、最大允许输入范围、模拟通道数、内部电流消耗等。

【高速计数模块】高速计数模块用于脉冲或方波计数器、实时时钟、脉冲发生器、数字码盘等输出信号的检测和处理，用于快速变化过程中的测量或精确定位控制。高速计数单元常设计为智能型模板，它与 PLC 的 CPU 之间是互相独立的。它自行配置计数、控制、检测功能，占有独立的 I/O 地址，与 CPU 之间以 I/O 扫描方式进行信息交换。有的计数单元还具有脉冲控制信号输出，用于驱动或控制机械运动，使机械运动到达要求的位置。高速计数模块的主要技术参数有计数脉冲频率、计数范围、计数方式、输入信号规格、独立计数器个数等。

【位置控制模块】位置控制模块是用于位置控制的智能 I/O 模块，能改变被控点的位移、速度和位置，适用于步进电动机或脉冲输入的伺服电动机驱动器。位置控制单元一般自身带有 CPU、存储器、I/O 接口和总线接口。它一方面可以独立地进行脉冲输出，控制步进电动机或伺服电动机，带动被控对象运动；另一方面可以接收主机 CPU 发来的控制命令和控制参数，完成相应的控制要求，并将结果和状态信息返回给主机 CPU。位置控制模块提供的功能有以下 5 种。

☺ 可以每个轴独立控制，也可以多轴同时控制。

☺ 原点可分为机械原点和软原点，并提供了 3 种原点复位和停止方法。

☺ 通过设定运动速度，方便地实现变速控制；采用线性插补和圆弧插补的方法，实现平滑控制。

☺ 可实现试运行、单步、点动和连续等运行方式。

☺ 采用数字控制方式输出脉冲，达到精密控制的要求。

位置控制模块的主要参数有占用 I/O 点数、控制轴数、输出控制脉冲数、脉冲速率、脉冲速率变化、间隙补偿、定位点数、位置控制范围、最大速度、加/减速时间等。

【PID 控制模块】 PID 控制模块多用于执行闭环控制的系统中，该模块自带 CPU、存储器、模拟量 I/O 点，并有编程器接口。它既可以联机使用，也可以脱机使用。在不同的硬件结构和软件程序中，可实现多种控制功能如 PID 回路独立控制、两种操作方式（数据设定、程序控制）、参数自整定、先行 PID 控制和开关控制、数字滤波、定标、提供 PID 参数供用户选择等。PID 控制模块的技术指标有 PID 算法和参数、操作方式、PID 回路数、控制速度等。

【温度传感器模块】 温度传感器模块实际为变送器和模拟量输入模块的组合，其输入为温度传感器的输出信号，通过模块内的变送器和 A/D 转换器，将温度值转换为 BCD 码传送给 PLC。温度传感器模块配置的传感器有热电偶和热电阻。温度传感器模块的主要技术参数有输入点数、温度检测元件、测温范围、数据转化范围及误差、数据转化时间、温度控制模式、显示精度和控制周期等。

【通信模块】 上位链接模块用于 PLC 与计算机的互联和通信。PLC 链接模块用于 PLC 和 PLC 之间的互联和通信。

远程 I/O 模块有主站模块和从站模块两类，分别装在主站 PLC 机架和从站 PLC 机架上，以实现主站 PLC 与从站 PLC 远程互联和通信。通信模块的主要技术参数有数据通信的协议格式、通信接口传输距离、数据传输长度、数据传输速率、传输数据校验等。

常用特殊功能单元的型号及功能见表 2-10。

表 2-10　FX2N 的特殊功能模块

型　　号	功 能 说 明
FX2N-4AD	4 通道 12 位模拟量输入模块
FX2N-4AD-PT	供 PT-100 温度传感器用的 4 通道 12 位模拟量输入
FX2N-4AD-TC	供热电偶温度传感器用的 4 通道 12 位模拟量输入
FX2N-4DA	4 通道 12 位模拟量输出模块
FX2N-3A	2 通道输入、1 通道输出的 8 位模拟量模块
FX2N-1HC	2 相 50Hz 的 1 通道高速计数器
FX2N-1PG	脉冲输出模块
FX2N-10GM	有 4 点通用输入、6 点通用输出的 1 轴定位单元
FX-20GM 和 E-20GM	2 轴定位单元，内置 EEPROM
FX2N-1RM-SET	可编程凸轮控制单元

续表

型　　号	功 能 说 明
FX2N – 232 – BD	RS – 232C 通信用功能扩展板
FX2N – 232IF	RS – 232C 通信用功能模块
FX2N – 422 – BD	RS – 422 通信用功能扩展板
FX – 485PC – IF – SET	RS – 232C/485 变换接口
FX2N – 482 – BD	RS – 485C 通信用功能扩展板
FX – 16NP/NT	MELSECNET/MINI 接口模块
FX2N – 8AV – BD	模拟量设定功能扩展板

2.3　FX2N 系列 PLC 内部资源

PLC 的软元件主要包括输入继电器 X、输出继电器 Y、辅助继电器 M、状态继电器 S、定时器 T、计数器 C、数据寄存器 D、指针（P、I）等。

2.3.1　I/O 继电器的编号及其功能

输入继电器（X）是 PLC 接收外部输入的开关量信号的窗口。PLC 将外部信号的状态读入并存储在输入映像寄存器内，即输入继电器中。外部输入电路接通时，对应的映像寄存器为 ON（"1"状态）。既然是继电器，我们自然会想到硬继电器的触点和线圈。在 PLC 中，继电器实际上不是真正的继电器，而是一个"命名"而已。但它也用线圈和触点来表示，这些触点和线圈可以理解为软线圈和软触点，在梯形图中可以无次数限制地使用。如图 2-8 所示，当外部输入电路接通时，对应的映像寄存器为"1"状态，表示该输入继电器常开触点闭合，常闭触点断开。输入继电器的状态唯一地取决于外部输入信号，不受用户程序的控制，因此在梯形图中绝对不能出现输入继电器线圈。输出继电器（Y）是 PLC 向外部负载发送信号的窗口。输出继电器用来将 PLC 的输出信号传送给输出模块，再由后者驱动外部负载。

图 2-8　I/O 端子说明

FX2N 系列 PLC 的输入继电器和输出继电器的元件用字母和八进制数表示，输入继电器、输出继电器的编号与接线端子的编号一致。表 2-11 给出了 FX2N 系列 PLC 的 I/O 继电器元件号。

表 2-11　FX2N 系列 PLC I/O 继电器元件号

形式	型　号						
	FX2N—16M	FX2N—32M	FX2N—48M	FX2N—64M	FX2N—80M	FX2N—128M	扩展时
输入	X0 ~ X7 8 点	X0 ~ X17 16 点	X0 ~ X27 24 点	X0 ~ X37 32 点	X0 ~ X47 40 点	X0 ~ X77 64 点	X0 ~ X267 184 点
输出	Y0 ~ Y7 8 点	Y0 ~ Y17 16 点	Y0 ~ Y27 24 点	Y0 ~ Y37 32 点	Y0 ~ Y47 40 点	Y0 ~ Y77 64 点	Y0 ~ Y267 184 点

2.3.2　辅助继电器的编号及其功能

PLC 内部有很多辅助继电器（M），辅助继电器和 PLC 外部无任何直接联系，它的线圈只能由 PLC 内部程序控制。它的常开和常闭两种触点只能在 PLC 内部编程时使用，且可以无限次自由使用，但不能直接驱动外部负载。外部负载只能由输出继电器触点驱动。FX2N 系列 PLC 的辅助继电器有通用辅助继电器、断电保持辅助继电器和特殊辅助继电器等。

在 FX2N 系列 PLC 中，除了输入继电器和输出继电器的元件号采用八进制数外，其他编程元件的元件号均采用十进制。

1）通用辅助继电器　FX2N 系列 PLC 的辅助继电器的元件编号为 M0 ~ M499，共 500 点。如果 PLC 运行时电源突然中断，输出继电器和 M0 ~ M499 将全部变为 OFF。若电源再次接通，除了因外部输入信号而变为 ON 的以外，其余的仍保持 OFF 状态。

2）断电保持辅助继电器 M500 ~ M3071　FX2N 系列 PLC 在运行中若发生断电，输出继电器和通用辅助继电器全部成为断开状态，上电后，这些状态不能恢复。某些控制系统要求记忆电源中断瞬时的状态，重新通电后再现其状态，M500 ~ M3071 可以用于这种场合。

3）特殊辅助继电器　FX2N 系列 PLC 内有 256 个特殊辅助继电器，地址编号为 M8000 ~ M8255，它们用于表示 PLC 的某些状态，提供时钟脉冲和标志（如进位、借位标志等），设定 PLC 的运行方式，或者用于步进顺控、禁止中断、设定计数器的计数方式等。特殊辅助继电器通常分为如下两大类。

【只能利用其触点的特殊辅助继电器】　此类辅助继电器的线圈由 PLC 的系统程序来驱动。在用户程序中可直接使用其触点的有 M8000、M8002、M8005 等。

☺ M8000：运行监视。当 PLC 执行用户程序时，M8000 为 ON；停止执行时，M8000 为 OFF。

☺ M8002：初始化脉冲。仅在 PLC 运行开始瞬间接通一个扫描周期。M8002 的常开触点常用于某些元件的复位和清零，也可作为启动条件。

☺ M8005：锂电池电压降低。锂电池电压下降至规定值时变为 ON，可以用它的触点驱动输出继电器和外部指示灯，提醒工作人员更换锂电池。

【说明】 M8011 ~ M8014 分别是 1ms、100ms、1s 和 1min 时钟脉冲。

【线圈驱动型特殊辅助继电器】　这类辅助继电器由用户程序驱动其线圈，使 PLC 执行特定的操作，如 M8033、M8034、M8039 的线圈等。

☺ M8033 的线圈"通电"时，PLC 由 RUN 状态进入 STOP 状态后，映像寄存器与数据寄存器中的内容保持不变。

☺ M8034 的线圈"通电"时，全部输出被禁止。

☺ M8039 的线圈"通电"时，PLC 以 D8039 中指定的扫描时间工作。

其余的特殊辅助继电器的功能在这里就不一一列举了，读者可查阅 FX2N 的用户手册。

2.3.3 状态继电器的编号及其功能

状态继电器（S）是用于编制顺序控制程序的一种编程元件，它与后述的步进顺控指令配合使用，通常状态继电器有如下 5 种类型。

☺ 初始状态继电器 S0 ~ S9：共 10 点。

☺ 回零状态继电器 S10 ~ S19：共 10 点，供返回原点用。

☺ 通用状态继电器 S20 ~ S499：共 480 点。没有断电保持功能，但是用程序可以将它们设定为有断电保持功能状态。

☺ 断电保持状态继电器 S500 ~ S899：共 400 点。

☺ 报警用状态继电器 S900 ~ S999：共 100 点。

不用步进顺控指令时，状态继电器 S 可以作为辅助继电器（M）使用。供报警用的状态继电器可用于外部故障诊断的输出。

2.3.4 定时器的编号及其功能

PLC 中的定时器（T）相当于继电控制系统中的时间继电器。FX2N 系列 PLC 给用户提供最多 256 个定时器，其编号为 T0 ~ T255。其中常规定时器 246 个，积算定时器 10 个。每个定时器有一个设定定时时间的设定值寄存器（一个字长），一个对标准时钟脉冲进行计数的计数器（一个字长），一个用于存储其输出触点状态的映像寄存器（位寄存器）。这 3 个存储单元使用同一个元件号。设定值可以用常数 K 进行设定，也可以用数据寄存器（D）的内容来设定。例如，外部数字开关输入的数据可以存入数据寄存器（D）作为定时器的设定值。FX2N 内的定时器根据时钟累积计时，时钟脉冲有 1ms、10ms、100ms 3 挡，当所计时间到达设定值时，输出触点动作。

1）常规定时器 T0 ~ T245　T0 ~ T199 为 100ms 定时器，共 200 点，定时范围为 0.1 ~ 3276.7s，其中 T192 ~ T199 为子程序中断服务程序专用的定时器；T200 ~ T245 为 10ms 定时器，共 46 点，定时范围为 0.01 ~ 327.67s。

【实例 2-1】普通定时器应用实例。

图 2-9 所示的是定时器的工作原理。当驱动输入 X0 接通时，定时器 T10 的当前值计数器对 100ms 的时钟脉冲进行累积计数。当该值与设定值 K123 相等时，定时器的输出触点就接通，即输出触点是其线圈被驱动后的 $123 \times 0.1s = 12.3s$ 时动作。若 X1 的常开触点断开，定时器 T10 被复位，它的常开触点断开，常闭触点接通，当前值计数器恢复为零。

图 2-9　定时器的工作原理

常规定时器没有保持功能，在输入电路断开或停电时复位（清零）。

2）积算定时器 T246 ~ T255　积算定时器有两种，一种是 T246 ~ T249（共 4 点），为 1ms 积算定时器，定时范围为 0.001 ~ 32.767s；另一种是 T250 ~ T255（共 6 点），为 100ms 积算定时器，每点设定值范围为 0.1 ~ 3276.7s。

【实例 2-2】积算定时器应用实例。

图 2-10 所示的是积算定时器工作原理。当定时器的驱动输入 X001 接通时，T250 的当前值计数器开始累积 100ms 的时钟脉冲的个数，当该值与设定值 K345 相等时，定时器的输出触点 T250 接通。当输入 X001 断开或系统停电时，当前值可保持，输入 X001 再接通或复电时，计数在原有值的基础上继续进行。当累积时间为 $t_1 + t_2 = (0.1 \times 345)s = 34.5s$ 时，输出触点动作。当输入 X002 接通时，计数器复位，输出触点也复位。

图 2-10　积算定时器工作原理

由定时器的工作过程可知，定时器属于通电延时型。如果要完成断电延时的控制功能，可利用它的常闭触点进行控制，如图 2-11 所示。若输入 X001 接通，Y000 线圈通电产生输出，并通过 Y000 触点自锁；当 X001 断开时，线圈 Y000 不立即停止输出，而是经过 T5 延时 20s 后停止输出。

图 2-11　延时输出定时器

2.3.5　内部计数器的编号及其功能

内部计数器是 PLC 在执行扫描操作时对内部信号 X、Y、M、S、T、C 等进行计数的计数器。内部计数器输入信号的接通或断开的持续时间应大于 PLC 的扫描周期。

1）16 位加计数器　16 位加计数器有 200 个，地址编号为 C0 ~ C199。其中 C0 ~ C99 为通用型，C100 ~ C199 为断电保持型。设定值为 1 ~ 32767。

【实例 2-3】加计数器应用实例。

图 2-12 所示的是加计数器的工作过程。

图中，X010 的常开触点接通后，C0 被复位，它对应的位存储单元被置为"0"，它的常开触点断开，常闭触点接通，同时计数器当前值被置为"0"。X011 用来提供计数输入信号，当计数器的复位输入电路断开且计数输入上升沿到来时，计数器的当前值加"1"，在 10 个计数脉冲后，C0 的当前值等于设定值 10，它对应的位存储单元的内容被置为"1"，其常开触点接通，常闭触点断开。再来计数脉冲时，当前值不变，直到复位信号到来，计数器被复位，当前值被置为"0"。除了可由常数 K 来设定计数器的设定值外，还可以通过指定数据寄存器 D 来设定，这时设定值等于指定的数据寄存器中的数据。

图 2-12　加计数器工作原理

2）32 位加/减计数器　32 位加/减计数器共有 35 个，编号为 C200～C234，其中 C200～C219 为通用型，C220～C234 为断电保持型，它们的设定值为 -2147483648～+2147483647，可由常数 K 设定，也可以通过指定数据寄存器来设定。32 位设定值存放在元件号相连的两个数据寄存器中。如果指定的寄存器为 D0，则设定值存放在 D1 和 D0 中。

32 位加/减计数器 C200～C234 的加/减计数方式由特殊辅助继电器 M8200～M8234 设定。特殊辅助继电器为 ON 时，对应的计数器为减计数；反之为加计数。

【实例 2-4】 32 位加/减计数器应用实例。

图 2-13 中，C200 的设定值为 5，当 X012 输入断开，M8200 线圈断开时，对应的计数器 C200 进行加计数。当当前值 ≥5 时，计数器的输出触点为 ON。当 X012 输入接通时，M8200 线圈通电，对应的计数器 C200 进行减计数。当当前值 <5 时，计数器的输出触点为 OFF。复位输入 X013 的常开触点接通时，C200 被复位，其常开触点断开，常闭触点接通。

图 2-13　32 位加/减计数器工作原理

如果使用断电保持计数器，在电源中断时，计数器停止计数，并保持计数当前值不变，电源再次接通后，计数器在当前值的基础上继续计数。因此，断电保持计数器可累计计数。在复位信号到来时，断电保持计数器当前值被置为 "0"。

3）高速计数器　内部计数器的作用是对 PLC 的内部信号 X、Y、M、S、T、C 等计数，其响应速度为数十 Hz 以下。若内部信号周期小于 PLC 的扫描周期，计数器就不能正确计数。因此，对于频率较高的信号的计数应采用高速计数器。

高速计数器共 21 点，地址编号为 C235 ~ C255。但用于高速计数器输入的 PLC 输入端只有 6 点，即 X0 ~ X5。如果这 6 个输入端中的一个已被某个高速计数器占用，它就不能再用于其他高速计数器或其他用途。也就是说，由于只有 6 个高速计数器输入端，所以最多只能允许 6 个高速计数器同时工作。

21 个高速计数器均为 32 位增/减型计数器。它的选择并不是任意的，而是取决于所需计数器的类型及高速输入端子。如表 2-12 所示，各个高速计数器有对应的输入端子，分为以下 4 种类型。

☺ 1 相无启动/复位端子高速计数器 C235 ~ C240；

☺ 1 相带启动/复位端子高速计数器 C241 ~ C245；

☺ 1 相 2 输入双向高速计数器 C246 ~ C250；

☺ 2 相输入 A—B 相型高速计数器 C251 ~ C255。

表 2-12　FX2N 系列 PLC 高速计数器表

输出		X0	X1	X2	X3	X4	X5	X6	X7
1 相无启动/复位	C235	U/D							
	C236		U/D						
	C237			U/D					
	C238				U/D				
	C239					U/D			
	C240						U/D		
1 相带启动/复位	C241	U/D	R						
	C242			U/D	R				
	C243				U/D	R			
	C244	U/D	R					S	
	C245			U/D	R				S
1 相 2 输入双向高速计数器	C246	U/D	D						
	C247	U	D	R					
	C248				U	D	R		
	C249	U	D	R				S	
	C250				U	D	R		S
2 相输入（A—B 相型）	C251	A	B						
	C252	A	B	R					
	C253				A	B	R		
	C254	A	B	R				S	
	C255				A	B	R		S

注：U 加计数输入；D 减计数输入；A—A 相输入；B—B 相输入；R 一复位输入；S－启动输入。

在高速计数器的输入中，X0、X2、X3 的最高计数频率为 10kHz，X1、X4、X5 的最高计数频率为 7kHz。X6 和 X7 只能用做高速计数器的启动信号而不能用于高速计数。不同类型的计数器可以同时使用，但它们的输入不能共用。例如，C251、C235、C236、C241、C244、C246、C247、C249、C252、C254 等就不能同时使用，因为这些高速计数器都要使用输入端 X0、X1。

高速计数器是按中断原则运行的，因而它独立于扫描周期，选定计数器的线圈应以连续方式驱动，以表示这个计数器及其有关输入连续有效，其他高速处理不能再用其输入端子。

【实例 2-5】 单相高速计数器的使用实例。

如图 2-14 所示，C235 在 X012 为 ON 时，对输入 X010 的接通、断开状态进行计数，如果 X011 为 ON，执行 RST 复位指令。其动作波形图如图 2-15 所示。

图 2-14　单相单输入计数器实例　　　　　图 2-15　单相单输入计数器波形图

利用计数输入 X000，通过中断控制 C235 进行增计数或减计数。计数器当前值由 -6 变化为 -5 时，输出触点被置位；计数器当前值由 -5 变化为 -6 时，输出触点被复位。虽然当前值的增/减与输出触点的动作无关，但是如果由 2147483647 加计数则变成 -2147483648，或者由 -2147483648 减计数则变成 2147483647（又称为环形计数），复位输入 X011 为 ON，则在执行 RST 复位指令时，计数器的当前值为 0，输出触点复位。在供停电保持用的高速计数器中，即使断开电源，计数器的当前值、输出触点动作、复位状态也被停电保持。

2.3.6　数据寄存器的编号及其功能

在一个复杂的 PLC 控制系统中，需要大量的工作参数和数据，这些参数和数据存储在数据存储器中。FX2N 系列 PLC 的数据存储器的长度为双字节（16 位）。也可以通过两个数据存储器的组合构建一个 4 字节（32 位）的数据。

1）通用数据存储器 D0 ~ D199　通道分配 D0 ~ D199，共 200 点。只要不写入其他数据，已写入的数据不会变化。但是，由 RUN→STOP 时，全部数据均清零（若特殊辅助继电器 M8033 已被驱动，则数据不被清零）。

2）断电保持数据寄存器 D200 ~ D7999　通道分配　D200 ~ D511，共 312 点，或 D200 ~ D999，共 800 点（由机器的具体型号定）。基本上与通用数据寄存器等同。除非改写，否则原有数据不会丢失，不论电源接通与否、PLC 运行与否，其内容也不变化。然而在两台 PLC 作点对点的通信时，D490 ~ D509 被用做通信操作。

3）特殊寄存器 D8000 ~ D8255　特殊寄存器 D8000 ~ D8255 共 256 点，用于监控 PLC 的运行状态，如电池电压、扫描时间、正在动作的寄存器的编号等。

4）变址寄存器 V/Z　变址寄存器通常用于修改元件的地址编号，V 和 Z 都是 16 位寄存器，可以进行数据的读/写操作。将 V 和 Z 合并使用，可进行 32 数据操作，其中 Z 为低 16 位。

2.3.7　指针的编号及其功能

1）分支用指针（P）　指针（P/I）包括分支用的指针 P0～P127（共 128 点）和中断用的指针 I××× （共 15 点）。P0～P127 用于指示跳转指令 CJ 的跳转目标和子程序调用指令（CALL）调用的子程序的入口地址。如图 2-16 中 X001 常开触点接通时，执行条件跳转指令 CJ P0，跳转到指令的标号位置 P0，执行标号 P0 开始的程序。X001 常开触点接通时，执行子程序调用指令 CALL P1，跳转到标号 P1 处，执行从 P1 开始的子程序，当执行到子程序中的 SRET（子程序返回）指令时返回主程序，从 CALL　P1 下面一条指令开始执行。

图 2-16　分支用指针说明

2）中断用指针（I）　中断用指针（I）用于指明某一中断源的中断程序入口标号。当中断发生时，CPU 从标号开始的中断程序执行。当执行到 IRET（中断返回）指令时返回主程序。FX2N 系列 PLC 的中断源有 6 个输入中断、3 个定时器中断和 6 个计数器中断。

【输入中断】接受来自特定编号的输入信号，而不受 PLC 的扫描周期的影响。触发该输入信号，执行中断子程序。通过输入中断可处理比扫描周期更短的信号，因而可以在顺控过程中作为必要的优先处理，或者在短时脉冲处理控制中使用。

【定时器中断】在指定的中断循环时间（10～99ms）执行中断子程序。在需要有别于 PLC 的运算周期的循环处理控制中使用。

【计数器中断】依据 PLC 内置的高速计数器的比较结果，执行中断子程序，用于利用高速计数器优先处理计数结果的控制。

2.3.8　实例：优先电路

【控制要求】两个输入信号分别通过 X000、X001 进入 PLC，其中任何一个先发出信号者取得优先权，而后者无效，这种电路称为优先电路。若 X000 先接通，M0 线圈接通，Y000 有输出，同时 M0 的常闭触点断开，X001 再接通，也无法使 M1 动作，Y001 无法输出。同理，若 X001 先接通，X000 输入信号无效，情况正好相反。

【程序设计】根据控制要求编制 PLC I/O 地址表见表 2-13。

表 2-13　优先电路 PLC I/O 地址表

输入编址		输出编址	
X000	A 信号输入	Y000	A 信号输出
X001	B 信号输入	Y001	B 信号输出

【**参考程序**】优先电路梯形图如图 2-17 所示。

图 2-17　优先电路 PLC 程序

2.3.9　实例：译码电路

【**控制要求**】两个输入信号分别通过 X000、X001 进入 PLC，对两个信号进行比较，根据预先设好的控制要求，接通不同的输出。

【**程序设计**】根据控制要求编制 PLC I/O 地址表见表 2-14。

表 2-14　优先电路 PLC I/O 地址表

输 入 编 址		输 出 编 址	
X000	A 信号输入	Y000	情况 1 信号输出
X001	B 信号输入	Y001	情况 2 信号输出
		Y002	情况 3 信号输出
		Y003	情况 4 信号输出

【**参考程序**】译码电路梯形图如图 2-18 所示。

图 2-18　译码电路 PLC 程序

【**程序分析**】当 X000、X001 接通时，Y000 有输出；当 X000、X001 都不接通时，Y001 有输出；X000 不接通，X001 接通时，Y002 有输出；X000 接通，X001 不接通时，Y003 有输出。

思考与练习

（1）说明 FX2N 系列 PLC 的主要编程组件和它们的组件编号。

（2）简述输入继电器、输出继电器、定时器及计数器的用途。

（3）定时器和计算器各有哪些使用要素？如果梯形图线圈前的触点是工作条件，定时器和计数器工作条件有什么不同？

（4）PLC 的基本结构如何？试阐述其基本工作原理。

（5）PLC 主要有哪些技术指标？

（6）PLC 硬件由哪几部分组成？各有什么作用？

（7）PLC 软件由哪几部分组成？各有什么作用？

（8）PLC 控制系统与传统的继电控制系统有何区别？

（9）PLC 开关量输出接口按输出开关器件的种类不同，有几种形式？

（10）简述 PLC 的扫描工作过程。

（11）为什么 PLC 中软继电器的触点可无数次使用？

（12）PLC 扫描过程中输入映像寄存器和元件映像寄存器各起什么作用？

（13）PLC 按 I/O 点数和结构形式可分为几类？

第3章 FX系列PLC基本指令系统

PLC 属于工业控制机的范畴，需要硬件、软件的结合才能实现功能最大化。本章以三菱 FX2N 系列为例，详细介绍 PLC 的基本指令系统、编程元件等软件知识。

 ## 3.1 数值基础知识

作为工业控制机，PLC 需要处理大量的数据。在 PLC 内部，各种数据根据用途不同会用不同类型、不同结构的形式进行表示。

1. 数据类型

FX 系列 PLC 根据用途和型号的不同，使用 5 种类型的数据。其功能和作用如下所述。

【**十进制（DEC）**】十进制数据主要用于以下方面。

☺ 定时器和计数器的数值设定；

☺ 辅助继电器（M）、定时器（T）、计数器（C）、状态继电器（S）等元件编号（软元件）；

☺ 指定应用指令的操作数的数值和指令动作（K 常数）。

【**十六进制数（HEX）**】同十进制数一样，用于指定应用指令的操作数的数值和指令动作（H 常数）。

【**二进制数（BIN）**】十进制数或十六进制数对定时器、计数器或数据寄存器进行数值指定，但在 PLC 的内部，这些数据仍然是以二进制数进行处理的，而且在外围设备进行监控时，这些软元件将变为十进制数，如图 3-1 所示。

图 3-1 外围设备监控数据说明

【**八进制数（OCT）**】FX 系列 PLC 的输入继电器、输出继电器的软元件的编号采用 8 进制数据进行分配（不存在 8 和 9）。

【**BCD 码**】BCD 码（Binary Code Decimal）是以 4 位二进制数表示十进制各位 0~9 数值的方法，各位很容易处理。因此，可以用 BCD 码表示数字式开关或 7 段码的显示控制。

【**其他数值（浮点型）**】FX2N 系列 PLC 可以进行高精度的浮点数据运算。用二进制浮点数进行数据运算，用十进制浮点数进行监控。

PLC 程序进行数据处理时，必须使用常数 K（十进制）或常数 H（十六进制），其功能和作用如下所述。

☺ 常数 K：K 是表示十进制的符号，主要用于指定定时器和计数器的设定值，或者应用指令操作数的数值。

☺ 常数 H：H 是十六进制的表示符号，主要用于指定应用指令操作数的数值。而且在编程用外围设备上进行指令数据的相关操作时，十进制数加 K 输入，十六进制数加 H 输入，如（K100，H64）。

2. 基本数据结构

【位元件】FX 系列 PLC 有 4 种基本编程元件。为了区分各种编程元件，给它们分别规定了专用字母符号。

☺ X：输入继电器，用于存放外部输入继电器的状态。

☺ Y：输出继电器，用于从 PLC 输出信号。

☺ M（辅助继电器）、S（状态继电器），用于 PLC 内部运算标志。

这些元件都只有两种不同的状态，即 ON 和 OFF，称之为是"位（bit）"元件，可以用二进制数 1 和 0 来分别表示这两种状态。

【字元件】以 8 位机为例，8 个连续的位组成一个字节（Byte），2 个连续字节组成一个字（Word），两个连续的字构成一个双字（Double Word）。定时器和计数器的当前值和设定值，以及数据寄存器内数据均为有符号的字，一般采用正逻辑，最高位为 0 表示正，为 1 表示负。

 ## 3.2 基本逻辑指令

基本逻辑指令主要包括触点的与、或、非运算指令，以及功能块的与、或等操作指令。

3.2.1 逻辑取及线圈驱动指令

LD、LDI、OUT 指令为 PLC 使用频率最高的指令，分别用于触点逻辑运算的开始及线圈输出驱动，见表 3-1。

表 3-1 LD、LDI、OUT 指令助记符及功能表

助记符、名称	功 能	可用软元件	程 序 步 长
LD 取	触点逻辑运算开始	X、Y、M、S、T、C	1 步
LDI 取反	触点逻辑运算取反开始	X、Y、M、S、T、C	1 步
OUT 输出	线圈驱动	Y、M、S、T、C	Y、M：1 步；S、M：2 步；T：3 步；C：3~5 步

☺ LD：取指令，表示一个与输入母线相连接的常开触点指令。

☺ LDI：取反指令，表示一个与输入母线相连接的常闭触点指令。

☺ OUT：线圈驱动指令也称输出指令。操作目标元件不能是输入继电器 X。指令的操作元件是定时器 T 和计数器 C 时，必须设置常数 K。

【实例 3-1】LD、LDI、OUT 指令应用示例。

如图 3-2 所示，X000 作为与输入母线相连的常开触点，采用 LD 指令；X001 作为与输入母线相连的常闭触点，采用 LDI 指令。Y000、M100、Y001 均为输出线圈，采用 OUT 指令。

图 3-2　LD、LDI、OUT 指令应用示例

其中 T0 作为定时器，设定定时时长时，参考表 3-2。

表 3-2　定时器/计数器设定值范围及步长

定时器/计数器	K 的设定范围	实际的设定值	程 序 步 长
1ms 定时器		0.001 ~ 32.767s	3 步
10ms 定时器	1 ~ 32767	0.01 ~ 327.67s	
100ms 定时器		0.1 ~ 3276.7s	3 步
16 位计数器		1 ~ 32767	3 步
32 位计数器	2147483648 ~ +2147483647	同左	5 步

3.2.2　触点串联指令

AND、ANI 指令分别为常开/常闭串联触点指令，用于处理触点串联关系，见表 3-3。

表 3-3　AND、ANI 指令助记符及功能表

助记符、名称	功　能	可用软元件	程 序 步 长
AND 与	触点串联开始	X、Y、M、S、T、C	1 步
ANI 与反	触点串联反连接	X、Y、M、S、T、C	1 步

☺ AND（与指令）用于常开触点的串联连接；

☺ ANI（与非指令）用于常闭触点的串联连接。

【实例 3-2】AND、ANI 触点串联指令应用示例。

如图 3-3 所示，触点 X002、X000 为串联关系，故采用 AND 指令；触点 Y003 与触点 X003 之间也为串联关系，因为 X003 为常闭触点，故采用 ANI 指令。紧接 OUT M101 以后，通过触点 T1 可以驱动 OUT Y004。

```
0    LD      X002
1    AND     X000        串联触点
2    OUT     Y003
3    LD      Y003
4    ANI     X003        串联触点
5    OUT     M101
```

```
6  AND    T 1        串联触点
7  OUT    Y004       输出
```

如图 3-4 所示，转换输出顺序后，不能再使用连续输出，而必须采用堆栈操作。堆栈操作在后面讲述。

图 3-3　AND、ANI 触点串联指令应用示例　　　　图 3-4　不能使用连续输出说明

3.2.3　触点并联指令

OR、ORI 指令分别为常开/常闭并联触点指令，用于处理触点并联关系，见表 3-4。

表 3-4　OR、ORI 指令助记符及功能表

助记符、名称	功　　能	可用软元件	程 序 步 长
OR 或	触点并联开始	X、Y、M、S、T、C	1 步
OR 或反	触点并联反连接	X、Y、M、S、T、C	1 步

☺ OR（或）用于常开触点的并联；

☺ ORI（或非）用于常闭触点的并联。

【实例 3-3】OR、ORI 触点并联指令应用示例。

如图 3-5 所示，X004、X006、M102 之间为并联关系，X006 为常开触点，所以采用 OR 指令；M102 为常闭触点，所以采用 ORI 指令。OR、ORI 指令一般跟在 LD、LDI 指令后面，如果这样的连接输出顺序不错，并联次数没有限制。但是，由于图形编程器和打印机页面限制，应尽量做到行数不超过 24 行。

图 3-5　OR、ORI 触点并联指令应用示例

3.2.4　串联电路块并联指令

ORB 指令为电路块或指令，主要用于电路块的并联连接，见表 3-5。

表 3-5　ORB 指令助记符及功能表

助记符、名称	功　　能	可用软元件	程序步长
ORB 电路块或	串联回路块的并联连接	无	1 步

☺ 两个以上串联连接的电路称为串联电路块。串联电路块并联连接时，每个分支作为独立程序段的开始，必须采用 LD 或 LDI 指令；

☺ 如果电路中并联支路较多，集中使用 ORB 指令时，需注意电路块并联支路数必须小于 8。

【实例 3-4】ORB 块或指令应用示例。

在图 3-6（a）中有 3 条并联支路，对于这种梯形图，PLC 提供了两种编程方法。第 1 种如图 3-6（b）所示，先对块前面两条分支进行编程，然后"块或"（ORB）产生结果；再编写第 3 条分支程序，再与前面结果相"或"产生结果。采用这种编程方法，ORB 的使用次数没有限制。另一种编程方法如图 3-6（c）所示，先编写每个块的程序，然后再连续使用 ORB 块或指令。由于第 2 种方法连续使用次数不能超过 8 次，故建议使用第 1 种方法。

图 3-6　ORB 块或指令应用示例

3.2.5　并联电路块串联指令

ANB 指令为电路块与指令，主要用于电路块的串联连接，见表 3-6。

表 3-6　ANB 指令助记符及功能表

助记符、名称	功　　能	可用软元件	程序步长
ANB 电路块与	并联回路块的串联连接	无	1 步

☺ 两个以上并联连接的电路称为并联电路块。并联电路块串联连接时，每个分支作为独立程序段的开始，必须采用 LD、LDI 指令；

☺ 如果电路中串联支路较多，集中使用 ANB 指令时，需注意电路块串联支路数必须小于 8。

【**实例 3-5**】ANB 并联电路块的串联连接指令应用示例。

如图 3-7 所示，当一个梯形图的控制线路由若干个先并联、后串联的触点组成时，可以将每组并联看做一个块，先写完每个程序分支，然后再使用 ANB 指令。同 ORB 块或指令一样，ANB 块与指令个数也应在 8 个以下。

图 3-7　ANB 并联电路块的串联连接指令应用示例

PLC 的基本逻辑指令的操作是由 PLC 内部逻辑处理器完成的。PLC 内部的逻辑处理器一般为 8 位，最高位为操作器，当 PLC 执行程序时，它是逐行扫描执行的。当执行的指令为与左母线相连的 LD 指令时，它是将 LD 后面操作元件中的内容取出来送操作器；若为与左母线相连的 LDI 指令时，它是将 LDI 后面的操作元件中的内容取出来取"反"后送操作器。若 LD 指令为并联块的串联或串联块的并联的第 2 个 LD 指令，则执行该 LD 指令的作用是将操作器的内容下压一位，最右边一位内容丢失，再将 LD 后面操作元件中的内容取出来送操作器；若为 LDI 指令，则将操作元件中的内容取"反"后送操作器中。

当 PLC 执行 AND 或 ANI 指令时，它是将 AND 操作元件中的内容取出来与操作器中内容相"与"，其结果送操作器；或者将 ANI 操作元件中的内容取出来取"反"后与操作器的内容相"与"，结果送操作器。

当 PLC 执行 OR 或 ORI 指令时，它是将 OR 操作元件中的内容取出来与操作器中的内容相"或"，其结果送操作器中；或者将 ORI 操作元件中的内容取出来取"反"后与操作器的内容相"或"，其结果送操作器。

当 PLC 执行 ANB、ORB 指令时，它是将操作器的内容与下一位的内容相"与"或相"或"，其结果送操作器，同时操作器的内容不变，逻辑处理器的其他各位向左移一位。

当 PLC 执行 OUT 指令时，它是将操作器的内容送到 OUT 的操作元件中。

3.2.6　多重输出电路指令

MPS/MRD/MPP 指令为多重输出指令，借用了堆栈的形式处理一些特殊程序，见表 3-7。

表 3-7　MPS/MRD/MPP 指令助记符及功能表

助记符、名称	功　　能	可用软元件	程序步长
MPS（push）	入栈	无	1 步
MRD（read）	读栈		1 步
MPP（POP）	出栈		1 步

☺ MPS：进栈指令，将运算结果（或数据）压入栈存储器；

☺ MRD：读栈指令，将栈的第 1 层内容读出来；

☺ MPP：出栈指令，读栈同时将栈第 1 层的内容弹出来。

这组指令用于多重输出电路，无操作数。在编程时，有时需要将某些触点的中间结果存储起来，那么可以采用这 3 条指令。如图 3-8 所示，可以将 X004 之后的状态暂存起来。对于中间结果的存储，PLC 中已提供了栈存储器，FX2N 系列 PLC 提供了 11 个栈存储器，当使用 MPS 指令时，现时的运算结果压入栈的第 1 层，栈中原来的数据依次向下推一层；当使用 MRD 指令时，栈内的数据不发生移动，而是将栈的第 1 层内容读出来；当使用 MPP 指令时，是将栈第 1 层的数据读出，同时该数据从栈中消失，因此又称之为出栈或弹栈。编程时，MPS 与 MPP 必须成对使用，且连续使用次数应该少于 11 次。

图 3-8   堆栈示意图

下面介绍 MPS、MRD、MPP 多重输出指令的应用实例。

【实例 3-6】一层堆栈电路实例。

从图 3-9 可以看到，X000 的状态通过 MPS 指令被暂存在堆栈，然后在 X003 和 X005 前面需要使用时，通过 MRD 将堆栈状态读出。最后在 X007 使用，堆栈内容不再保存，采用了 MPP 指令。

图 3-9   简单电路（1 层栈）

【实例 3-7】 2 层栈多重输出电路。

在图 3-10 中可以看到，X000、X001、X004 之后的状态都需要暂存，而且 X001、X004 被嵌套在 X000 的内部，形成了 2 层栈电路。同样，X001、X004 暂存的状态也先被读出，最后弹出的是 X000 的状态。

图 3-10　2 层栈电路

【实例 3-8】 4 层栈多重输出电路。

图 3-11 所示为一个 4 层栈电路。电路功能虽然并不复杂，但由于设计不合理，出现了多层栈嵌套的现象，导致程序较长，影响执行效率。如果将图 3-11 所示电路改成图 3-12 所示的梯形图，则编程时就不必使用 MPS/MPP 指令了。

图 3-11　4 层栈电路

图 3-12　4 层栈优化电路

3.2.7　主控指令

在实际 PLC 控制中，经常能够碰到多个触点由同一个触点（主控触点）控制的情况。

MC、MCR 指令为主控指令，使用主控指令可以简化电路。其功能见表 3-8。

表 3-8   MC/MCR 指令助记符及功能表

助记符、名称	功 能	可用软元件	程 序 步 长
MC 主控	主控电路块起点	除特殊辅助继电器外的 M	3 步
MCR 主控复位	主控电路块终点		2 步

☺ MC：主控起点指令；

☺ MCR：主控复位指令；

☺ 主控指令的操作元件为 M，但不能使用特殊辅助继电器 M。

【实例 3-9】 MC/MCR 指令应用。

在图 3-13 中，X0 接通时，执行 MC 与 MCR 之间的指令；当输入条件 X0 断开时，不执行 MC 与 MCR 之间的指令，但非积算定时器和用 OUT 指令驱动的元件均复位；积算定时器、计数器、用 SET/RST 指令驱动的元件保持当前的状态。与主控触点相连的触点必须用 LD 或 LDI 指令。使用 MC 指令后，相当于母线移到主控触点的后面，MCR 使母线回到原来的位置。在 MC 指令区内再次使用 MC 指令的情况称为嵌套。在没有嵌套结构时，通常用 N0 编程。N0 的使用次数没有限制。有嵌套结构的，嵌套级 N 的编号依次顺序增大（N0→N1→N2→N3→N4···→N7），返回时用 MCR 指令，从大的嵌套级开始解除（N7→N6···→N1→N0）。嵌套级共 8 级。

图 3-13   MC/MCR 指令使用

【实例 3-10】 多重嵌套实例。

嵌套实例如图 3-14 所示。对于嵌套级 N0 来说，当 X0 = 0 时，程序跳至 MCR N0 后执行；X0 = 1 时，母线 B 被激活。对于嵌套级 N1 来说，在 X0、X2 均为 1 时，母线 C 才被激活；若 X0 = 1 而 X2 = 0，则执行完 LD X1、OUT Y0 程序后跳至 MCR N1 后执行程序。

图 3-14   多重嵌套实例

3.2.8 置位与复位指令

SET、RST 指令分别为置位指令和复位指令，除了对线圈进行操作外，还可以对数据寄存器、变址寄存器、积算定时器、计数器进行清零操作，见表 3-9。

表 3-9 SET/RST 指令助记符及功能表

助记符、名称	功　　能	可用软元件	程 序 步 长
SET 置位	动作保持	Y、M、S	Y、M：1 步 S、特殊 M：2 步
RST 复位	消除动作保持	Y、M、S、T、C、D、V、Z	T、C：2 步 D、V、Z、特殊 D：3 步

☺ SET：置位指令，使动作保持；

☺ RST：复位指令，使操作保持复位（或清零）。

【实例 3-11】 SET/RST 指令应用实例一。

　　SET/RST 指令的使用如图 3-15 所示。当 X0 由 OFF→ON 时，Y0 被驱动置成 ON 状态；而当 X0 断开时，Y0 的状态仍然保持。当 X1 接通时（由 OFF→ON），Y0 的状态则为 OFF 状态，即复位状态；当 X1 断开时，对 Y0 也没有影响。波形图可表明 SET/RST 指令的功能。

图 3-15 SET/RST 指令的应用方法（一）

对于 Y、M、S 等软元件，SET、RST 指令也是一样的，对于同一元件（如图 3-16 中的 Y000、M0、S0 等），SET、RST 指令可以多次使用，其顺序没有限制。RST 指令还可以使数据寄存器（D）、变址寄存器（V、Z）的内容清零。此外，积算定时器 T246～T255 的当前

图 3-16 SET/RST 指令的应用方法（二）

值的清零和触点的复位也可使用 RST 指令来完成，计数器 C 的当前值清零及输出触点复位也可以使用 RST 指令来完成。

关于积算定时器 T（T246~T255）及计数器和高速计数器的应用可用图 3-17 所示编程实例来予以说明。

【实例 3-12】 SET/RST 应用实例二。

对于图 3-17（a）中的积算定时器 T250，当 X002 接通时，T250 复位，T250 的当前值清零，其触点 T250 复位，Y001 输出为零。当 X002 断开时，此时若 X001 接通，则 T250 对内部 1ms 时钟脉冲进行计数，当计数到 345 个时（即 0.345s），达到设定的值（即定时时间到），T250 触点动作，Y001 有输出。

对于图 3-17（b），X013 为 C200 的复位信号，X014 为 C200 的计数信号。当 X013 为 0 时，C200 接收到 X014 共 5 个计数信号，C200 触点则接通，Y001 输出为 1；而当 X013 为 1 时，则 C200 当前值复位，相应触点复位，输出 Y001 为 0。

对于图 3-17（c），X010 控制计数方向，由特殊辅助继电器 M8235~M8245 决定计数方向。X010 为 0，则加计数，X010 为 1，则减计数，C235~C245 为单相单输入计数器。X011 为计数器复位信号，当 X011 接通时，计数器清零复位，当 X011 断开时，计数器可以工作。

图 3-17　SET/RST 指令的应用方法（三）

3.2.9　计数器、定时器指令

任何厂家生产的 PLC 均有定时器和计数器。对三菱 FX 系列 PLC 来说，没有专门的定时、计数指令，而是用 OUT 指令组成定时器和计数器指令。

图 3-18　定时器指令编程应用

1. 定时器

图 3-18 所示为定时器指令的编程格式。

图 3-18 中，X000 为定时器驱动输入条件，当 X000 = 1 时，定时器 T200 线圈开始接通并计数。当计数到规定的值时（图中为 1.23s），T200 定时器动作，对应的触点 T200 接通，此时 Y000 有输出。当 X000 = 0 时，定时器复位。

2. 计数器

计数器使用两条指令完成计数任务，如图 3-19 所示。

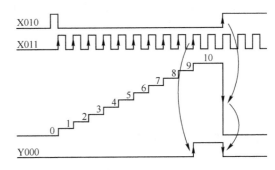

图 3-19　计数器指令编程格式

计数器指令中，X010 为 RST 指令清零驱动输入，占 2 个程序步；X011 为计数脉冲输入，上升沿有效，计数个数可以是常数，也可以是存放在数据寄存器 D 中的数据。计数值若是 16 位数据，则计数器指令占程序步为 3 步；若是 32 位数据，则占程序步 5 步。

计数器 C 的个数也随 PLC 的型号不同而不同。如 FX0S 有 32 个计数器（C0～C31），其中 C0～C15（16 个）为一般型计数器，C13～C31 为断电保持型计数器，均为 16 位字长。FX2N 有 235 个（C0～C234），其中 16 位加计数器有 200 个，C0～C99（100 个）为通用型计数器，C100～C199（100 个）为断电保持型计数器；32 位加、减计数器有 35 个，其中 C200～C219（20 个）为通用型计数器，C220～C234（15 个）为断电保持型计数器。

3.2.10　脉冲指令

在 PLC 编程过程中，有时需要触点在脉冲的上升沿或下降沿动作，这时必须采用脉冲指令，见表 3-10。

表 3-10　脉冲指令一览表

助记符、名称	功　　能	可用软元件	程序步长
LDP 取脉冲上升沿	上升沿检测运算开始	X、Y、M、S、T、C	2 步
LDF 取脉冲下降沿	下降沿检测运算开始	X、Y、M、S、T、C	2 步
ANDP 与脉冲上升沿	上升沿检测串联连接	X、Y、M、S、T、C	2 步
ANDF 与脉冲下降沿	下降沿检测串联连接	X、Y、M、S、T、C	2 步
ORP 或脉冲上升沿	上升沿检测并联连接	X、Y、M、S、T、C	2 步
ORF 或脉冲下降沿	下降沿检测并联连接	X、Y、M、S、T、C	2 步

☺ LDP、ANDP、ORP 指令是用来进行上升沿检测的指令，仅在指定位软元件的上升沿时（由 OFF→ON 变化时）接通一个扫描周期，又称上升沿微分指令；

☺ LDF、ANDF、ORF 指令是用来进行下降沿检测的指令，仅在指定位软元件的下降沿时（由 ON→OFF 变化时）接通一个扫描周期，又称下降沿微分指令。

上述指令操作数全为位元件，即 X、Y、M、S、T、C。如图 3-20 所示，在 X000 的上升沿，M0 有输出，且接通一个扫描周期。对于 M1 输出，仅当 M8000 接通且 X002 的上升沿接通时，M1 输出一个扫描周期。

0	LDP	X000
2	ORP	X001
4	OUT	M0
5	LD	M5
6	ANDP	X002
8	OUT	M1

图 3-20　边沿检测指令应用

其余边沿检测指令与此类似，不再赘述。

3.2.11　脉冲输出指令

在 PLC 编程过程中，有时会用到脉冲执行信号，这时需要用到脉冲输出指令，见表 3-11。

表 3-11　PLS/PLF 指令助记符功能表

助记符、名称	功　能	可用软元件	程序步长
PLS 上升沿脉冲	上升沿微分输出	除特殊 M 外	2 步
PLF 下降沿脉冲	下降沿微分输出	除特殊 M 外	2 步

☺ PLS：上升沿微分输出指令。PLS 指令在输入信号上升沿产生脉冲信号。
☺ PLF：下降沿微分输出指令。PLF 指令在输入信号下降沿产生脉冲信号。

【实例 3-13】PLS/PLF 指令应用实例。
图 3-21 所示的是 PLS、PLF 指令的编程及应用。从图中可以看到，X0 置 1 后，M0 只是在 X0 的上升沿导通一个扫描周期，形成脉冲。同样，M1 也是在 X1 的下降沿导通一个扫描周期，形成脉冲。从图 3-21 所示的波形图中可以看出，使用 PLS、PLF 指令，可以将输入开关信号进行脉冲处理，以适应不同的控制要求。脉冲输出宽度为一个扫描周期。

图 3-21　PLS、PLF 指令应用

PLS、PLF 指令的操作元件只能用 Y 和 M，且均在输入接通或断开后的一个扫描周期内动作（置 "1"）。特殊辅助继电器不能作为 PLS、PLF 的操作元件。

3.2.12　取反指令

在 PLC 程序编制过程中，有时需要得到与同一元器件输出状态相反的信号，此时可以采用 INV 取反指令，见表 3-12。

表 3-12　INV 指令助记符功能表

助记符、名称	功　能	可用软元件	程序步长
INV 取反	运算结果取反	无	1 步

☺INV（Inverse）指令是将执行该指令之前的运算结果取反，无操作软元件。

图 3-22 所示为 INV 指令的应用。当 X000 = 1 时，Y000 = 0；当 X000 = 0 时，Y000 = 1。

```
0  LD   X000
1  INV
2  OUT  Y000
```

图 3-22　INV 指令应用

【注意】编写 INV 取反指令时，需前面有输入量，INV 不能直接与母线相连，也不能像 OR、ORI、ORP、ORF 等指令单独并联使用。在含有较复杂电路编程时，如有块"与"（ANB）、块"或"（ORB）电路中，INV 取反指令仅对以 LD、LDI、LDP、LDF 开始到其本身（INV）前的运算结果取"反"。

3.2.13　空操作指令、程序结束指令

空操作指令、程序结束指令格式见表 3-13。

表 3-13　NOP、NED 指令助记符功能表

助记符、名称	功　能	可用软元件	程序步长
NOP 空操作	无动作	无	1 步
END 结束	程序结束返回到 0 步	无	1 步

☺NOP：空操作指令，程序中仅作空操作。

☺PLC 中若执行程序全部清零后，所有指令均变成 NOP。此外，编制程序时，若程序中加入适当的空操作指令，在变更程序或修改程序时，可以减少步序号的变化。

☺END：结束指令，表示程序结束。

【实例 3-14】NOP、END 指令应用实例。

如图 3-23 所示，PLC 在执行程序的每个扫描周期中，首先进行输入处理，然后执行程序。当程序执行到 END 指令时，END 后的指令就不能被执行，而是进入最后输出处理阶段。也就是说，使用 END 指令可以缩短扫描周期。对于一些较长的程序，可采取分段调试，即将 END 指令插在各段程序后，从第一段开始分段调试，调试好后，再顺序删去程序中间的 END 指令，这种方法对程序的查错是很有好处的。

图 3-23　NOP、END 指令应用

【注意】FX 系列 PLC 程序输入完毕后，必须写入 END 指令，否则程序不运行。

3.3 梯形图编程规则

随着 PC 编程软件的普及，在 PLC 编程方法中，梯形图设计法被越来越多的工程设计人员使用。梯形图编程是最常用的编程方式，编程方便、结构清晰，与继电控制原理相似，比较容易掌握。梯形图有自己的特点，因此编程必须遵循一定的规则。

1. 梯形图的特点

梯形图按自上而下、从左到右的顺序排列，并且具有以下特点。

（1）每个继电器线圈为一个逻辑行，每个逻辑行始于左母线，止于线圈或右母线。

（2）左母线与线圈之间必须有触点，而线圈与右母线之间不能有任何触点。

（3）一般情况下，在梯形图中某个编号的继电器线圈只能出现一次，而继电器触点可以无限次使用。某些 PLC 在有跳转或步进指令的梯形图中允许双线圈输出。

（4）在每个逻辑行中，串联触点多的支路应放在上方，如图 3-24 所示。

图 3-24 梯形图优化（一）

在图 3-24 中可以看到，图 3-24（b）中将串联触点多的支路放在上方，由于 PLC 采用的是从上至下的执行方式，所以触点 1 和 2 先执行，这样对比图 3-24（a）可以看到，触点 3 在图 3-24（a）中只是一个单一触点，但是在图 3-24（b）中变成了一个块结构。所以图 3-24（a）中编译形成的指令较长，效率较低。

（5）在每个逻辑行中，并联触点多的支路应放在左方，如图 3-25 所示。

图 3-25 梯形图优化（二）

在图 3-25 中可以看到，图 3-25（b）中将并联触点最多的支路放在上方，这样 PLC 会将触点 3 当做单个触点来进行处理，图 3-25（a）中，PLC 会将触点 1 当做单独的块来进行处理。所以图 3-25（a）中编译形成的指令较长，效率较低。

（6）梯形图中，不允许一个触点上有双向电流通过，如图 3-26 所示。

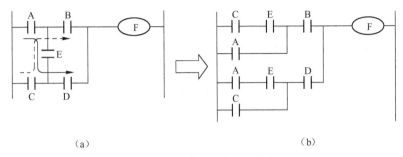

（a）　　　　　　　　　　　（b）

图 3-26　双向电流处理方式

在图 3-26（a）中，触点 E 会出现自上而下和自下而上双向电流形式，这在 PLC 编程语法中是不允许的，因此结合电路的实际逻辑关系应改成图 3-26（b）所示的形式。

前面已经介绍了三菱 FX2N 系列 PLC 的基本指令系统，由于采用了程序控制，因此 PLC 控制设计与传统继电控制系统相比较，有许多不同之处，编程时需要注意一些问题，下面介绍初学者容易出现的错误，并且讲述编程的一些实用技巧。

2. 程序的执行顺序

（1）梯形图的编程，要以左母线为起点，右母线为终点（可以省去右母线），从左至右，按每行绘出。每一行的开始是起始条件，由常开、常闭触点或其组合组成，最右边的线圈是输出结果，一行写完，自上而下，依次写下一行。不要在线圈的右侧写触点，建议触点之间的线圈先编程，否则将违反编程规则，程序会提示错误，如图 3-27 所示。

图 3-27　最后对线圈进行编程

（2）触点应绘制在水平线上，不能绘制在垂直分支线上。如图 3-28（a）所示，触点 E 绘制在垂直线上，这很难正确识别它与其他触点的相互关系，应该重新安排电路，如图 3-28（b）所示。

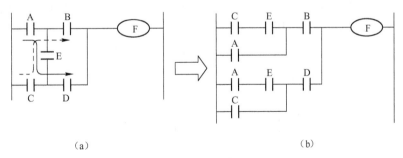

（a）　　　　　　　　　　　（b）

图 3-28　桥式电路的处理

（3）双重线圈输出问题：双线圈输出不可取。若在程序中进行线圈的双重输出，则前面的输出无效，而后面的输出是有效的。如图 3-29 所示，输出 Y003 的结果仅取决于 X002

驱动输入信号，而与 X001 无关。当 X001 = ON、X002 = OFF
时，起初的 Y003 因 X001 接通而接通，因此其映像寄存器
变为 ON，输出 Y004 也接通。但是，第 2 次出现的 Y003，
因其输入 X002 断开，则其映像寄存器也为 OFF。所以，实
际的外部输出为 Y003 = OFF，Y004 = ON。在程序中编写双
重线圈并不违反编程规则，但往往结果与条件之间的逻辑关
系不能一目了然，因此对这类电路应该先进行组合然后再
编程。

（4）连续输出：如图 3-30（a）所示，OUT M1 指令
后，通过 X001 的触点去驱动 Y004，称为连续输出。如果
做成如图 3-30（b）的形式，虽然没有改变逻辑控制关系，

图 3-29　梯形图执行顺序

但是语句由原来的 5 句变成了 7 句，而且出现了堆栈的程序，因此不推荐图 3-30（b）所示
的形式。

```
0    LD     X002
1    ANI    X000
2    OUT    M1
3    AND    X001
4    OUT    Y004
```

（a）推荐电路

```
0    LD     X002
1    ANI    X000
2    MPS
3    AND    X001
4    OUT    Y004
5    MPP
6    OUT    M1
```

（b）不推荐电路

图 3-30　连续输出

（5）常开/常闭输入信号：在继电控制电路中，习惯上启动按钮 PB1 用常开按钮，停止
按钮 PB2 用常闭按钮。但是在 PLC 控制中，外部输入信号常开/常闭的接入方式会影响到程
序中相应的软触点的状态。

如图 3-31 所示，若接入 PLC，PB1 用常开按钮，PB2 也用常开按钮，在进行梯形图设
计时，X001 用常开触点，X002 用常闭触点。

图 3-31　常开输入信号编程过程

如果在接入 PLC 时，PB1 用常开按钮，PB2 用常闭按钮，如图 3-32 所示，则在进行梯形图设计时 X001 用常开触点，X002 也应用常开触点，否则会出现 Y030 不能输出的故障。

图 3-32　常闭输入信号编程过程

3.4　基本指令应用

3.4.1　定时器应用

1. 构造断电延时型定时器

在机床电气控制系统中，经常会用到延时型定时器，包括通电延时型和断电延时型。PLC 提供的定时器只是通电延时型，如果碰到需要断电延时型定时器的场合，则需要利用程序自己构造。如图 3-33 所示，触点 X0 闭合，定时器 T0 开始计时，设定时间为 9s，定时时间到达后，T0 常开触点闭合，Y1 接通完成通电延时。Y1 常开触点闭合，定时器 T1 开始计时，设定时间为 7s，定时时间到达后，T1 常闭触点断开，Y1 断电，完成断电延时。其时序图如图 3-34 所示。

图 3-33　构造断电延时型定时器梯形图

图 3-34　构造断电延时型定时器时序图

2. 构造长延时定时器

由于受系统存储容量的限制，三菱 FX2N 系列 PLC 定时器的最大设定值为 32767s，不足 1h，为了扩展定时器的延时时间，可以采用以下方法。

1) 定时器的串联　如图 3-35 所示，触点 X0 闭合，定时器 T0 开始计时，延时时间为 3000s，到达延时时间后，T0 动作，定时器 T1 开始计时，延时时间为 600s，到达延时时间后，T1 动作，T1 常开触点闭合，Y0 输出。总延时时间为 3000s + 600s = 3600s。这样可以利

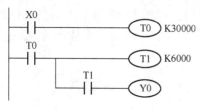

图 3-35　定时器串联

用 2 个定时器实现长延时。

2）定时器和计数器配合使用　如果要完成更长时间的延时，用多个定时器串联就显得过于笨拙，可以采用定时器和计数器配合来完成。如图 3-36 所示，触点 X2 闭合后，T0 开始计时，计时时间为 60s。到达计时时间后，T0 常开触点闭合，给计数器 C0 一个计数信号，T0 常闭触点断开，T0 线圈复位，再次计时 60s。C0 设定计数次数为 60 次，这样利用计数器和定时器的配合可以实现 60s×60＝3600s 的延时。只需更改 C0 的值，便可以实现更长时间的延时。

图 3-36　定时器和计数器配合使用

3.4.2　异步电动机单向运转控制电路设计

1. 设计要求

☺ 电动机的额定电流较大，PLC 不能直接控制主电路，需要接触器控制；
☺ 找出所有输入量和输出量，绘制 I/O 接线图；
☺ 为了扩大输出电流，采用接触器输出方式；
☺ 热继电器的常闭触点可以作为输入信号进行过载保护，也可以在信号输出侧进行保护；
☺ 绘制梯形图和指令表。

2. 设计过程

根据题目的设计要求，设计主电路如图 3-37 所示。由于电动机电流较大，因此采用了接触器控制起动的方式，并且加上了相应的保护。

图 3-37　主电路

由设计要求可知，需要起动按钮和停止按钮，因此输入量主要包括起动按钮、停止按钮。由于考虑到安全问题，因此加上了热继电器 FR 保护，所以共计 3 个输入量。

图 3-38　I/O 接线图

由于只控制一台电动机，所以输出量只有一个。同样为了安全考虑，在输出的接触器 KM 上串联了热继电器 FR 做保护。I/O 接线图如图 3-38 所示。

最后依据设计要求，绘制出程序，如图 3-39 所示。可以看到，按下按钮 X1，Y1 接通，KM1 得电动作，电动机开始运行，同时 Y1 自锁触点闭合，实现连续运转控制。按下按钮 X2 后，Y1 断电，KM1 也会停止动作，电动机断电停止运行。

图 3-39　电动机连续运转程序

3.4.3 异步电动机可逆运行控制互锁电路设计

1. 设计要求

☺ 电动机的额定电流较大，PLC 不能直接控制主电路，需要接触器控制；

☺ 找出所有输入量和输出量，绘制 I/O 接线图；

☺ 为了扩大输出电流，采用接触器输出方式；

☺ 热继电器的常闭触点可以对输入信号进行过载保护，也可以在输出侧进行保护；

☺ 绘制梯形图和指令表。

☺ 注意，电动机正、反转控制线路需要换相控制，采用 KM1、KM2 分别做为正、反转控制接触器。

2. 设计过程

主电路如图 3-40 所示。

根据设计要求，得到 I/O 接线图，如图 3-41 所示。3 个输入量分别为正转控制按钮 SB2 接 X0，反转控制按钮 SB3 接 X1，停止按钮 SB1 接 X2。由于是正、反转控制，因此输出量为 2 个，分别是 Y1 接正转控制接触器，Y2 接反转控制接触器。出于安全考虑，采用了热继电器 FR 作过载保护。

图 3-40   电动机正反转控制主电路图

图 3-41   电动机正、反转控制 I/O 接线图

最后根据设计要求可以得到梯形图程序，如图 3-42 所示。按下正转按钮 X0，Y1 得电并且实现自锁，电动机开始正转。按下反转按钮 X1，Y1 断电，Y2 得电并且实现自锁，电动机开始反转。按下停止按钮 X2，Y1 和 Y2 均断电，电动机停止运行。

图 3-42   电动机正、反转控制梯形图程序

【注意】程序的软件互锁并不能代替接触器的硬件互锁，因此在硬件接线时，仍然要保留硬件互锁。

3.4.4　三台电动机分时起动的基本延时电路设计

1. 设计要求

☺ 电动机的额定电流较大，PLC 不能直接控制主电路，需要接触器控制；

☺ 找出所有输入量和输出量，绘制 I/O 接线图；

☺ 为了扩大输出电流，采用接触器输出方式；

☺ 热继电器的常闭触点可以作为输入信号进行过载保护，也可以在输出侧进行保护；

☺ 绘制梯形图和指令表；

☺ 3 台电动机必须按照 M1、M2、M3 的固定顺序起动，停止未作要求。

2. 设计过程

依据设计要求，得到主电路如图 3-43 所示。3 台电动机采用并联连接方式，结构完全一样，分别用接触器 KM1、KM2、KM3 来控制。

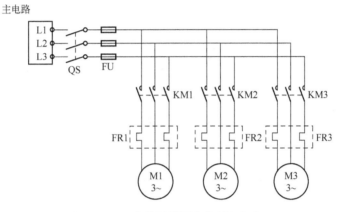

图 3-43　3 台接触器顺序控制主电路

根据设计要求，得到 I/O 接线图如图 3-44 所示。3 台电动机中，每台需要停止/起动按钮各一个，分别使用 SB1～SB6，占用了 X0～X5 输入点。输出量用 KM1～KM3 分别控制 3 台电动机的主电路。

图 3-44　3 台接触器顺序控制主电路

梯形图指令如图 3-45 所示。按下 X0 后，Y1 得电并且实现自锁，M1 开始运行。然后按下 X2，Y2 得电并且实现自锁，M2 开始运行。然后按下 X4，Y3 得电并且实现自锁，M3 开始运行。

图 3-45　3 台接触器顺序控制梯形图指令

3.4.5　电动机星三角起动控制

1. 设计要求

笼型异步电动机 Y-△减压起动继电控制系统图如图 3-46 所示，现拟用 PLC 进行改造，试设计相应的硬件接线原理图和控制程序。

图 3-46　Y-△减压起动继电控制系统图

2. 设计过程

根据设计要求编制 PLC I/O 编址表，见表 3-14。

相应的硬件接线原理图如图 3-47 所示。梯形图如图 3-48 所示。

表 3-14　电动机Y - △起动控制系统 PLC I/O 编址表

输 入 编 址		输 出 编 址	
X0	停止信号按钮	Y0	备用
X1	起动信号按钮	Y1	供电电源
X2	电动机过载保护信号	Y2	三角形运行
X3	备用	Y3	星形运行

图 3-47　电动机Y - △起动控制硬件接线图

图 3-48　电动机Y - △起动控制程序

　　在停止按钮 X0、过载继电器 X2 断开的情况下，按下起动按钮 X1，则 Y1 接通，Y1 的触点又使得 Y3 接通，启动时间继电器 T0 开始延时。此时接触器 KM1 和 KM3 接通，电动机以星形接法起动。

　　T0 延时到，其常闭触点断开，将 Y3 断开，并启动切换延时继电器 T1。T1 延时到，Y2 接通并自锁，此时 KM1 和 KM2 接通，电动机以三角形接法运行。

3.4.6　按钮计数控制

1. 设计要求

当输入按钮 X0 被按下 3 次时，信号灯 Y0 亮；输入按钮再按下 3 次，信号灯 Y0 熄灭。其波形图如图 3-49 所示。

图 3-49　按钮计数时序图

2. 程序设计

根据设计要求编制 I/O 编址表，见表 3-15。

图 3-50　按钮计数控制 PLC 程序

表 3-15　按钮计数控制系统 PLC I/O 编址表

输 入 编 址		输 出 编 址	
X0	输入按钮	Y0	信号灯

梯形图如图 3-50 所示。

X000 每接通一次，C0 计数值增加 1；当 C0 计数值为 3 时，Y000 接通，并且此后 C1 开始对 X000 的上升沿进行计数；当 C1 计数值为 3 时，C0 被复位，C0 的常闭触点也将 C1 进行复位，开始下一次的计数。

3.4.7　单按钮双路交替启/停输出控制

1. 设计要求

用一个按钮控制两盏灯，第 1 次按下时第 1 盏灯亮，第 2 次按下时第 1 盏灯灭，同时第 2 盏灯亮，第 3 次按下时两盏灯灭……以此规律循环下去。

2. 程序设计

根据设计要求编制 I/O 编址表，见表 3-16。

表 3-16　单按钮双路交替启/停控制 PLC I/O 编址表

输 入 编 址		输 出 编 址	
X0	按钮	Y0	信号灯 1
		Y1	信号灯 2

梯形图如图 3-51 所示。

当 X0 上升沿到来时，M0 产生一个宽度为一个时钟周期的脉冲；如果此时 Y0 和 Y1 均

图 3-51　双路启/停控制 PLC 程序

断开，则 M10 被置位，Y0 接通；当 M0 的下一个脉冲到来时，M10 被复位，Y0 被复位，Y0 的下降沿使得 M1 上产生一个宽度为一个时钟周期的脉冲，此脉冲将 M11 置位，通过 Y1 输出；当 M0 的再下一个脉冲到来时，M11 被复位，Y1 断开。

3.4.8　报警电路的 PLC 程序设计

1. 设计要求

☺ 当报警继电器 K = ON，报警灯闪烁，蜂鸣器叫。

☺ 当报警响应按钮 SB1 按下时，报警灯常亮，蜂鸣器停叫。

☺ 当报警灯测试按钮 SB2 按下时，报警灯亮。

2. 程序设计

I/O 地址分配表见表 3-17。

表 3-17　I/O 地址分配表

输入装置	PLC 输入端子号	输出装置	PLC 输出端子号
K	X000	报警灯	Y030
SB1	X001	蜂鸣器	Y031
SB2	X002		

控制逻辑梯形图如图 3-52 所示。

当 K 动作后，X000 常开触点闭合，驱动振荡电路进行工作，Y030 驱动报警灯闪烁，同时 Y030 驱动蜂鸣器工作。按钮 SB1 动作，X001 常开触点闭合，通过 M100 驱动报警灯常亮，蜂鸣器断电。X002 动作时，Y030 动作，驱动报警灯常亮。

图 3-52　报警电路 PLC 程序

3.4.9　纺织用刺针冲刺机控制程序

1. 设计要求

设计一台纺织用的刺针冲刺机部分电路。要求在一个正三棱的针体的 3 个面上分别冲出 3 个刺。分别由冲刺（由电动机 M）、纵向前进（由电动机 M1 通过正向脉冲来实现步进）、横向 60°旋转（由电动机 M2 通过正向脉冲来实现步进）、重复冲刺等工序，如图 3-53 所示。

图 3-53　纺织用刺针冲刺机示意图

（1）起动后，工作指示灯（EL）亮，电动机（M）起动，通过传动带带动曲轴旋转，实现上下的往复运动。实现冲刺，计数器显示"0"。

（2）当每冲完一次返回时，给电动机（M1）发出 1 个脉宽为 0.5s 的正向脉冲，使刺针纵向进给一次。同时显示 1、2、3 计数。

（3）当冲完 3 次返回时，给电动机（M1）发出 2 个周期为 1.0s 的反向脉冲，使刺针纵向退回原位。计数器归零。

（4）当刺针纵向退回原位时，给电动机（M2）发出一个脉宽为 0.5s 的正向脉冲，使刺针顺时针旋转 60°。

（5）重复步骤（2）～（4）。

（6）当完成两次大循环（电动机 M2 使刺针 2 次横向旋转 60°，并且完成了 3 次冲刺）后系统结束。返回初始状态，等待下一次起动。

2. 设计过程

由系统要求可得到 I/O 分配表，见表 3-18。

表 3-18　I/O 分配表

输 入 设 备	输入地址编号	输 出 设 备	输出地址编号
SQ1（计数）	X2	KM1（电动机）	Y0
SB1（停止按钮）	X0	KM2（纵向进给）（HL1）	Y1
SB2（起动按钮）	X1	KM3（纵向退回）（HL2）	Y2
		KM4（横向进给）（HL3）	Y3
		（工作指示）（HL）	Y4
		七段数码（abcdefg）	Y11～Y17

接线原理图如图 3-54 所示。

图 3-54　接线原理图

3. 状态转移图

由此可以得到状态转移图，如图 3-55 所示。

图 3-55　冲刺机控制的状态转移图

 思考与练习

（1）梯形图程序编写的基本原则是什么？

（2）有 4 个彩灯（L1～L4），依次点亮循环往复，每个灯只亮 3s。

（3）有两台电动机，要求第 1 台工作 1min 后自行停止，同时第 2 台起动；第 2 台工作 1min 后自行停止，同时第 1 台又起动；如此重复 6 次，两台电动机均停机。试编写梯形图程序。

（4）试设计一个通电和断电均延时的梯形图。当 X0 由断变通时，延时 10s 后 Y0 得电；当 X0 由通变断时，延时 5s 后 Y0 断电。

（5）有两台电动机 M_1 和 M_2，要求 M_1 起动后 M_2 才能起动，且 M_2 能够点动。试编写梯形图程序。

（6）设计一个方波发生器，其周期为 5s。试编写梯形图程序。

（7）试根据下述控制要求编写梯形图：当按下按钮 SB 后，照明灯 L0 发光 30s，如果在这段时间内又有人按下按钮 SB，则时间间隔从头开始。这样可确保在最后一次按下按钮后，灯光可维持 30s 的照明。

（8）试根据下述控制要求编写梯形图：有 3 台电动机 M_1、M_2、M_3，要求相隔 5s 顺序起动，各运行 10s 停车，循环往复。

第4章 FX系列PLC步进指令

在实际的工业控制系统中，会遇到系统I/O点数较多，各工序之间关系复杂的情况，这时采用基本指令进行设计较为困难。但是，如果可以将生产过程的控制要求按工序划分成若干段，每个工序完成一定的功能，在满足转换条件后，从当前工序转换到下道工序，那么实现控制就容易多了。这种控制通常称为顺序控制。为了方便地进行顺序控制设计，许多PLC设置了专门用于顺序控制的指令。FX2NPLC在基本逻辑指令之外增加了两条步进指令，同时辅之以大量的状态器S，结合状态转换图就很容易编出复杂的顺序控制程序。

 ## 4.1 状态转移图

状态转移图又称为功能表图（SFC），它是用状态元件描述工步状态的工艺流程图，如图4-1所示。它通常由初始状态、一系列一般状态、转换线和转换条件组成。每个状态提供3个功能，即驱动有关负载、指定转换条件和指定转换目标。

在状态转移图中，用矩形框来表示"步"或"状态"，方框中用状态继电器器S及其编号表示。与控制过程的初始情况相对应的状态称为初始状态，每个状态的转换图应有一个初始状态，初始状态用双线框来表示。与步相关的动作或命令用与步相连的梯形图符来表示。当某步被激活时，相应动作或命令被执行。一个活动步可以有一个或多个动作或命令被执行。

步与步（状态与状态）之间用有向线段来连接。如果进行方向是从上到下或从左到右，则线段上的箭头可以不画。状态转换图中会发生步的活动状态的进展，该进展按有向连续规定的线路进行，这种进展是由转换条件的实现来完成的连接。

图4-1 状态转换图

下面结合实例讲述状态转换图的使用方法。

【实例4-1】运料小车的控制。

对运料小车的控制要求如图4-2所示。

☺ 料车处于原点，下限位开关LS1被压合，料斗门关上，原点指示灯亮。

☺ 当选择开关SA闭合，按下起动按钮SB1，料斗门打开，时间为8s，给料车装料。

☺ 装料结束，料斗门关上，延时1s后料车上升，直至压合上限位开关LS2后停止，延时1s后卸料10s，料车复位并下降至原点，压合LS1后停止。

☺ 当开关SA断开，料车工作一个循环后停止在原位，指示灯亮。按下停车按钮SB2后，则立即停止运行。

【设计过程】

[1] 根据工艺要求，用功能图表示程序，如图4-3（a）所示。

[2] 将功能图程序变换成步进梯形图程序，如图4-3（b）所示。

图 4-2 运料小车示意图

（a）控制功能图

（b）梯形图控制程序

图 4-3 运料小车控制功能图和梯形图控制程序

4.2　步进指令及编程方法

三菱 FX 系列 PLC 步进指令虽然只有两条，但与其他指令配合后编程功能较为强大，可以实现复杂的顺控程序设计。其编程方法与基本指令梯形图编程略有区别。

4.2.1　步进指令介绍

1. 指令定义及应用对象

步进指令共有两条，见表 4-1。

表 4-1　步进梯形图指令

指 令 符	名 　 称	指 令 意 义
STL	步进指令	在顺控程序上面进行工序步进型控制的指令
RET	步进复位指令	表示状态流程的结束，返回主程序（母线）的指令

2. 指令功能及说明

步进指令虽然只有两条，但是功能比较强大。每个状态器都有 3 个功能，即驱动有关负载、指定转换目标元件和指定转换条件。如图 4-4 所示，状态继电器 S20 驱动输出 Y000 指令，转换条件为 X001，当 X001 闭合时，状态由 S20 转换到 S21。

图 4-4　指令功能

1）主控功能

☺ STL 指令仅对状态器 S 有效；

☺ STL 指令将状态器 S 的触点与主母线相连，并提供主控功能；

☺ 使用 STL 指令后，触点的右侧起点处要使用 LD（LDI）指令，步进复位指令 RET 使 LD 点返回主母线。

2）自动复位功能

☺ 用 STL 指令时，新的状态器 S 被置位，前一个状态器 S 将自动复位；

☺ OUT 指令和 SET 指令都能使转换源自动复位，另外还具有停电自保持功能；

☺ OUT 指令在状态转换图中只用于向分离的状态转换，而不是向相邻的状态转换；

☺ 状态转换源自动复位须将状态转换电路设置在 STL 回路中，否则原状态不会自动复位。

3）驱动功能　可以驱动 Y、M、T 等继电器。

4.2.2 步进梯形图编程方法

下面结合电动机循环正/反转控制实例，讲述步进梯形图的编程方法及注意事项。电动机控制要求为电动机正转 3s，暂停 2s，反转 3s，暂停 2s，如此循环 5 个周期，然后自动停止；运行中，可按停止按钮停止；如果热继电器动作，电动机也应停止运转。

从上述的控制要求可以知道，电动机循环正/反转控制实际上是一个顺序控制，整个控制过程可分为 6 个工序（也称为阶段）：复位、正转、暂停、反转、暂停、计数。每个阶段又分别完成如下的工作（也称为动作）：初始复位、停止复位、热保护复位；正转、延时；暂停、延时；反转、延时；暂停、延时；计数。各个阶段之间只要条件成立，就可以过渡（也称为转换）到下一阶段。因此，可以很容易地绘制出电动机循环正/反转控制的工作流程图，如图 4-5（a）所示。

根据流程图可以编制顺序控制程序：首先将流程图中的每个工序（或阶段）用 PLC 的一个状态继电器 S 来替代；其次将流程图中的每个阶段要完成的工作（或动作）用 PLC 的线圈指令或功能指令来替代；然后将流程图中各个阶段之间的转换条件用 PLC 的触点或电路块来替代；流程图中的箭头方向就是 PLC 状态转换图中的转换方向。

设计状态转换图的方法和步骤如下所述。

（1）将整个控制过程按任务要求分解。其中，每个工序都对应一个状态（即步），并分配状态继电器。电动机循环正/反转控制的状态继电器的分配如下：复位—S0；正转—S20；暂停—S21；反转—S22；暂停—S23；计数—S24。

（2）搞清楚每个状态的功能、作用。状态的功能是通过 PLC 驱动各种负载来完成的，负载可由状态元件直接驱动，也可由其他软触点的逻辑组合驱动。

（3）找出每个状态的转移条件和方向，即在什么条件下将下一个状态"激活"。状态的转换条件可以是单一的触点，也可以是多个触点的串、并联电路的组合。

（4）根据控制要求或工艺要求，绘制出状态转换图，如图 4-5（b）所示。

图 4-5　电动机循环正/反转控制

4.2.3　编程注意事项

1. 输出的驱动方法

在状态内的母线，一旦写入 LD 或 LDI 指令后，对不需要触点的指令就不能再编程。如图 4-6（a）所示，Y003 前面已经没有触点，因此无法编程，只有人为加上触点后程序才能够执行。需要图 4-6（b）或（c）所示的方法改变这样的回路。图 4-6（a）所示为错误的驱动方法，图 4-6（b）和（c）所示为正确的驱动方法。

图 4-6　输出驱动方法实例

2. MPS/MRD/MPP 指令的位置

在顺控状态下，不能直接在 STL 的母线内直接使用 MPS/MRD/MPP 指令，而应在 LD 或 LDI 指令后编制程序，所以在图中加入了 X001 触点，如图 4-7 所示。

3. 状态的转移方法

OUT 指令与 SET 指令对于 STL 指令后的状态（S）具有同样的功能，都将自动复位转换源，如图 4-8 所示。此外，它还有自保持功能。使用（S）时，向下一状态转换，但是使用 OUT 指令时，在 STL 图中用于向分离的状态转换。

图 4-7　MPS/MRD/MPP 指令位置　　　　图 4-8　状态转换方法

4. 转换条件回路中不能使用的指令

在转换条件回路中，不能使用 ANB、ORB、MPS、MRD、MPP 指令，如图 4-9 所示。

在图 4-9（a）中，X000～X003 共同构成了块与功能模块，需要用到 ORB 指令，但是在转换条件中不能使用，于是只能做变形处理，如图 4-9（b）所示。

图 4-9　转换条件回路指令的应用

5. 符号应用场合

在流程中表示状态的复位处理时，用空心箭头符号表示，如图 4-10（a）所示。而实头箭头符号则表示向初始状态转换，如图 4-10（b）所示；或者向分离的其他流程上的状态转换，如图 4-10（c）所示。

图 4-10　符号应用场合

6. 状态复位

在必要的情况下，可以选择使用功能指令将多个状态继电器同时复位。如图 4-11 所示，执行 ZRST 指令后，可以使 S0～S50 共 51 个状态继电器全部复位（参见功能指令说明）。

7. 禁止输出操作

如图 4-12 所示，禁止触点闭合后，M10 被置位，M10 的常闭触点断开，后面的 Y005、M30、T4 将不再执行。

8. 断开输出继电器（Y）操作

如图 4-13 所示，禁止触点闭合后，特殊辅助继电器 M8034 被触发，此时顺控程序依然执行，但是所有的输出继电器（Y）都处于断开状态，也就是说，PLC 此时不对外输出。

9. SFC 图需采用的特殊辅助继电器和逻辑指令

SFC 图内可以使用特殊辅助继电器以实现特殊功能，见表 4-2。

图 4-11　状态复位

图 4-12　禁止输出操作

图 4-13　M8034 使用说明

表 4-2　SFC 图采用的特殊辅助继电器

软元件号	名　　称	功能和用途
M8000	RUN 监视	PLC 在运行过程中，需要一直接通的继电器。可作为驱动的程序的输入条件或作为 PLC 运行状态的显示来使用
M8002	初始脉冲	在 PLC 由 STOP→RUN 时，仅在瞬间（一个扫描周期）接通的继电器，用于程序的初始设定或初始状态的复位
M8040	禁止转移	驱动该继电器，则禁止在所有状态之间转换。然而，即使在禁止状态转换下，由于状态内的程序仍然动作，因此输出线圈等不会自动断开
M8046	STL 动作	任一状态接通时，M8046 自动接通。用于避免与其他流程同时起动或用做工序的动作标志
M8047	STL 监视有效	驱动该继电器，则编程功能可自动读出正在动作中的状态，并加以显示。详细事项请参考各外围设备的手册

由于 SFC 图的特殊性，普通指令的使用受到一些限制，为此特列出普通指令在 SFC 内的使用范围，见表 4-3。

表 4-3　可在状态内处理的逻辑指令

指 令 状 态		LD/LDI/LDP/LDF，AND/ANI/ANDP/ANDF，OR/ORI/ORP/ORF，INV，OUT，SET/RST，PLS/PLF	ANB/ORB MPS/MRD/MPP	MC/MCR
初始状态/一般状态		可使用	可使用	不可使用
分支，汇合状态	输出处理	可使用	可使用	不可使用
	转移处理	可使用	不可使用	不可使用

在中断程序与子程序内，不能使用 STL 指令。在 STL 指令内不禁止使用跳转指令，但其动作复杂，容易出现错误。因此建议不要使用。

10. 利用同一种信号的状态转移

实际生产中，可能会遇到通过一个按钮开关的接通/断开动作等进行状态转换。进行这种状态转换时，需要将转换信号脉冲化。转换条件的脉冲化有两种方法，一种是利用内部 M 信号进行脉冲化，另一种是利用外部转移条件进行脉冲化。

☺ 在 M0 接通 S50 后（见图 4-14），转换条件 M1 即刻开路，在 S50 接通的同时，不向 S51 转换。在 M0 再次接通时，向 S51 转换。这样就可以实现使用 M0 一个触点控制状态转换。

☺ 构成转换条件的限位开关 X030 在转动后使工序进行一次转换，转换到下一工序，见图 4-15（a）。这种场合应将转换条件脉冲化，如图 4-15（b）所示。S30 首次动作，虽然 X030 动作，M101 动作，但通过自锁脉冲 M100 使不产生转换，当 X030 再次动作，M100 不动作，M101 动作，则状态从 S30 转换到 S31。

图 4-14　利用内部 M 信号
的状态转换

图 4-15　外部转移条件脉冲化

11. 上升沿/下降沿检测触点使用时的注意事项

在状态内使用 LDP、LDF、ANDP、ANF、ORP、ORF 指令的上升沿/下降沿检测触点时，状态器触点断开时变化的触点，只在状态器触点再次接通时才被检出，如图 4-16 所示。图 4-16（a）所示的是修改程序前的程序，图 4-16 所示的（b）为修改程序后的程序。在图 4-16（a）所示的程序中，X013、X014 在状态器 S3 第一次闭合时无法被检出，因此 S70 无法动作，影响工艺，因此修改成图 4-16（b），将 X013、X014 移至状态器 S3 外部，借助于 M6、M7 来触发 S70。

图 4-16　上升沿/下降沿检测触点使用时的编程

12. 定时器的重复使用

定时器线圈与输出线圈一样，也可对在不同状态的同一软元件进行编程，但在相邻的状态中不能编程。如果在相邻状态下编程，则工序转换时定时器线圈不能断开，定时器当前值不能复位，如图 4-17 所示。

13. 输出的互锁

在状态转移过程中，由于在瞬间（1 个扫描周期），两个相邻的状态会同时接通，因此为了避免不能同时接通的一对输出同时接通，必须设置外部硬接线互锁或软件互锁，如图 4-18 所示。图中，Y001、Y002 常闭触点即为互锁触点。

14. 状态的动作与输出的重复使用

状态的动作与输出的重复使用如图 4-19 所示。

图 4-17 定时器重复使用说明   图 4-18 输出互锁说明   图 4-19 SFC 重复使用说明

☺ 状态编号不可重复使用。

☺ 如果状态触点接通，则与其相连的电路动作；如果状态触点断开，则与其相连的电路停止工作。

☺ 在不同状态之间，允许对输出元件重复输出，但在同一状态内不允许双重输出。

4.3　状态转移图常见流程状态

在不同的顺序控制中，其 SFC 图的流程形式有所不同，大致归纳为单流程、选择性分支和汇合、并行分支与汇合、分支与汇合的组合等形式。

4.3.1　单流程状态编程

"单流程"是指仅有单一的出/入口的流程。假设有一行车循环正/反转自动控制的程序，控制要求为送电等待信号显示→按起动按钮→正转→正转限位→停 5s→反转→反转限位→停 7s→返回到送电显示状态。

从上述的控制要求可以知道，行车循环正/反转控制实际上是一个顺序控制，整个控制过程可分为 6 个工序（阶段），每个阶段只有一个转换入口/出口，没有其余的分支，因此为单流程。由此得到 SFC 图如图 4-20 所示。

图 4-20　小车运动的控制程序

【实例4-2】电镀槽生产线控制程序。

1. 控制要求

具有手动和自动控制功能。手动时，各动作能分别操作；自动时，按下起动按钮后，从原点开始运行一周回到原点，如图 4-21 所示。图中，SQ1～SQ4 为行车进/退限位开关，SQ5、SQ6 为吊钩上、下限位开关。

图 4-21　电镀槽生产线示意图

2. I/O 端子分配

☺ X0，自动/手动转换；X1，右限位；X2，第 2 槽限位；X3，第 3 槽限位；X4，左限位；X5，上限位；X6，下限位；X7，停止；X10，自动位起动；X11，手动向上；X12，手动向下；X13，手动向右；X14，手动向左。

☺ Y0，吊钩上行；Y1，吊钩下行；Y2，行车右行；Y3，行车左行；Y4，原点指示。

3. PLC 的外部接线图

外部接线图如图 4-22 所示。

由此得到电镀生产线梯形图如图 4-23 所示。

图 4-22　PLC 外部接线图

图 4-23　电镀槽生产线的状态转换图

4.3.2　跳转与重复状态

向下面的状态直接转换或向系列外的状态转换称为跳转，向上面的状态转换则称为重复或复位，如图 4-24 所示。图 4-24（a）所示为重复，图 4-24（b）所示为流程内跳转，

图 4-24（c）所示为向流程外跳转，图 4-24（d）所示为复位。

重复
（向上方的转换）
（a）

跳转
（向下方的转换）
（b）

向流程外跳转
（c）

复位处理
（d）

图 4-24　跳转与重复、循环状态

跳转的转换目标状态和重复（循环）的转换目标状态都可以用目标状态来表示，转换目标状态用 OUT 指令编程，如图 4-25 所示。

转换源的程序
STL　S40
LD　X001
OUT　Y001
LD　X002
SET　S41
LD　X003
OUT　S52

用 OUT 指令

转换目标的程序
STL　S52
LD　X004
OUT　Y002
LD　X005
SET　S53

图 4-25　跳转的转换目标状态图

【实例 4-3】 四传送带运输机系统。

运输系统由电动料斗及 M1～M4 四台电动机驱动的 4 条传送带运输机组成，如图 4-26 所示。

图 4-26　运料系统示意图

1. 控制要求

（1）逆物流方向起动：按下起动按钮 SB1，起动 1 号传送带；延时 2s，起动 2 号传送带；再延时 3s，起动 3 号传送带；再延时 4s，起动 4 号传送带并同时开启料斗，起动完毕。

（2）顺物流方向顺序停车：按下停止按钮 SB2，关闭料斗，延时 10s，停止 4 号传送带；再延时 4s，停止 3 号传送带；再延时 3s，停止 2 号传送带；再延时 2s，停止 1 号传送带，停车完毕。

2. 设计过程

由工艺要求设计程序如图 4-27 所示。

图 4-27 四传送带运输机系统的单流程 SFC

4.3.3　选择性分支与汇合状态编程

1. 选择性分支

所谓选择性分支，就是从多个流程中选择执行一个流程。选择性分支先进行驱动处理，然后进行转换处理。所有的转换处理按顺序继续进行，如图 4-28 所示。

图 4-28　选择性分支

2. 选择汇合

☺ 首先只进行汇合前状态的驱动处理，然后按顺序继续进行汇合状态转换处理。在使用中要注意程序的顺序号，分支列与汇合列不能交叉，如图 4-29 所示。

☺ 在分支与汇合的转换处理程序中，不能用 MPS、MRD、MPP、ANB、ORB 指令。

☺ 即使是负载驱动回路，也不能直接在 STL 指令后面使用 MPS 指令。

图 4-29　选择性分支汇合的编程

【实例 4-4】 大、小球分类选择传送装置。

大、小球分类选择传送装置示意图如图 4-30 所示。

图 4-30　大、小球分类选择传送装置示意图

1. 控制要求

左上方为原点指示，其动作顺序为下降，吸住→上升→右行→下降→释放→上升→左行。当电磁铁接近球时，接近开关 PS0 接通，此时若下限位开关 LS2 断开，则为大球；若 LS2 导通，则为小球。

2. 设计过程

根据工艺要求设计 SFC 图，如图 4-31 所示。

（1）若为小球（X002 = ON），左侧流程有效；若为大球（X002 = OFF），则右侧的流程有效。

（2）若为小球，吸球臂右行至压住 LS4，X004 动作；若为大球，则右行至压住 LS5，X005 动作。然后向汇合状态 S30 转换。

（3）若驱动特殊辅助继电器 M8040，则禁止所有的状态转换。右移输出 Y003、左移输出 Y004、上升输出 Y002 和下降输出 Y000 中各自串连有相关的互锁触点。

图 4-31　大、小球分类选择传送装置 SFC 图

【实例 4-5】 洗车流程控制。

1. 控制要求

（1）若方式选择开关（COS）置于手动方式，当按下 START 按钮起动后，则按下列程序动作：

☺ 执行泡沫清洗（用 MC1 驱动）；

☺ 按 PB1 则执行清水冲洗（用 MC2 驱动）；

☺ 按 PB2 则执行风干（用 MC3 驱动）；

☺ 按 PB3 则结束洗车。

（2）若方式选择开关（COS）置于自动方式，当按 START 按钮起动后，则自动按洗车流程执行。其中，泡沫清洗 10s、清水冲洗 20s、风干 5s，结束后回到待洗状态。

（3）任何时候按下 STOP 按钮，则所有输出复位，停止洗车。

2. 设计过程

手动、自动只能选择其一，因此使用选择分支来设计。

☺ 手动状态：状态 S21→MC1 动作；状态 S22→MC2 动作；状态 S23→MC3 动作；状态 S24→停止。动作切换手动完成。

☺ 自动状态：状态 S31→MC1 动作；状态 S32→MC2 动作；状态 S33→MC3 动作；状态 S24→停止。动作切换自动完成。

3. I/O 端子分配

☺ 起动按钮，X0；方式选择开关，X1；停止按钮，X2；清水冲洗按钮，X3；风干按钮，X4，结束按钮：X5。

☺ 清水冲洗驱动，Y0；泡沫清洗驱动，Y1；风干机驱动，Y2。

4. 编制程序

洗车控制功能程序图如图 4-32 所示。按下起动按钮，X0 动作，驱动状态继电器 S0，设置 M0，可暂存 START 按钮状态，避免一直按住按钮。如果按下 X1，则进入右侧的自动洗车流程；如果 X1 不动作，则执行左侧的手动洗车流程。

下面以自动洗车为例来介绍。首先由 S31 驱动 Y1，进入泡沫清洗程序；延时 10s 后，进入 S32，驱动 Y0，进入清水冲洗程序；冲洗 20s 后，进入 S33，驱动 Y2，进入风干程序；延时 5s 后，风干结束，进入 S24；洗车流程结束。

图 4-32　洗车控制功能程序图

4.3.4　并行分支与汇合状态

1. 并行分支

并行分支流程的编程首先进行驱动处理，然后进行转换处理。所有的转换处理按顺序继续进行，如图 4-33 所示。

STL	S20	
OUT	Y000	驱动处理
LD	X000	
SET	S21	转换到下一状态
SET	S31	转换到第 1 并行状态
SET	S41	转换到第 2 并行状态

图 4-33　并行分支

2. 并行汇合

首先只进行汇合前状态的驱动处理，然后依次执行向汇合状态的转换处理，如图 4-34 所示。

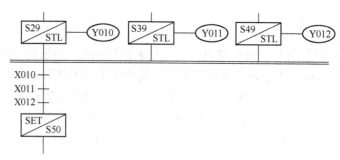

图 4-34　并行分支汇合的 SFC

3. 转换条件的设置位置

并行分支与汇合点中不允许在图 4-35（a）所示的符号 *1～*4 的位置设置转换条件，转换条件的设置应按图 4-35（b）所示的 1～4 的位置进行设置。

（a）错误的设置位置　　　　　　　　（b）正确的设置位置

图 4-35　转换条件的设置位置

4. 回路总数

对于所有的初始状态（S1～S9），每个初始状态的回路总数不大于 16 条，并且在每 1 分支点，分支数不大于 8 个，如图 4-36 所示。

图 4-36　多个初始状态的 SFC 图的编程

【注意】不能进行从汇合线或汇合前的状态开始向分离状态的转换处理或复位处理，一定要设置虚拟状态，从分支线上向分离状态进行转换与复位处理。

【实例 4-6】气压式冲孔加工机控制系统。

气压式冲孔加工机工作说明如图 4-37 所示。

图 4-37　气压式冲孔加工机控制系统示意图

1. 控制要求

☺ 工件的补充、冲孔、测试及搬运可同时进行。

☺ 工件的补充由传送带（电动机 M0 驱动）送入。

☺ 工件的搬运分合格品及不合格品两种，由测孔部分判断。若测孔机在设定时间内能测孔（MS2 ON），则为合格品；否则即为不合格品。

☺ 不合格品在测孔完毕后，由 A 缸抽离隔离板，让不合格的工件自动掉入废料箱；若为合格品，则在工件到达搬运点后，由 B 缸抽离隔离板，让合格的工件自动掉入包装箱。

2. 设计过程

系统由如下 5 个流程组成。

☺ 复位流程，清除残余工件；

☺ 工件补充流程，根据有无工件控制传送带的起动和停止；

☺ 冲孔流程，根据冲孔位置有无工件控制冲孔机是否实施冲孔加工；

☺ 测孔流程，检测孔加工是否合格，由此判断工件的处理方式；

☺ 搬运流程，将合格工件送入包装箱。

因为只有一个放在工件补充位置的 PH0 来侦测工件的有无，而另外的冲孔、测孔及搬运位置并没有其他传感装置，那么应如何得知相应位置有无工件呢？本设计所使用的方式是为工件补充、冲孔、测孔及搬运设置 4 个标志，即 M10～M13。当 PH0 侦测到传送带送来的工件时，则设定 M10 为 1，当转盘转动后，用左移指令将 M10～M13 左移一个位元，即 M11 为 1，冲孔机根据此标志为 1 而动作。其他依此类推，测孔机依标志 M12 动作、包装搬运依 M13 动作。

3. I/O 端子分配

☺ X0，停止；X1，开始；X2，检测工件有无；X3，定位检测；X4，开始冲孔；X5，冲孔到底；X6，开始测孔；X7，测孔完成。

☺ Y0，传送带电动机；Y1，钻盘电动机；Y2，A 缸抽离隔离板；Y3，B 缸抽离隔离板；Y4，冲孔机；Y5，测孔机。

4. 绘制功能图程序

首先按照分解的功能将每部分的功能图程序编制好，然后再综合起来，就可以得到完整的程序。

1）原点复位流程　原点复位流程如图 4-38 所示。触点 X0 闭合后，执行复位指令，将 S20～S26、M0～M30、Y0～Y7 全部复位。系统恢复到初始状态，为下一步的工作做好准备。

2）工件补充流程　工件补充流程如图 4-39 所示。设定定时器 T1 的时间到了后，如果没有工件，程序跳过 S26 状态，补充工件。如果有工件，则继续执行 S26。

图4-38 原点复位流程

3）气压冲孔流程 气压冲孔流程如图4-40所示。当有工件时，执行S28，M11状态为1，进行冲孔操作。

图4-39 工件补充流程　　　　　　　　　图4-40 气压冲孔流程

4）测孔流程 测孔流程如图4-41所示。M12为测孔控制继电器，为1时驱动Y5，进行测孔操作，5s后结束。若工件不合格，Y2被驱动，由A缸抽离隔离板，让不合格的工件自动掉入废料箱。

5）工件搬运流程 工件搬运流程如图4-42所示。M13为搬运控制继电器，为1时驱动Y3，由B缸抽离隔离板，让合格的工件自动掉入包装箱。

图4-41 测孔流程　　　　　　　　　图4-42 工件搬运流程

最后将上述功能部分完整组合起来，就得到了最后的程序，如图4-43所示。

图 4-43   完整程序功能图

4.3.5   分支与汇合的组合

分支与汇合组合形式如图 4-44 所示。由图 4-44 可以看到，从汇合线转换到分支线时直接相连，没有中间状态，这样可能符合工艺要求，但是却无法进行编程，因此需要在此加入中间空状态如 S100、S101、S102、S103，以便于编程。

图 4-44   分支与汇合的组合形态 1

如图 4-45（a）所示，虽然功能完成，但是给人感觉分支比较乱，无法区分是选择性分支还是并行分支，因此建议改成图 4-45（b）所示的功能图形式。

（a）　　　　　　　　　　　　　　　　　　（b）

图 4-45　分支与汇合的组合形态 2

【实例 4-7】 按钮式人行横道交通灯的控制。

交通灯的示意图如图 4-46 所示。

图 4-46　按钮式人行横道交通灯的控制

1. 控制要求

（1）PLC 从 STOP→RUN 变换时，设置初始状态 S0，通常车道信号灯为绿，而人行道信号灯为红。

（2）按下人行道按钮 X000 或 X001，此时状态无变化；30s 后，车道信号变黄；再过 10s，车道信号变红。

（3）延时 5s 后，人行道变为绿灯；15s 后，人行道绿灯开始闪烁（S32 = 暗，S33 = 亮）。

（4）闪烁中 S32，S33 反复动作，计数器 C0（设定值为 5）触点接通，动作状态向 S34 转移，人行道变为红灯，5s 后返回初始状态。

（5）在动作过程中，即使按动人行道按钮 X000 或 X001 也无效。

2. 设计过程

由控制要求可以设计出 SFC 图，如图 4-47 所示。

（1）PLC 从 STOP→RUN 变换时，初始状态 S0 动作，通常车道信号灯为绿，而人行道信号灯为红。

（2）按下人行道按钮 X000 或 X001，则状态 S21 为车道＝绿；状态 S30 中的人行道信号已经为红色，此时状态无变化。

（3）30s 后，车道信号＝黄；再过 10s 车道信号＝红。

（4）此后，定时器 T2（5s）起动，5s 后人行道变为绿灯。

（5）15s 后，人行道绿灯开始闪烁。（S32＝暗，S33＝亮）。

（6）闪烁中时 S32，S33 反复动作，计数器 C0（设定值为 5 次）触点一接通，动作状态向 S34 转移，人行道变为红灯，5s 后返回初始状态。

（7）在动作过程中，即使按动人行道按钮 X000、X001 也无效。

图 4-47　按钮式人行横道信号灯控制 SFC 图

【实例 4-8】自动运料小车设计。

1. 控制要求

设计一个自动运料小车控制系统，其简图如图 4-48 所示。要求用 PLC 设计，系统起动（SB2）后，运料小车无条件快速归位 A（SQ1）点装料；装满料后（满料信号 SQ5）低速出发（KM1）运行，运料小车到 B 点后（SQ2）转为高速（KM2）运行，运料小车到 C 点后（SQ3）转为低速（KM1）运行，运料小车到达 D（SQ4）点后停止运行，自动卸料，卸料完毕（空车信号 SQ6）自动快速（KM3）返回 A 点，循环重复。任何状态下按下停止按钮（SB1）快速（KM3）返回 A 点停止。

图 4-48 自动运料小车控制系统简图

2. 程序设计

根据控制要求编制 PLC I/O 地址表，见表 4-4。

表 4-4 PLC I/O 地址表

输 入 设 备	输入地址编号	输 出 设 备	输出地址编号
SQ1 原位	X2	KM 1 低速前进	Y0
SQ2 高速切换	X3	KM 2 高速前进	Y1
SQ3 低速切换	X4	KM 3 高速返回	Y2
SQ4 终点	X5		
SQ5 满料	X6		
SQ6 空车	X7		
SB2 起动按钮	X1		
SB1 停止按钮	X0		

3. 参考程序

SFC 图如图 4-49 所示。

图 4-49 自动送料小车 SFC 图

思考与练习

（1）有一个选择性分支状态转换图如图 4-50 所示。请对其进行编程。

（2）有一个选择性分支状态转换图如图 4-51 所示。请对其进行编程。

图 4-50　选择性分支状态转换图　　　　图 4-51　选择性分支状态转换

（3）有一并行分支状态转换图如图 4-52 所示。请对其进行编程。

图 4-52　并行分支状态转换图

（4）物料自动混合控制的控制要求如下所述。

☺ 初始状态：容器是空的，电磁阀 F1～F4，搅拌电动机 M，液面传感器 L1～L3，加热器 H 和温度传感器 T 均为 OFF。

☺ 物料自动混合控制：物料自动混合装置如图 4-53 所示。按下起动按钮，开始下列操作：电磁阀 F1 开启，开始注入物料 A，至高度 L2（此时 L2、L3 为 ON）时，关闭阀 F1，同时开启电磁阀 F2，注入物料 B，当液面上升至 L1 时，关闭阀 F2；停止物料 B 注入后，起动搅拌电动机 M，使 A、B 两种物料混合 10s；10s 后停止搅拌，开启电磁阀 F4，放出混合物料，当液面高度降至 L3 后，再过 5s 关闭阀 F4。

（5）有一个小车运行过程如图 4-54 所示。小车原位在后退终端，当小车压下后限位开关 SQ1 时，按下起动按钮 SB，小车前进；当运行至料斗下方时，前限位开关 SQ2 动作，此时打开料斗给小车加料；延时 8s 后关闭料斗，小车后退返回；SQ1 动作时，打开小车底门卸料，6s 后结束，完成一次动作，如此循环。请用状态编程思想设计其状态转移图。

图 4-53　物料混合装置示意图

图 4-54　小车运行过程示意图

（6）某一冷加工自动线有一个钻孔动力头，如图 4-55 所示。动力头的加工过程如下所述。试编写其控制程序。

图 4-55　钻孔动力头

① 动力头在原位，加上起动信号（SB）接通电磁阀 YV1，动力头快进；

② 动力头碰到限位开关 SQ1 后，接通电磁阀 YV1、YV2，动力头由快进转为工进；

③ 动力头碰到限位开关 SQ2 后，开始延时，时间为 10s；

④ 当延时时间到，接通电磁阀 YV3，动力头快退；

⑤ 动力头回原位后，停止。

（7）4 台电动机动作时序如图 4-56 所示。M1 的循环动作周期为 34s，M1 动作 10s 后 M2、M3 起动，M1 动作 15s 后，M4 动作，M2、M3、M4 的循环动作周期为 34s。试用步进顺控指令设计其状态转移图，并进行编程。

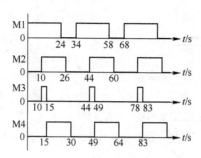

图 4-56 电动机动作时序图

第5章 PLC 应用指令

PLC 的基本指令是基于继电器、定时器、计数器类软元件的，主要用于逻辑功能控制。步进顺控指令主要用于顺序逻辑控制系统，但是在工业自动化控制领域中，许多场合需要数据运算和特殊处理。因此，PLC 生产商逐步在 PLC 中引入了功能指令（或者称为应用指令），主要用于数据的传送、变换、运算及程序控制等功能。

本章介绍 FX2N 应用指令的类别、功能定义和书写方式，使读者掌握应用指令的使用条件、表示方法与编程规则，能针对一般的工程控制要求利用应用指令编写工程控制程序。

5.1 应用指令的表示与执行方式

应用指令与基本指令不同。应用指令类似于一个子程序，直接由助记符（功能代号）表达本指令要做什么。FX 系列 PLC 在梯形图中使用功能框表示应用指令，应用指令按功能号（FUC00 ~ FUC99）编排，每条应用指令都有一个助记符。

5.1.1 指令与操作数

应用指令格式如图 5-1 所示。

图 5-1 应用指令的梯形图表达式

图 5-1 所示的是求平均值的应用指令。图中，标注[S·]指取值首元件，n 指定取值个数，[D·]指定计算结果存放地址。

1. 指令

功能框的第一部分是指令，指令表明了功能。

2. 操作数

功能框的第一部分之后都为操作数部分，操作数部分依次由源操作数、目的操作数和数据个数 3 部分组成，有些应用指令只需指定功能号即可。但许多应用指令在指定功能号的同时，还必须指定操作数或操作地址。有些应用指令还需要多个操作数或地址。操作元件包括 K、H、KnX、KnY、KnM、KnS、T、C、D、V、Z。其中，K 表示十进制常数；H 表示十六进制常数。下面分别讲述各部分作用。

☺ [S·]：源操作数，指令执行后其内容不改变。源的数量较多时，以[S1·]、[S2·]等表示。加上"·"符号表示使用变址方式，默认为无"·"，表示不能使用变址方式。

☺［D・］：目的操作数，指令执行后将改变其内容。在目的数众多时，以［D1］、［D2・］等表示。默认为无"・"，表示不能使用变址方式。

☺ 其他操作数：常用于表示数的进制（十进制、十六进制等），或者作为源操作数（或操作地址）和目的操作数（或操作地址）的补充注释。

☺ 表示常数时，"K"后跟的为十进制数，"H"后跟的为十六进制数。

☺ 程序步：指令执行所需的步数。应用指令的指令段的程序步数通常为 1 步，但是根据各操作数是 16 位指令还是 32 位指令，会变为 2 步或 4 步。当应用指令处理 32 位操作数时，则在指令助记符号前加"（D）"表示；指令前无此符号时，表示处理 16 位数据。

【注意】有些应用指令在整个程序中只能出现一次。即使在一个程序的两段不可能同时执行的程序中也不能使用。但可利用变址寄存器多次改变其操作数，多次执行这样的应用指令。

5.1.2 指令的数据长度与执行形式

1. 字元件和双字元件

应用指令可处理 16 位的字元件（数据）和 32 位的双字元件（数据）。

【字元件】一个字元件是由 16 位的存储单元构成的，其最高位（第 15 位）为符号位，第 0～14 位为数值位，如图 5-2 所示。

【双字元件】低位元件（D10）存储 32 位数据的低 16 位，高位元件（D11）存储 32 位数据的高 16 位，如图 5-3 所示。

图 5-2   16 位字元件

图 5-3   双字元件

2. 16 位/32 位指令

【16 位指令】以 16 位 MOV 指令为例介绍，如图 5-4 所示。

图 5-4   16 位指令

☺ 当 X001 接通时，将十进制数 10 传送到 16 位的数据寄存器 D10 中去。

☺ 当 X001 断开时，该指令被跳过不执行，源操作数和目的操作数的内容都不变。

【32 位指令】以 32 位 MOV 指令为例介绍，如图 5-5 所示。

图 5-5   32 位指令

☺ 当 X001 接通时，将由 D11 和 D10 组成的 32 位源数据传送到由 D13 和 D12 组成的目的地址中去。

☺ 当 X001 断开时，该指令被跳过不执行，源操作数和目的操作数的内容都不变。

应用指令中附有符号"（D）"表示处理 32 位数据，如（D）MOV、FNC（D）12、FNC12（D）。处理 32 位数据时，用元件号相邻的两个元件组成元件对。元件对的元件号用奇数、偶数均可，但为避免错误，元件对的首元件建议统一用偶数编号。32 位计数器（C200～C255）不能用做 16 位指令的操作数。

3. 位元件/位组合元件

只处理 ON/OFF 信息的软元件称为位元件，如 X、Y、M、S 等均为位元件。而处理数值的软元件称为字元件，如 T、C、D 等。

"位元件元件"的组合方法的助记符是 Kn + 最低位的位元件号。

如 KnX、KnY、KnM 即是位元件组合，其中"K"表示后面跟的是十进制数，"n"表示 4 位一组的组数，16 位数据用 K1～K4，32 位数据用 K1～K8。

> **【实例 5-1】** 说明 K2M0 表示的位组合元件含义。
>
> K2M0 中的"2"表示 2 组 4 位的位元件组成元件，最低位的位元件号分别是 M0 和 M4，所以 K2M0 表示由 M0～M3 和 M4～M7 两组位元件组成一个 8 位数据，其中 M7 是最高位，M0 是最低位。

> **【注意】** 使用位组合元件时应注意以下问题。
>
> ☺ 若向 K1M0～K3M0 传递 16 位或 32 位数据，则数据长度不足的高位部分不被传递。
>
> ☺ 在 16 位（或 32 位）运算中，对应元件的位指定是 K1～K3（或 K1～K7），长度不足的高位通常被视为 0，因此通常将其作为正数处理。
>
> ☺ 被指定的位元件的编号，若没有特别的限制，一般可自由指定，但是建议在 X、Y 的场合最低位的编号尽可能设定为 0（X000，X010，X020…Y000，Y010，Y020…），在 M、S 场合理想的设定数为 8 的倍数，为了避免混乱，建议设定为 M0，M10，M20 等。

4. 连续执行型/脉冲执行型指令

【连续执行型指令】 连续执行型指令如图 5-6 所示。当 X000 = ON 时，指令在各扫描周期都执行。

【脉冲执行型指令】 如图 5-7 所示，指令只在 X000 由 OFF→ON 变化一次时执行一次。连续执行方式在程序执行时的每个扫描周期都会对目的元件加 1，而这种情况在许多实际的控制中是不允许的。为了解决这类问题，设置了脉冲执行方式，并在这类助记符的后面加后缀符号"P"来表示此方式。

图 5-6　连续执行型指令　　　　　　　图 5-7　脉冲执行指令

5. 变址操作

变址寄存器用于在传送、比较指令中修改操作对象的元件号。

变址的方法是将变址寄存器 V 和 Z 这两个 16 位的寄存器放在各种寄存器的后面，充当操作数地址的偏移量。操作数的实际地址就是寄存器的当前值，以及 V 和 Z 内容相加后的和。当源或目的寄存器用 [S·] 或 [D·] 表示时，就能进行变址操作。对 32 位数据进行操作时，要将 V、Z 组合成 32 位（V，Z）来使用，这时 Z 为低 16 位，V 为高 16 位，32 位指令中用到变址寄存器时，只需指定 Z，这时 Z 就代表了 V 和 Z。可以用变址寄存器进行变址的软元件有 X、Y、M、S、P、T、C、D、K、H、KnX、KnY、KnM、KnS 等。

【实例 5-2】 如图 5-8 所示的程序，求执行加法操作后源和目操作数的实际地址。

图 5-8　变址操作举例

第 1 行指令执行 25→V，第 2 行指令执行 30→Z，所以变址寄存器的值为 V = 25，Z = 30。第 3 行指令执行 (D5V) + (D15Z)→(D40Z)。

[S1·] 为 D5V，D(5 + 25) = D30，即源操作数 1 的实际地址。

[S2·] 为 D15Z，D(15 + 30) = D45，即源操作数 2 的实际地址。

[D·] 为 D40Z，D(40 + 30) = D70，即目操作数的实际地址。

所以，第 3 行指令实际执行 (D30) + (D40)→(D70)，即 D30 的内容和 D45 的内容相加，结果送入 D70 中去。

【实例 5-3】 如图 5-9 所示的程序，分析 16 位指令操作数。

将 K0 或 K1 的内容向变址寄存器 V0 传送。

当 X001 = ON 时，若 V0 = 0（D(0 + 0) = D0），则 K500 的内容向 D0 传送；若 V0 = 10（D(0 + 10) = D10），则 K500 的内容向 D10 传送。

图 5-9　16 位指令操作数的变址举例

图 5-10　32 位指令操作数的变址举例

【实例 5-4】 如图 5-10 所示的程序，分析 32 位指令操作数。

DMOV 是 32 位的指令，因此在该指令中使用的变址寄存器也必须指定 32 位。

在 32 位指令中指定了变址寄存器的 Z 寄存器（Z0 ~ Z7）及与之组合的 V 寄存器（V0 ~ V7）。

当 X003 = ON 时，若 (V0，Z0) = 0（D(1 + 0) = D1），则 K69000 的内容向 D0 传送；若 (V0，Z0) = 10（D(1 + 10) = D11），则 K69000 的内容向 D11 传送。

【说明】即使 Z0 中写入的数值不超过 16 位数值范围（0～32767），也必须用 32 位的指令将 V、Z 两个寄存器都改写。如果只写入 Z 侧，则在 V 侧留有其他数值，会使数值产生很多的运算错误。

【实例 5-5】如图 5-11 所示的程序，分析常数 K 修改。

图 5-11　常数 K 的修改举例

当 X005 = ON 时，若 V5 = 0(K6 + 0 = K6)，则 6→D10；若 V5 = 20(K6 + 20 = K26)，则 26→D10。

【实例 5-6】I/O 继电器八进制软元件的变址。

用 MOV 指令输出 Y7～Y0，通过变址修改输入，使其变换成 X7～X0，X17～X10，X27～X20。其程序如图 5-12 所示。

这种变换是将变址值 0、8、16 通过（X0 + 0 = X0）、（X0 + 8 = X10）、（X0 + 16 = X20）的八进制的换算，然后与软元件的编号相加，使输入端子发生变化。

图 5-12　八进制软元件（编号）的变址举例

5.2　常用应用指令说明

FX2N 系列 PLC 的 200 多条应用指令按功能不同可分为程序流程控制指令、数据传送与比较指令、算术与逻辑运算指令、数据循环与移位指令、数据处理指令、高速处理指令、方便类指令、外部设备 I/O 应用指令、浮点运算指令、定位运算指令、时钟运算指令、触点比较指令等十几大类。针对实际工程中的具体控制对象，选择合适的应用指令，可以使编程较之基本逻辑指令快捷方便。

5.2.1　程序流程控制指令

1. 条件跳转指令

1）指令格式　FNC00　CJ 或 CJ（P）。

CJ 指令的目的元件是指针标号，其范围是 P0 ~ P63（允许变址修改）。该指令程序步为 3 步，标点步为 1 步。作为执行序列的一部分指令，若用 CJ，CJ（P）指令，可以缩短运算周期及使用双线圈。

2）指令用法　当跳转条件成立时，跳过 CJ 或 CJ（P）指令和指针标号之间的程序，从指针标号处继续执行；若条件不成立，则顺序执行，以减少程序执行扫描时间。

> 【**实例 5-7**】说明图 5-13 所示的程序中条件跳转指令 CJ 的用法。
>
> 当 X000 = ON 时，则从 1 步跳转到 36 步（标号 P8 的后一步）。当 X000 = OFF 时，不进行跳转，执行 X001。
>
> Y001 为输出线圈，当 X000 = OFF 时，不跳转，采样 X001；当 X000 = ON 时跳转至 P8，不执行 CJ P9，因此采样 X012。
>
>
>
> 图 5-13　CJ 跳转指令修改举例

3）跳转程序中软元件的状态　当发生跳转时，被跳过的那段程序中的驱动条件已经没有意义了，所以该程序段中的各种继电器和状态器、定时器等将保持跳转发生前的状态不变。

4）跳转程序中标号的多次引用　标号是跳转程序的入口标志地址，在程序中只能出现一次，同一标号不能重复使用。但是，同一标号可以多次被引用，如图 5-14 所示。

5）无条件跳转指令的构造　PLC 只有条件跳转指令，没有无条件跳转指令。遇到需要无条件跳转的情况时，可以用条件跳转条件来构造无条件跳转指令，通常是使用 M8000（只要 PLC 处于 RUN 状态，则 M8000 总是接通的），如图 5-15 所示。

图 5-14　标号可以多次引用

图 5-15　无条件跳转指令的构造

2. 子程序调用和返回指令

1）指令格式

☺ 子程序调用应用指令：FNC01 CALL，CALL（P）。

☺ 子程序返回应用指令：FNC02 SRET。

☺ 指令的目的操作元件是指针号 P0～P62（允许变址修改）。

2）指令用法　子程序与标号的位置：

☺ CALL 指令必须和 FEND、SRET 一起使用。

☺ 子程序标号要写在主程序结束指令 FEND 之后。

☺ 标号 P0 和子程序返回指令 SRET 间的程序构成了 P0 子程序的内容。

☺ 当主程序带有多个子程序时，子程序要依次放在主程序结束指令 FEND 之后，并用不同的标号来区别。

☺ 子程序标号范围为 P0～P62，这些标号与条件转移中所用的标号相同，而且在条件转移中已经使用了标号，子程序也不能再用。

☺ 同一标号只能使用一次，而不同的 CALL 指令可以多次调用同一标号的子程序。

【实例 5-8】 CALL 指令应用。

图 5-16 所示为 CALL 指令举例。触点 X001 闭合后，执行 CALL 指令，程序转到 P10 所指向的指令处，执行子程序。子程序执行结束后，通过 SRET 指令返回主程序，继续执行 X002。

子程序嵌套举例如图 5-17 所示。X001 触点闭合后，执行 CALL　P11 指令，转移到子程序（1）执行；然后 X003 触点闭合，执行 CALL　P12 指令，程序转移到子程序（2）执行；执行完毕后，依次返回子程序（1）和主程序。

图 5-16　CALL 指令举例　　　　图 5-17　子程序嵌套举例

3. 中断指令

1）指令格式

☺ 中断返回指令：FNC03　IRET；

☺ 中断允许指令：FNC04　EI；

☺ 中断禁止指令：FNC05　DI。

2）指令用法　FX2N 系列 PLC 有两类中断，即外部中断和内部定时器中断。外部中断信号从输入端子送入，可用于外部随机突发随机事件引起的中断；定时中断属于内部中断，是定时器定时时间到引起的中断。

FX2N 系列 PLC 设置有 9 个中断源，这 9 个中断源可以同时向 CPU 发出中断请求信号，多个中断依次发生时，以先发生为优先；同时发生时，中断指针号较低的有优先权。另外，外部中断的优先级整体上高于内部中断的优先级。

FX2N 系列 PLC 有如下 3 条中断指令。

☺ EI 中断允许指令：对可以响应中断的程序段用中断允许指令 EI 来开始。

☺ DI 中断禁止指令：对不允许中断的程序段用中断指令 DI 来禁止。

☺ IRET 中断返回指令：从中断服务子程序中返回时，必须用专门的中断返回指令 IRET，不能用子程序返回指令 SRET。

在主程序的执行过程中，可根据不同中断服务子程序中 PLC 要完成工作的优先级高低决定能否响应中断。程序中允许中断响应的区间应该由 EI 指令开始，DI 指令结束。在中断子程序执行区间之外时，即使有中断请求，CPU 也不会立即响应。通常情况下，在执行某个中断服务程序时，应禁止其他中断。

【实例 5-9】中断应用。

如图 5-18 所示，EI～DI 之间为允许中断区间，I001、I000、I101 分别为中断子程序的指针标号。

图 5-18　中断指令举例

3）中断指针

（1）外部中断用 I 指针：

☺外部中断用 I 指针的格式如图 5-19（a）所示，有 I0～I5 共 6 点。

☺外部中断是外部信号引起的中断，对应的外部信号的输入口为 X000～X005。

（2）内部中断用 I 指针：

☺内部中断用 I 指针格式如图 5-19（b）所示，有 I6～I8 共 3 点。

☺内部中断是指机内定时时间到，中断主程序去执行中断子程序。定时时间由指定编号为 6～8 的专用定时器控制。

☺设定时间值在 10～99ms 间选取，每隔设定时间就会中断一次。

（a）　　　　　　　　　　　　　　（b）

图 5-19　中断指针格式

4. 主程序结束指令

1）指令格式　FNC06　FEND。

2）指令用法　FEND 指令是 1 步指令，无操作目的元件。子程序应写在 FEND 指令和 END 指令之间，包括 CALL、CALL（P）指令对应的标号、子程序和中断子程序。使用 FEND 指令时（见图 5-20）应注意以下 3 点。

- ☺ CALL、CALL（P）指令的标号 P 用于在 FEND 指令后编程，并且必须有 IRET 指令。中断指针 I 也在 FEND 指令后编程，并且必须有 SRET 指令。
- ☺ 使用多个 FEND 指令时，应在最后的 FEND 指令与 END 指令之间编写子程序或中断子程序。
- ☺ 当程序中没有子程序或中断服务程序时，也可以没有 FEND 指令，但是程序的最后必须用 END 指令结尾。所以，子程序及中断服务程序必须写在 FEND 指令与 END 指令之间。

图 5-20　FEND 指令的用法

5. 监视定时器指令

1）指令格式　FNC07　WDT。

2）指令用法　WDT 用来在程序中刷新监视定时器（D8000）。通过改写存储在特殊数据寄存器 D8000 中的内容，可改变监视定时器的监视时间。其程序如图 5-21 所示。

图 5-21　WDT 指令举例

监视定时器的时间为 300ms，如果没有 WDT 指令，在 END 处理时，D8000 才有效。

WDT 指令还可以用于将长扫描时间的程序分割。当 PLC 的运行扫描周期指令执行时间超过 200ms 时，CPU 的出错指示灯亮，同时停止工作。因此，在合适的程序步中插入 WDT 指令，用以刷新监视定时器，以使顺序程序得以继续执行到 END，如图 5-22 所示。

图 5-22 WDT 用于分隔程序

6. 循环开始指令和循环结束指令

1）指令格式

☺ 指令编号及助记符：循环开始 FNC08 FOR、循环结束 FNC09 NEXT。

☺ 操作数的软元件：无。

2）指令用法 利用循环指令可以反复执行某一段程序，只要将这一段程序放在 FOR ~ NEXT 之间即可，待执行完指定的循环次数后，才执行 NEXT 下一条指令。循环程序可以使程序变得简练。FOR 和 NEXT 指令必须成对使用，只有在 FOR ~ NEXT 指令之间的程序（利用源数据指定的次数）执行数次后，才处理 NEXT 指令之后的程序。

循环次数由 FOR 后的数值指定。循环次数范围为 $n = 1 \sim 32767$ 时有效。如循环次数 < 1 时，被当做 1 来处理，即 FOR ~ NEXT 循环一次。若不想执行 FOR ~ NEXT 间的程序时，可以利用 CJ 指令，使之跳转。循环次数多时，扫描周期会延长，可能出现监视定时器错误。NEXT 指令在 FOR 指令之前，或者无 NEXT 指令，或者在 FEND、END 指令之后有 NEXT 指令，或者 FOR 与 NEXT 的个数不一致时，会出现错误。

【实例 5-10】 已知 K1X000 的内容为 7，数据寄存器 D0Z 的内容为 6，分析图 5-23 所示程序的循环工作过程和次数。

图 5-23 FOR、NEXT 循环指令举例

图 5-23 所示程序是三重循环的嵌套，按照循环程序的执行次序由内向外计算各循环次数。

（1）单独一个循环[A]的执行次数：当 X010 为 OFF 时，已知 K1X000 的内容为 7，所以 [A] 循环执行了 7 次。

（2）循环[B]执行次数（不考虑[C]循环）：[B]循环次数由 D0Z 指定，已知 D0Z 为 6 次。[B]循环包含了整个[A]循环，所以整个[A]循环要被起动 6 次。

（3）循环[C]的执行次数由 K4 指定为 4 次。在循环[C]执行一次的过程中，则循环[B]被执行 6 次，所以[A]循环总计被执行了 $4 \times 6 \times 7 = 168$ 次。然后向 NEXT 指令（3）以后的程序转移。

5.2.2　数据传送与比较指令

1. 比较指令

1）指令格式　FNC10 CMP[S1·][S2·][D·]。

☺ [S1·][S2·]为两个比较的源操作数。

☺ [D·]为比较结果的标志元件，指令中给出的是标志软元件的首地址（标号最小的那个）。

标志位的软元件有 Y、M、S。源操作数的软元件有 T、C、V、Z、D、K、H、KnX、KnY、KnM、KnS。

2）指令用法　比较指令 CMP 是将源操作数[S1·]和源操作数[S2·]进行比较，结果送到目的操作数[D·]中，比较结果有 3 种情况，即大于、等于和小于。

CMP 指令可以比较两个 16 位二进制数，也可以比较两个 32 位二进制数。在作 32 位操作时，使用前缀(D)：(D)CMP[S1·][S2·][D·]。

CMP 指令也可以有脉冲操作方式，使用后缀(P)：(D)CMP(P)[S1·][S2·][D·]，只有在驱动条件由 OFF→ON 时进行一次比较。

CMP 指令的具体用法如图 5-24 所示。

☺ 若 K100 >（C20），则 M0 被置 1。

☺ 若 K100 =（C20），则 M1 被置 1。

☺ 若 K100 <（C20），则 M2 被置 1。

2. 区间比较指令

1）指令格式　FNC11　ZCP[S1·][S2·][S3·][D·]。

☺ [S1·]和[S2·]为区间起点和终点。

☺ [S3·]为另一比较软元件。

☺ [D·]为标志软元件，指令中给出的是标志软元件的首地址。

☺ 标志位的软元件有 Y、M、S。

☺ 源操作数的软元件有 T、C、V、Z、D、K、H、KnX、KnY、KnM、KnS。

2）指令用法　ZCP 指令是将源操作数[S3·]与[S1·]和[S2·]的内容进行比较，并比较结果送到目的操作数[D·]中，如图 5-25 所示。

图 5-24　比较指令 CMP 举例　　　　　图 5-25　区间比较指令 ZCP 指令举例

☺ [S1·] > [S3·]，即 K100 > C30 的当前值时，M3 接通。

☺ [S1·] ≤ [S3·] ≤ [S2·]，即 K100 ≤ C30 的当前值 ≤ K120 时，M4 接通。

☺ [S3·] > [S2·]，即 C30 当前值 > K120 时，M5 接通。

☺ 当 X000 为 OFF 时，不执行 ZCP 指令，M3 ~ M5 仍保持 X000 = OFF 之前的状态。

【注意】使用 ZCP 时，[S2·] 的数值不能小于 [S1·]；所有的源数据都被看做二进制数值来处理。

3. 传送指令

传送指令包括传送 MOV（Move）、BCD 码移位传送 SMOV（Shift Move）、取反传送 CML（Complement Move）、数据块传送 BMOV（Block Move）、多点传送 FMOV（Fill Move）及数据交换 XCH（Exchange）指令等。

1）指令格式　FNC12　MOV [S·] [D·]。

☺ [S·] 为源数据；[D·] 为目的软元件。

☺ 目的操作数为 T、C、V、Z、D、KnY、KnM、KnS。

☺ 源操作数的软元件有 T、C、V、Z、D、K、H、KnX、KnY、KnM、KnS。

2）指令用法　传送指令是将源操作数传送到指定的目的操作数，即 [S·] → [D·]。

【实例 5-11】传送指令应用，如图 5-26 所示。

图 5-26　传送指令 MOV 举例

当常开触点 X000 闭合为 ON 时，每扫描到 MOV 指令时，就把存入 [S·] 源数据中操作数 100（K100）转换成二进制数，再传送到目的操作数 D10 中去。

当 X000 为 OFF 时，则指令不执行，数据保持不变。

4. 移位传送指令

1）指令格式　FNC13　SMOV [S·] m1 m2 [D·] n。

☺ [S·] 为源数据，m1 为被传送的起始位，m2 为传送位数。

☺ [D·] 为目的软元件，n 为传送的目的起始位。

☺目的操作数可为 T、C、V、Z、D、KnY、KnM、KnS。

☺源操作数的软元件有 T、C、V、Z、D、K、H、KnX、KnY、KnM、KnS。

☺n，m1，m2 的软元件有 K、H。

2）指令用法　移位传送指令的功能是将 [S·] 第 m1 位开始的 m2 个数移位到 [D·] 的第 n 位开始的 m2 个位置去，m1、m2 和 n 取值均为 1～4。分开的 BCD 码重新分配组合，一般用于多位 BCD 拨盘开关的数据输入。

【实例 5-12】 移位传送指令应用，如图 5-27 所示。

图 5-27　移位传送指令 SMOV 举例

若 X000 满足条件，则执行 SMOV 指令。

源操作数 [S·] 内的 16 位二进制数自动转换成 4 位 BCD 码，然后将源操作数（4 位 BCD 码）从右起第 m1 位开始向右数 m2 位的数，传送到目的操作数（4 位 BCD 码）的右起第 n 位开始向右数 m2 位上去，最后自动将目的操作数 [D] 中的 4 位 BCD 码转换成 16 位二进制数。

在图 5-27 中，m1 为 4，m2 为 2，n 为 3。当 X000 闭合时，每扫描一次该梯形图，就执行 SMOV 移位传送操作，先将 D1 中的 16 位二进制数自动转换成 4 位 BCD 码，并从 4 位 BCD 码右起第 4 位开始（m1 为 4），向右数 2 位（m2 为 2）（即 103 和 102）上的数传送到 D2 内 4 位 BCD 码的右起第 3 位（n＝3）开始，向右数 2 位（即 102 和 101）的位置上去，最后自动将 D2 中的 BCD 码转换成二进数。

上述传送过程中，D2 中的另两位即（即 103 和 100）保持不变。

---

5. 取反传送指令

1）指令格式　FNC14　CML [S·][D·]。

☺[S·] 为源数据；[D·] 为目的软元件。

☺目的操作数的软元件为 T、C、V、Z、D、KnY、KnM、KnS。

☺源操作数的软元件有 T、C、V、Z、D、K、H、KnX、KnY、KnM、KnS。

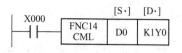

图 5-28　取反传送指令 CML 举例

2）指令用法　CML 指令的功能是将 [S·] 源操作数按二进制的位逐位取反并传递到指定目的软元件中，指令说明如图 5-28 所示。

6. 块传递指令

1）指令格式　FNC15　BMOV [S·][D·]n。

☺[S·] 为源软元件；[D·] 为目的软元件；n 为数据块个数。

☺源操作数可取 KnX、KnY、KnM、KnS、T、C、D、K、H。

☺目的操作数可取 KnY、KnM、KnS、T、C 和 D。

☺数据块个数为常数（K、H）。

2）指令用法 块传送指令的功能是将源操作数元件中 n 个数据组成的数据块传送到指定的目的软元件中去。如果元件号超出允许元件号的范围，数据仅传送到允许范围内。

【**实例 5-13**】块传递指令应用实例。块传送指令 BMOV 举例如图 5-29 所示。

图 5-29 块传送指令 BMOV 举例

☺ 如果 X000 断开，则不执行块传送指令，源数据和目的数据均不变。

☺ 如果 X000 接通，则执行块传送指令。

☺ 根据 K3 指定数据块个数为 3，将 D5 ~ D7 中的内容传送到 D10 ~ D12 中去。

☺ 传送后 D5 ~ D7 中的内容不变，而 D10 ~ D12 内容相应被 D5 ~ D7 中的内容取代。

☺ 当源、目的软元件的类型相同时，传送顺序自动决定。

☺ 如果源、目的软元件的类型不同，只要位数相同，就可以正确传送。

☺ 如果源、目的软元件号超出允许范围，则只对符合规定的数据进行传送。

7. 多点传送指令

1）指令格式 FNC16 FMOV [S·][D·]n。

☺ [S·]为源软元件；[D·]为目的软元件；n 为目软元件个数。

☺ 指令中给出的是目的软元件的首地址，常用于对某一段数据寄存器清零或置相同的初始值。

☺ 源操作数可取除 V、Z 外的所有的数据类型，目的操作数可取 KnY、KnM、KnS、T、C 或者 D，n≤512。

2）指令用法 FMOV 指令是将源操作数中的数据传送到指定目的软元件地址开始的 n 个元件中去，这 n 个元件中的数据完全相同。FMOV 指令操作如图 5-30 所示。触点 X000 闭合，数据 0 被传递到 D0 ~ D9 中。

8. 数据交换指令

1）指令格式 FNC17 XCH [D1·][D2·]。

☺ [D1·]、[D2·]为两个目的软元件。

☺ 目的软元件操作数可取 KnY、KnM、KnS、T、C、D、V 和 Z。

2）指令用法 数据交换指令 XCH 是将数据在两个指定的目的软元件之间进行交换，其指令说明如图 5-31 所示。当 X000 为 ON 时，将 D1 和 D17 中的数据相互交换。

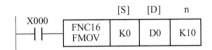

图 5-30 多点传送指令 FMOV 指令举例

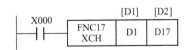

图 5-31 数据交换指令 XCH 举例

9. BCD 变换指令

数据变换指令包括二进制数转换成 BCD 码并传送 BCD 码指令，和 BCD 码转换为二进制数并传送二进制数指令。

1）指令格式　FNC18　BCD[S·][D·]。

☺[S·]为被转换的软元件；[D·]为目的软元件。

☺源操作数可取 KnX、KnY、KnM、KnS、T、C、D、V 和 Z。

☺目的操作数可取 KnY、KnM、KnS、T、C、D、V 和 Z。

2）指令用法　BCD 交换指令是将源操作数中的二进制数据转换成 BCD 码并传送到目的操作数中去。其指令说明如图 5-32 所示。当 X000 为 ON 时，将 D12 内的二进制数据转换成 BCD 码并送到 Y0 ~ Y7。BCD 码变换指令将 PLC 内的二进制数据变换成 BCD 码后，再译成七段码，就能输出驱动 LED 显示器。

10. BIN 变换指令

1）指令格式　FNC19 BIN[S·][D·]。

☺[S·]为被转换的软元件；[D·]为目的软元件。

☺源操作数可取 KnX、KnY、KnM、KnS、T、C、D、V 和 Z。

☺目的操作数可取 KnY、KnM、KnS、T、C、D、V 和 Z。

2）指令用法　BIN 指令将源元件中的 BCD 码转换成二进制数并送到指定的目的元件中去。其指令说明如图 5-33 所示。当 X000 为 ON 时，将 D12 内的 BCD 码转换成二进制数据并送到 Y0 ~ Y7。此指令作用正好与 BCD 变换指令相反，用于将软元件中的 BCD 码转换成二进制数。

图 5-32　BCD 指令举例　　　　　　　图 5-33　BIN 指令举例

四则运算（+、-、×、÷）与增量指令、减量指令等 PLC 内的运算都用 BIN 码进行。因此，PLC 在用数字开关获取 BCD 码的信息时，要用 FNC19（BIN→BCD）转换指令。

5.2.3　算术与逻辑运算指令

算数与逻辑运算指令是基本运算指令，通过算术及逻辑运算可实现数据的传送、变位及其他控制功能。

1. 加法指令

1）指令格式　FNC20　ADD[S1·][S2·][D·]。

☺[S1·]、[S2·]为两个作为加数的源操作数；[D·]为存放相加结果的目的元件。

☺源操作数可取所有数据类型。

☺目的操作数可取 KnY、KnM、KnS、T、C、D、V 和 Z。

2）指令用法　ADD 指令将两个源操作数[S1]、[S2]相加，结果放到目的元件中[D]中。

【实例 5-14】 加法指令应用。如图 5-34 所示，两个源数据进行二进制加法后传递到目的处，各数据的最高位是正（0）、负（1）的符号位，这些数据以代数形式进行加法运算，如 $5+(-8)=-3$。

ADD 指令有 4 个标志位，其中 M8020 为 0 标志；M8021 为借位标志位；M8022 为进位标志位；M8023 为浮点标志位。

如果运算结果为 0，则零标志位 M8020 置 1；运算结果超过 32、767（16 位运算）或 2147483647（32 位运算），则进位标志位 M8022 位置 1；如果运算结果小于 -32767（16 位运算）或 -2147483467（32 位运算），则借位标志位 M8021 置 1。

在 32 位运算中，用到字元件时，被指定的字元件是低 16 位元件，而下一个字元件默认即为高 16 位元件。源和目的数据可以用相同的元件，若源和目的元件相同，而且采用连续执行的 ADD、（D）ADD 指令时，加法的结果在每个扫描周期都会改变。如图 5-35 所示，操作的结果是 D0 内的数据加 1。

图 5-34　ADD 指令举例（一）　　　　　图 5-35　ADD 指令举例（二）

2. 减法指令 SUB

1）指令格式　FNC21　SUB　[S1·] [S2·] [D·]。

☺ [S1·][S2·] 分别为作为被减数和减数的源元件；[D·] 为存放相减差的目的元件。

☺ 源操作数可取所有数据类型。

☺ 目的操作数可取 KnY、KnM、KnS、T、C、D、V 和 Z。

2）指令用法　SUB 指令的功能是将指定的两个源元件中的有符号数进行二进制代数减法运算，然后将相减的结果（差）送入指定的目的软元件中。其指令用法如图 5-36 所示，触点 X000 闭合后，执行 D10 - D12 = D14。

图 5-36　SUB 指令举例

减法指令的标志区功能、32 位运算元中指定方法与加法指令的相同，在此不再赘述。

3. 乘法指令 MUL

1）指令格式　FNC22　MUL　[S1·][S2·][D·]。

☺ [S1·][S2·] 分别为作为被乘数和乘数的源软元件；[D·] 为存放相乘积的目的元件的首地址。

☺ 源操作数可取所有数据类型。

☺ 目的操作数可取 KnY、KnM、KnS、T、C、D、V 和 Z。

2）指令用法　MUL 指令的功能是将指定的 [S1·]、[S2·] 两个源软元件中的数进行二进制代数乘法运算，然后将相乘结果（积）送入指定的目的软元件中。

【实例 5-15】 乘法指令 MUL 应用。16 位运算如图 5-37 所示，32 位运算如图 5-38 所示。

图 5-37   MUL 指令举例（一）

图 5-38   MUL 指令举例（二）

在 32 位运算中，若目的元件使用位软元件，只能得到低 32 位的结果，不能得到高 32 位的结果。这时应先向字元件传送一次，然后再进行计算。利用字元件作为目的元件时，不可能同时监视 64 位数据内容，只能通过监控运算结果的高 32 位和低 32 位，并利用下式计算 4 位数据内容。这种情况下，建议最好采用浮点运算。

$$64 \text{ 位结果} = （高 32 \text{ 位数据}）\times 2^{32} + 低 32 \text{ 位数据}$$

4. 除法指令

1）指令格式   FNC23   DIV $[S1\cdot][S2\cdot][D\cdot]$。

☺ $[S1\cdot][S2\cdot]$ 分别为作为被除数和除数的源软元件；$[D\cdot]$ 为商和余数的目的元件的首地址。

☺ 源操作数可取所有数据类型。

☺ 目的操作数可取 KnY、KnM、KnS、T、C、D、V 和 Z。

2）指令用法   DIV 指令的功能是将指定的两个源软元件中的数进行二进制有符号除法运算，然后将相除的商和余数送入指定的目的软元件中。除法指令 16 位运算如图 5-39 所示，32 位运算如图 5-40 所示。

图 5-39   DIV 指令举例（一）

图 5-40   DIV 指令举例（二）

5. 加 1 指令、减 1 指令

1）指令格式   加 1 指令 FNC24   INC$[D\cdot]$；减 1 指令 FNC25   DEC$[D\cdot]$。

☺［D·］是要加 1（或要减 1）的目的软元件。

☺目操作数的软元件为 KnY、KnM、KnS、T、C、D、V 和 Z。

2）指令用法　INC 指令的功能是将指定的目软元件的内容增加 1，DEC 指令的功能是将指定的目软元件的内容减 1。

【实例5-16】 加 1 指令、减 1 指令应用，如图 5-41 所示。

16 位运算时，如果 +32767 加 1 变成 -32768，标志位不置位；32 位运算时，如果 +2147483647 加 1 变成 -2147483648，标志位不置位。

在连续执行指令中，每个扫描周期都将执行运算，这一点必须加以注意。所以一般采用输入信号的上升沿触发运算一次。

16 位运算时，如果 -32768 再减 1，其值变为 +32767，标志位不置位；32 位运算时，如果 -2147483648 再减 1，其值变为 +2147483647，标志位不置位。

图 5-41　INC 和 DEC 指令举例

---

6. 逻辑与、或和异或指令

1）指令格式　逻辑"与"指令 FNC26　WAND［S1·］［S2·］［D·］；逻辑"或"指令 FNC27　WOR［S1·］［S2·］［D·］；逻辑"异或"指令 FNC28　WXOR［S1·］［S2·］［D·］。

☺［S1·］［S2·］为两个操作数的源软元件。

☺［D·］为放运算结果的目的元件。

2）指令用法　WAND 指令功能是将指定的两个源软元件 ［S1］ 和 ［S2］ 中的数进行二进制按位"与"，然后将相"与"的结果送入指定的目的软元件中。WAND 指令格式如图 5-42 所示，存放在源元件（即（D10）和（D12））中的两个二进制数据，以位为单位作逻辑"与"运算，结果存放到目的元件［D］（即（D14））中。

WOR 指令功能是将指定的两个源软元件［S1］和［S2］中的数，进行二进制按位"或"，然后将相"或"的结果送入指定的目的软元件中。其指令格式如图 5-43 所示，存放在源元件（即（D10）和（D12））中的两个二进制数据，以位为单位作逻辑"或"运算，结果存放到目的元件［D］（即（D14））中。

图 5-42　WAND 指令举例　　　　　图 5-43　WOR 指令举例

WXOR 指令功能是将指定的两个源软元件 ［S1］ 和 ［S2］ 中的数进行二进制按位"异或"，然后将相"异或"的结果送入指定的目的软元件中。其指令格式如图 5-44 所示，存放在源元件（即（D10）和（D12））中的两个二进制数据，以位为单位作逻辑"异或"运算，结果存放到目的元件［D］（即（D14））中。

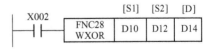

图 5-44　WXOR 指令举例

7. 求补指令

1）指令格式　FNC29　NEG[D·]。

☺[D·]为存放求补结果的目的元件。

☺目的操作数可取 KnY、KnM、KnS、T、C、D、V 和 Z。

2）指令用法　NEG 指令功能是将指定的目的软元件[D·]的内容中的各位先取反（0→1，1→0），然后再加 1，将其结果送入原先的目的软元件中。

【**实例 5-17**】求补指令应用，如图 5-45 所示。

图 5-45　求补指令 NEG 举例

☺如果 X000 断开，则不执行这条 NEG 指令，源、目的元件中的数据均保持不变。

☺如果 X000 接通，则执行求补运算，即将 D10 中的二进制数进行"连同符号位求反加 1"，再将求补的结果将送入 D10 中。

☺求补的示意如图 5-46 所示。假设 D10 中的数为十六进制的 H000C，执行这条求补指令时，就要对它进行"连同符号位求反加 1"，求补结果为 HFFF4 再存入 D10 中。

☺求补指令可以用 32 位操作方式，使用前缀（D）。

☺求补指令也可以用脉冲操作方式。使用后缀（P），只有在驱动条件由 OFF→ON 时进行一次求补运算。

☺求补指令的 32 位脉冲操作格式为（D）OR（P）[D·]。同样，[D·]为目的软元件的首地址。

☺求补指令一般使用脉冲执行方式，否则每个扫描周期都将执行一次求补操作。

图 5-46　求补指令示意图

【**注意**】求补与求补码是不同的。求补码的规则是"符号位不变，数值位求反加 1"，对 H000C 求补码结果将是 H7FF4，二者的结果不一样。求补指令是绝对值不变的变号运算，求补前的 H000C 的真值是十进制 +12，而求补后 HFFF4 的真值是十进制 -12。

5.2.4　数据循环与移位指令

FX2N 系列 PLC 循环与移位指令是使位数据或字数据向指定方向循环、位移的指令。

1. 左/右循环指令

1）指令格式　循环右移指令 FNC30　ROR[D·]n；循环左移指令 FNC31　ROL[D·]n。

☺ [D·] 为要移位的目的软元件；n 为每次移动的位数。

☺ 目的操作数可取 KnY、KnM、KnS、T、C、D、V 和 Z。移动位数 n 为 K 和 H 指定的常数。

2）指令用法　循环右移指令 ROR 的功能是将指定的目的软元件中的二进制数按照指令中 n 规定的移动的位数由高位向低位移动，最后移出的那一位将进入进位标志位 M8022。循环右移指令梯形图格式如图 5-47 所示。

执行一次 ROR 指令，n 位的状态量向右移一次，最右端的 n 位状态循环移位到最左端 n 位处，特殊辅助继电器 M8022 表示最右端的 n 位中向右移出的最后一位的状态。

图 5-47　ROR 指令举例

假设 D10 中的数据为 HFF00，执行这条循环右移指令的示意图如图 5-48 所示。由于指令中 K4 指示每次循环右移 4 位，所以最低 4 位被移出，并循环回补进入高 4 位中。所以循环右移 4 位 D10 中的内容将变为 H0FF0。最后移出的是第 3 位的 0，它除了回补进入最高位外，同时进入进位标志位 M8022 中。

图 5-48　循环右移指令示意图

图 5-49　ROL 指令举例

ROL 指令功能是将指定的目的软元件中的二进制数按照指令规定的每次移动的位数由低位向高位移动，最后移出的那一位将进入进位标志位 M8022。循环左移指令梯形图格式如图 5-49 所示。ROL 指令的执行类似于 ROR，只是移位方向相反。

2. 带进位的左/右循环指令

1）指令格式　带进位的循环右移指令 FNC32　RCR[D·]n；带进位的循环左移指令 FNC33　RCL[D·]n。

☺ [D·] 为要移位的目的软元件；n 为每次移动的位数。

☺ 目的操作数可取 KnY、KnM、KnS、T、C、D、V 和 Z。

☺ 移动位数 n 为 K 和 H 指定的常数。

2）指令用法　RCR 指令功能是将指定的目的软元件中的二进制数按照指令规定的每次移动的位数由高位向低位移动，最低位移动到进位标志位 M8022 中，M8022 中的内容则移动到最高位。

RCL 指令功能是将指定的目的软元件中的二进制数按照指令规定的每次移动的位数由低位向高位移动，最高位移动到进位标志位 M8022 中，M8022 中的内容则移动到最低位。

这两条指令的执行基本上与 ROL 和 ROR 相同，只是在执行 RCL、RCR 时，标志位 M8022 不再表示向左或向右移出的最后一位的状态，而是作为循环移位单元中的一位处理。

3. 位元件左移/右移指令

1）指令格式 位元件右移指令 FNC34 SFTR［S・］［D・］n1 n2；位元件左移指令 FNC35 SFTL［S・］［D・］n1 n2。

☺［S・］为移位的源位元件首地址；［D・］为移位的目的位元件首地址。

☺ n1 为目的位元件个数；n2 为源位元件移位个数。

☺ 源操作数是 Y、X、M、S；目的操作数为 Y、M、S。

☺ n1 和 n2 为常数 K 和 H。

2）指令用法 位右移是指源位元件的低位将从目的位元件的高位移入，目的位元件向右移 n2 位，源位元件中的数据保持不变。位右移指令执行后，n2 个源位元件中的数被传送到了目的高 n2 位中，目的位元件中的低 n2 位数从其低端溢出。

位左移是指源位元件的高位将从目的位元件的低位移入，目的位元件向左移 n2 位，源位元件中的数据保持不变。位左移指令执行后，n2 个源位元件中的数被传送到了目的低 n2 位中，目的位元件中的高 n2 位数从其高端溢出。两条指令的示意图分别如图 5-50 和图 5-51 所示。

对于图 5-50，如果 X010 断开，则不执行这条 SFTR 指令，源、目的中的数据均保持不变。如果 X010 接通，则将执行位元件的右移操作，即源中的 4 位数据 X003～X000 将被传送到目的位元件中的 M15～M12。目的位元件中的 16 位数据 M15～M0 将右移 4 位，M3～M0 等 4 位数据从目的位元件低位端移出，所以 M3～M0 种原来的数据将丢失，但源位元件中 X003～X000 的数据保持不变。图 5-51 所示的 SFTL 指令与 SFTR 指令类似，由读者自行分析，在此不再赘述。

图 5-50 SFTR 指令举例

图 5-51 SFTL 指令举例

4. 字元件右移/左移指令

1）指令格式　字右移指令 FNC36　WSFR（P）［S・］［D・］n1 n2；字左移指令 FNC37 WSFL（P）［S・］［D・］n1 n2。

☺［S・］为移位的源字元件首地址；［D・］为移位的目的字元件首地址。

☺n1 为目的字元件个数；n2 为源字元件移位个数。

☺源操作数可取 KnX、KnY、KnM、KnS、T、C 和 D。

☺目的操作数可取 KnY、KnM、KnS、T、C 和 D。

☺n1，n2 可取 K，H。

2）指令用法　字元件右移和字元件左移指令以字为单位，其工作的过程与位移位相似，是将 n1 个字右移或左移 n2 个字。字元件右移和字元件左移指令的操作过程示意图如图 5–52 和图 5–53 所示。

图 5–52　WSFR 指令举例

图 5–53　WSFL 指令举例

5. 移位寄存器写入与读出指令

移位寄存器又称为先入先出 FIFO（First in First out）堆栈，堆栈的长度范围为 2 ~ 512 个字。移位寄存器写入与读出包括两条指令。

1）指令格式　写入指令 FNC38　SFWR（P）[S·][D·] n；读出指令 FNC39　WSFR（P）[S·][D·] n。

☺ [S·] 为移位的源字元件首地址；[D·] 为移位的目的字元件首地址。n 为目的字元件个数。

☺ 源操作数可取 KnX、KnY、KnM、KnS、T、C 和 D。

☺ 目的操作数可取 KnY、KnM、KnS、T、C 和 D。

☺ n1，n2 可取 K，H。

用于 FIFO 堆栈的读写，先写入的数据先读出。具体使用说明见表 5-1。

表 5-1　FIFO 指令使用要素

指令名称	指令编号	助记符	操作数				指令步数
			S（可变址）	D（可变址）	n1	n2	
FIFO 写入	FNC38 (16)	SFWR (P)	K, H, KnX, KnY, KnM, KnS T, C, D, V, Z	KnY, KnM, KnS T, C, D	K, Hn2≤n1≤512		SFWR, SFWRP：7 步
FIFO 读出	FNC39 (16)	SFRD (P)	KnX, KnY, KnM, KnS, T, C, D	KnY, KnM, KnS T, C, D			SFRD, SFRDP：7 步

2）指令用法

【实例 5-18】移位寄存器写入与读出指令应用，如图 5-54 所示。

图 5-54　FIFO 指令使用说明

在图 5-54（a）中：

☺ 目的元件 D1 是 FIFO 堆栈的首地址，也是堆栈的指针，移位寄存器未装入数据时应将 D1 清 0。

☺ 在 X000 由 OFF 变为 ON 时，指针的值加 1 后写入数据。第一次写入时，源操作数 D0 中的数据写入 D2。

☺ 如果 X000 再次由 OFF 变为 ON，D1 中的数变为 2，D0 中的数据写入 D3。依此类推，源操作数 D0 中的数据依次写入堆栈。

☺ 当 D1 中的数据等于 n−1（n 为堆栈的长度）时，不再执行上述处理，进位标志位 M8022 置 1。

在图 5-54（b）中：

☺ X000 由 OFF 变为 ON 时，D2 中的数据送到 D20，同时指针 D1 的值减 1，D3～D9 的数据向右移一个字。

☺ 数据总是从 D2 读出，指针 D1 为 0 时，FIFO 堆栈被读空，不再执行上述处理，零标志位 M8020 为 ON。

☺ 执行本指令的过程中，D9 的数据保持不变。

5.2.5　数据处理指令

数据处理指令包含批复位指令、编码、译码指令及平均值计算指令等。其中，批复位指令可用于数据区的初始化，编码、译码指令可用于字元件中某个置 1 位的位码的编译。

1. 区间复位指令 ZRST

区间复位指令 ZRST（Zone Reset）将 D1～D2 指定的元件号范围内的同类元件成批复位。

1）指令格式　FNC40　ZRST（P）［D1·］［D2·］。

☺［D1·］为起始元件号；［D2·］为结束元件号。

☺ 如果 D1 的元件号大于 D2 的元件号，则只有 D1 指定的元件被复位。

☺ 单个位元件和字元件可以用 RST 指令复位。

具体使用说明见表 5-2。

表 5-2　区间复位指令 ZRST 使用要素

指令名称	指令编号	助记符	操作数		指 令 步 数
			D1（可变址）	D2（可变址）	
区间复位	FNC40（16）	ZRST（P）	Y, M, S, T, C, D D1 元件号≤D2 元件号		ZRST, ZRSTP：5 步

2）指令用法

【实例 5-19】ZRST 指令应用，如图 5-55 所示。

☺ 当 M8002 由 OFF→ON 时，执行区间复位指令。

☺ 位元件 M500～M599 成批复位，字元件 C235～C255 成批复位，状态元件 S0～S127 成批复位。

☺ 虽然 ZRST 指令是 16 位指令，D1 和 D2 也可以指定 32 位计数器。

图 5-55　区间复位指令 ZRST 使用说明

2. 解码与编码指令

1）指令格式 解码指令 FNC41   DECO(P) [S·][D·]n；编码指令 FNC42   ENCO (P) [S·][D·]n。

☺ [S·] 为源操作数；[D·] 为目的操作数；n 为目的字元件个数。

☺ 解码（译码）指令 DECO（Decode）的位源操作可以取 X、Y、M 和 S，位目的操作数可以取 Y、M 和 S。

☺ 字源操作数可以取 K、H、T、C、D、V 和 Z，字目的操作数可以取 T、C 和 D，n = 1 ~ 8，只有 16 位运算。

☺ 编码指令 ENCO（Encode）只有 16 位运算。

2）使用方法

【实例 5-20】 解码与编码指令应用，如图 5-56 所示。

图 5-56   解码与编码指令使用说明

在图 5-56（a）中，X002 ~ X000 组成的 3 位（n = 3）二进制数为 011，相当于十进制数 3，由目的操作数 M7 ~ M0 组成的 8 位二进制数的第 3 位（M0 为第 0 位）M3 被置 1，其余各位为 0。如源数据全零，则 M0 置 1。

在图 5-56（b）中，n = 3，编码指令将源元件 M7 ~ M0 中为 "1" 的 M3 的位数 3 编码为二进制数 011，并送到目的元件 D10 的低 3 位。

3. 求置 ON 位总和与 ON 位判别指令

位元件的值为 1 时称为 ON，求置 ON 位总和指令 SUM 统计源操作数中为 ON 的位的个数，并将它送入目的操作数。

图 5-57   求置 ON 位总和与
ON 位判别指令使用说明

【实例 5-21】 求置 ON 位总和与 ON 位判别指令应用，如图 5-57 所示。

☺ 当 X000 为 ON 时，将 D0 中置 1 的总和存入目的元件 D2 中，若 D0 为 0，则 0 标志位 M8020 动作。

☺ 当 X003 为 ON 时，判别 D10 中第 15 位，若为 1，则 M0 为 ON，反之为 OFF。

☺ X000 变为 OFF 时，M0 状态不变化。

4. 平均值指令

平均值指令 MEAN 是将 S 中指定的 n 个源操作数据的平均值存入目的操作数 D 中，舍去余数。其使用方法如图 5-58 所示。

在图 5-58 中，当 X000 闭合时，进行平均值计算。当 n 超出元件规定地址号范围时，n 值自动减小。当 n 在 1 ~ 64 以外时，会发生错误。

5. 报警器置位复位指令

报警器置位指令 ANS 的源操作数为 T0 ~ T199，目的操作数为 S900 ~ S999，n = 1 ~ 32767（定时器以 100ms 为单位设定）。报警器复位指令 ANR（Annunciator Reset）无操作数。

图 5-58 平均值指令使用说明

【实例 5-22】报警器置位复位指令应用实例，如图 5-59 所示。

图 5-59 报警器置位复位指令使用说明

☺ M8000 的常开触点一直接通，使 M8049 的线圈通电，特殊数据寄存器 D8049 的监视功能有效，D8049 用于存放 S900 ~ S999 中处于活动状态且元件号最小的状态继电器的元件号。

☺ Y000 变为 ON 后，100ms 定时器 T0 开始定时，如果 X000 在 10s 内未动作（n = 100），S900 变为 ON。

☺ X003 为 ON 后，100ms 定时器 T1 开始定时，如果在 20s 内 X004 未动作，S901 将会动作。

☺ 故障复位按钮 X005 和 ANR 指令将用于故障诊断的状态继电器复位。

5.2.6 高速处理指令

高速处理指令可以按最新的 I/O 信息进行程序控制，并能有效利用数据高速处理能力进行中断处理。

1. I/O 刷新指令

I/O 刷新指令 REF（Refresh）可用于对指定的 I/O 口立即刷新。其使用方法如图 5-60 所示。

当 X000 为 ON 时，X010 ~ X017 这 8 点输入（n = 8）被立即刷新。

当 X001 为 ON 时，Y000 ~ Y027 共 24 点输（n = 24）被立即刷新。

图 5-60 I/O 刷新、滤波时间调整指令

2. 刷新和滤波时间常数调整指令

刷新和滤波时间常数调整指令 REFF（Refresh and Filter Adjust，REFF）用于刷新输入口 X000 ~ X017，并指定它们的输入滤波时间常数 n。在图 5-60 中，当 X010 为 ON 时，X000 ~ X017 的输入映像寄存器被刷新，它们的输入滤波时间常数被设定为 1ms（n = 1）。

3. 矩阵输入指令

矩阵输入指令可以将 8 点输入与 n 点输出构成 8 行 n 列的输入矩阵，从输入端快速、批量接收数据。矩阵输入占用由 S 指定的输入号开始的 8 个输入点，并占用由 D1 指定的输出号开始的 n 个晶体管输出点。其使用方法如图 5-61 所示。

图 5-61　矩阵输入指令说明

☺ n = 3，是一个 8 点输入、3 点输出，可以存储 24 点输入的矩阵电路。3 个输出点 Y020 ~ Y022）依次反复顺序接通。

☺ Y020 为 ON 时，读入第 1 行输入的状态，存于 M30 ~ M37 中；Y021 为 ON 时，读入第 2 行输入的状态，存于 M40 ~ M47 中；其余依此类推，如此反复执行。

4. 高速计数器指令

高速计数器指令包括高速计数器比较置位指令 HSCS（Set by High Speed Counter）、高速计数器比较复位指令 HSCR（Reset by High Speed Counter）和高速计数器区间比较指令 HSZ（Zone compare for High Speed Counte），它们均为 32 位指令。其使用方法如图 5-62 所示。

☺ C255 的设定值为 100（S1 = 100），其当前值由 99 变为 100 或由 101 变为 100 时，Y010 立即置 1，不受扫描时间的影响。

☺ C254 的设定值为 200（S1 = 200），其当前值由 199 变为 200 或由 201 变为 200 时，Y020 立即复位。

图 5-62   高速计数器指令说明

☺ C251 的当前值小于 1000 时，Y010 置 1；大于 1000 且小于 1200 时，Y011 置 1；大于 1200 时，Y012 置 1。

5. 脉冲密度速度检测指令

脉冲密度速度检测指令 SPD（Speed Detect）用于检测给定时间内从编码器输入的脉冲个数，并计算出速度。其使用方法如图 5-63 所示。

图 5-63   脉冲密度速度检测指令说明

用 D1 对 X000 输入的脉冲个数计数，100ms 后计数结果送到 D0，D1 中的当前值复位，重新开始对脉冲计数。计数结束后，D2 用来测量剩余时间。如果将旋转编码器接至轴侧，则利用 SPD 指令可以计算出转速 n 为

$$n = \frac{60 \times (D0)}{n_0 t} \times 10^3$$

式中，n 为转速，$(D0)$ 为 D0 中的数；t 为 S2 指定的计数时间（ms）；n_0 为每转的脉冲数。

6. 脉冲输出与脉宽调制指令

脉冲输出指令 PLSY（Pulse Y）用于产生指定数量和频率的脉冲。脉宽调制指令 PWM（Pulse Width Modulation）用于产生指定脉冲宽度和周期的脉冲串。其使用方法如图 5-64 所示。

图 5-64   脉冲输出与脉宽调制指说明

☺ X010 由 ON 变为 OFF 时，M8029 复位，脉冲输出停止。

☺ X010 重新变为 ON 时，重新开始输出脉冲，脉冲频率为 1000，脉冲数为 D0。在发生脉冲期间，若 X010 变为 OFF，Y000 也变为 OFF。

☺ X011 由 ON 变为 OFF 时，脉冲输出停止。

☺ X011 变为 ON 时，Y001 输出脉冲。周期为 50，D10 的值在 0 ~ 50 之间变化时，Y001 输出的脉冲的占空比在 0 ~ 1 之间变化。

7. 可调速脉冲输出指令

可调速脉冲输出指令 PLSR（Pulse R）的源操作数和目的操作数的类型与 PLSY 的指令相同，只能用于晶体管输出型 PLC 的 Y000 或 Y001，该指令只能使用一次。

5.2.7　方便类指令

设置方便类指令是为了利用最简单的顺控程序来实现复杂的控制。该类指令有状态初始化、查找数据线、列表数据排序等 7 种。

1. 状态初始化指令

状态初始化指令 IST（Initial State）与步进梯形 STL 指令一起使用，用于自动设置多种工作方式的控制系统的初始状态，以及设置有关的特殊辅助继电器的状态。

2. 凸轮顺控指令

凸轮顺控指令包含两条指令，即绝对值式凸轮顺控指令和增量式凸轮顺控指令。

绝对值式凸轮顺控指令 ABSD（Absolute Drum）可以产生一组对应于计数值变化的输出波形，用于控制最多 64 个输出变量（Y、M 和 S）的 ON/OFF。其具体应用如图 5-65 所示。

【实例 5-23】 绝对值式凸轮顺控指令应用实例，如图 5-65 所示。

图 5-65　绝对值式凸轮顺控指令应用实例

☺ X000 为凸轮执行条件。

☺ 凸轮平台旋转一周产生每度一个脉冲从 X001 输入。

☺ 有 4 个输出点（n = 4）用 M0 ~ M3 来控制。

☺ 从 D300 开始的 8 个（2n = 8）数据寄存器用于存放 M0 ~ M3 的开通点和关断点的位置值。

增量式凸轮顺控指令 INCD（Increment Drum）根据计数器对位置脉冲的计数值，实现对最多 64 个输出变量的循环顺序控制，使它们依次为 ON，并且同时只有一个输出变量为 ON。它可用于产生一组对应于计数值变化的输出波形。

【实例 5-24】增量式凸轮顺控指令应用实例，如图 5-66 所示。

☺ 4 个输出点（n = 4）用 M0 ~ M3 来控制。

☺ 从 D300 开始的 4 个（n = 4）数据寄存器用于存放使 M0 ~ M3 处于 ON 状态的脉冲个数，可以用 MOV 指令将它们写入 D300 ~ D303。

图 5-66　增量式凸轮顺控指令应用实例

☺ C0 的当前值依次达到 D300 ~ D303 中的设定值时自动复位，然后又开始重新计数，M0 ~ M3 按 C1 的值依次动作。

☺ 由 n 指定的最后一过程完成后，标志位 M8029 置 1，以后又重复上述过程。

3. 定时器指令

定时器指令包括两条指令，即示教定时器指令和特殊定时器指令。

示教定时器指令 TTMR（Teachering Timer）可以通过按钮按下的时间调整定时器的设定值。其具体应用如图 5-67 所示。

【实例 5-25】示教定时器指令应用实例，如图 5-67 所示。

图 5-67　示教定时器指令应用实例

☺ 示教定时器将按钮 X010 按下的时间乘以系数 10^n 后作为定时器的预置值。

☺ 按钮按下的时间由 D301 记录，该时间乘以 10^n 后存入 D300。

☺ X010 为 OFF 时，D301 复位，D300 保持不变。

特殊定时器 STMR（Special Timer）指令用于产生延时断开定时器、单脉冲定时器和闪动定时器。n 用于指定定时器设定值。其具体应用如图 5-68 所示。

【实例 5-26】特殊定时器指令应用实例，如图 5-68 所示。

☺ T10 的设定值为 10s（n = 100）。

☺ 目的操作数 D 中指定起始号为 M0 的 4 个器件作为特殊定时器。

☺ M0 是延时断开定时器，M1 是 X000 由 ON→OFF 后的单脉冲定时器，产生的脉宽为 10s。

☺ M2 是 X000 由 OFF→ON 后的单脉冲定时器，产生的脉宽也为 10s。

☺ M3 为滞后输入信号 10s 向相反方向变化的脉冲定时器。

☺ M2 和 M3 是为闪动而设的。

图 5-68　特殊定时器指令应用实例

4. 交替输出指令

交替输出指令 ALT（Alternate）在每次执行条件由 OFF 变为 ON 时，目的操作数 D 中的输出元件状态向相反方向变化。

5. 斜坡信号输出指令

斜坡信号输出指令 RAMP 可以产生不同斜率的斜坡信号。

6. 旋转工作台控制指令

旋转工作台控制指令 ROTC 可以使工作台上指定位置的工件以最短的路径转到出口位置。

7. 数据排序指令

数据排序指令 SORT 将数据编号，按指定的内容重新排列。该指令只能用一次。

5.2.8　外围设备 I/O 应用指令

外围设备 I/O 应用指令具有与上述方便类指令近似的性质，通过最小量的程序及外部接线实现从外部设备接收数据或输出控制外部设备，可以简单地进行复杂的控制。

1. 十键输入指令

十键输入指令 TKY（Ten Key）是用 10 个按键输入十进制数的应用指令。

【实例 5-27】十键输入指令应用实例。

图 5-69 所示为十键输入梯形图程序，以及与本梯形图配合的输入按键与 PLC 的连接情况，其功能为由接在 X000~X011 端口上的 10 个按键输入 4 位十进制数据，存入数据寄存器 D0 中。

按键输入的动作时序如图 5-70 所示。

图 5-69　十键输入指令应用实例

图 5-70　按键动作时序

若按键的顺序为①、②、③、④时，则 D0 中存储的数据为用二进制码表示的十进制数 2130。若输入的数据大于 9999，则高位溢出并丢失。

图 5-70 中给出了与 X000～X011 一一对应的辅助继电器 M10～M19，以及辅助继电器 M20 的动作情况，具体过程如下所述。

☺ 当 X002 按下后，M12 置 1 并保持至 X001 被按下；X001 被按下后，M11 置 1 并保持到 M003 被按下。

☺ X003 被按下后，M13 置 1 并保持到 X000 被按下；X000 被按下后，M10 置 1 并保持到下一键被按下。

☺ M20 为键输入脉冲，可用于记录键按下的次数。当有两个或更多的键按下时，先按下的键有效。

☺ X030 变为 OFF 时，D0 中的数据保持不变，但 M10～M19 全部变为 OFF。

2. 十六键输入指令

十六键输入指令 HKY（Hexa Decimal Key）是使用 16 键键盘输入数字及功能信号的应用指令。

3. 数字开关指令

数字开关指令 DSW（Digital Switch）是输入 BCD 码开关数据的专用指令，用于读入 1 组或 2 组 4 位数字开关的设置值。其具体应用如图 5-71 所示。

【实例 5-28】数字开关指令应用实例。

图 5-71 所示为数字开关梯形图程序与本梯形图配合的数字开关与 PLC 的连接情况。其时序图如图 5-72 所示，具体动作过程如下所述。

图 5-71　数字开关指令应用实例

图 5-72　时序图

☺ 每组开关由 4 个 BCD 拨码数字开关组成，第 1 组 BCD 数字开关接到 X010 ~ X013，由 Y010 ~ Y013 顺次选通读入，数据以 BIN 码形式存储在 D0 中。

☺ 若 n = K2，则表示有两组 BCD 码数字开关，第 2 组数字开关接到 X014 ~ X017 上，由 Y010 ~ Y013 顺次选通读入，数据以 BIN 码存储在 D1 中。

☺ X000 为 ON 时，Y010 ~ Y013 依次为 ON，一个周期完成后标志位 M8029 置 1。

☺ DSW 在操作中被中止后，若再重新开始工作，是从头开始的而不是从中止处开始的。

☺ 在一个程序中，此指令只能使用两次。

4. 七段码译码指令

七段码译码指令 SEGD（Seven Segment Decoder）是驱动七段显示器的指令，可以显示 1 位十六进制数据。

5. 带锁存七段码显示指令

带锁存七段码显示指令 SEGL（Seven Segment with Latch）是驱动 4 位组成的 1 组或 2 组带锁存七段码显示器的指令。

【实例 5-29】七段码译码指令应用实例。

图 5-73 所示为带锁存七段码显示梯形图程序示例，以及带锁存七段码显示器与 PLC 的连接情况。

图 5-73　七段码译码指令应用实例

☺ 4 位 1 组带锁存七段码显示，D0 中按 BCD 换算的各位向 Y000 ～ Y003 顺序输出，选通信号脉冲 Y004 ～ Y007 依次锁存带锁存的七段码。

☺ 4 位 2 组带锁存七段码显示，D0 中按 BCD 换算的各位向 Y000 ～ Y003 顺序输出，D1 中按 BCD 换算的各位向 Y010 ～ Y013 顺序输出，选通信号脉冲 Y004 ～ Y007 依次锁存 2 组带锁存的七段码。

6. 方向开关指令

方向开关指令 ARWS（Arrow Switch）用于方向开关的输入和显示。

【实例 5-30】方向开关指令应用实例。

图 5-74 所示为方向开关梯形图程序，以及与本梯形图配合的带锁存七段码显示器与 PLC 的连接和箭头开关确定的情况。每位的选通输出上并联一个指示灯，用于指示当前被选中的位。

图 5-74　方向开关指令应用实例

☺ 驱动输入 X000 置为 ON 时，位指定为 10^3 位，每次按退位输入时，位指定按 $10^3 \to 10^2 \to 10^1 \to 10^0 \to 10^3$ 变化。

☺ 每次按进位输入时，位指定按 $10^3 \to 10^0 \to 10^1 \to 10^2 \to 10^3$ 变化。

☺ 对于被指定的位，每次按增加输入时，D0 的内容按 $0 \to 1 \to \cdots\cdots \to 8 \to 9 \to 0$ 变化。

☺ 每次按减少输入时，D0 的内容按 $0 \to 9 \to 8 \to \cdots\cdots \to 1 \to 0 \to 9$ 变化，其内容用带锁存的七段码显示器显示。

7. ASCII 码转换与打印指令

ASCII 码转换指令 ASC（ASCII Code）是将 8 个以下字母的 ASCII 码转换存储的指令。打印指令 PR 功能是将原操作数中的 ASCII 码输出到目的操作数中。PR 指令在程序中只能使用一次，且必须用于晶体管输出型 PLC。

8. BFM 读出与写入指令

BFM 读出指令 FROM 是将特殊单元缓冲存储器 BFM 的内容读出到 PLC 的指令，BFM 写入指令 TO 是由 PLC 向特殊单元缓冲存储器 BFM 写入数据的指令。

5.3 其他应用指令

【**外围设备 SER 应用指令**】 主要是对连接串联接口的特殊附件进行控制的指令。此外，PID 运算指令也包括在该类指令中。

【**串行通信传送指令**】 串行通信传送指令 RS（RS-232C）为使用 RS-232C、RS-485 功能扩展板及特殊适配器进行发送接收串行数据的指令。

【**八进制位传送指令**】 八进制位传送指令 PRUN（Parallel Running）是根据位指定的信号源与目的元件号，以八进制数处理传送数据。

【**ASCII 与 HEX 变换指令**】 包括 HEX→ASCII 变换与 ASCII→HEX 变换两条指令。HEX→ASCII 变换指令（ASCI）将源操作数 S 中的 HEX 数据的各位转换成 ASCII 码向目的操作数 D 传送。

【**电位器读出指令**】 电位器读出指令 VRRD（Volume Read）将源操作数指定的模拟电位器的模拟值转换为 8 位 BIN 数据传送到目的操作数中。

【**PID 运算指令**】 用于闭环模拟量控制。在使用它之前，应该使用 MOV 指令设定有关参数。

【**PLC 浮点运算应用指令**】 能实现浮点数的转换、比较、四则运算、开方运算、三角函数等功能，浮点运算应用指令大都为 32 位指令。

【**二进制浮点比较指令**】 二进制浮点比较 ECMP 指令比较源操作数 S1 与源操作数 S2 内的 32 位二进制浮点数，根据比较结果，对应输出驱动目的操作数 D 指定软元件开始的连续 3 个位软元件的状态，

【**二进制浮点数与十进制浮点数转换指令**】 二进制浮点数转换为十进制浮点数 EBCD 指令将源操作数 S 指定元件内的二进制浮点数值转换为十进制浮点数值，并将其存入目的操作数 D 指定的元件内。

【**二进制浮点数四则运算指令**】 二进制浮点数加 EADD 指令将两个源操作数 S1 和 S2 内的二进制浮点值四则运算后，作为二进制浮点值存入目的操作数 D 中。同样，ESUB 为二进制减法指令，EMUL 为二进制乘法指令，EDIV 为二进制除法指令。

【**二进制浮点数开方指令与整数变换指令**】 二进制浮点数开方运算 ESQR 指令将源操作数 S 指定元件内的二进制浮点值进行开平方运算，运算结果作为二进制浮点值存入目的操作数 D 中。整数变换指令 INT 是将 S 指定元件内的二进制浮点值转换为二进制整数存入目的操作数 D 中。

【**二进制浮点数三角函数运算指令**】 包括浮点 SIN 运算、浮点 COS 运算及浮点 TAN 运算指令，其功能分别是求源操作数 S 指定的角度（弧度值）的正弦值、余弦值及正切值，并传送到目的操作数 D 中。

【**上下字节变换指令**】 上下字节变换 SWAP 指令实现源操作数 S 上下字节交换。16 位指令将源操作数 S 低 8 位与高 8 位交换；32 位指令时，分别将高、低 16 位中的 8 位字节交换。

【**时钟运算应用指令**】 是对时钟数据进行运算和比较的指令，另外还能对 PLC 内置实时时钟进行时间校准和时钟数据格式化操作。

【**时钟数据比较指令与区间比较指令**】 时钟数据比较 TCMP 指令将源操作数 S1、S2、S3

构成的时间与源操作数 S 起始的 3 点时间数据相比较，根据大、小、一致输出驱动目的操作数 D 起始的 3 点 ON/OFF 状态。区间比较指令 TZCP 将源操作数 S1 与 S2、S3 构成的时间区间数据相比较，根据大、小、一致输出驱动目的操作数 D 起始的 3 点 ON/OFF 状态。

【时钟数据加法指令与减法指令】时钟数据加法 TADD 指令将保存于源操作数 S1 起始的 3 点内的时钟数据同 S2 起始的 3 点内的时钟数据相加，并将其结果保存于以目的操作数 D 起始的 3 点元件内。时钟数据减法 TSUB 指令将保存于源操作数 S1 起始的 3 点内的时钟数据同 S2 起始的 3 点内的时钟数据相减，并将其结果保存于以目的操作数 D 起始的 3 点元件内。

【时钟数据读取与写入指令】时钟数据读取 TRD 指令将 PLC 实时时钟的时钟数据按年（公历）、月、日、时、分、秒、星期顺序读入目的操作数 D 起始的 7 点数据寄存器中，读取源为保存时钟数据的特殊数据寄存器 D8019～D8013。时钟数据写入指令 TWR 的操作与其相反。

【格雷码变换应用指令】包括格雷码转换与格雷码逆转换指令。格雷码转换 GRY 指令将源操作数 S 指定的二进制 BIN 数据转换为格雷码，传送到目的操作数 D 中。格雷码逆转换 GBIN 指令将源操作数 S 指定的格雷码转换为二进制 BIN 数据，传送到目的操作数 D 中。

【触点比较应用指令】包括触点比较取指令、与指令及或指令。

5.4　功能指令应用实例

功能指令属于 PLC 编程的高级功能部分，初学者普遍反映学习这部分内容较为困难。下面结合一些实例讲解部分功能指令的使用方法。

5.4.1　实例：应用转移指令对分支程序 A 和 B 进行控制

【控制要求】A 程序段为每 2s 一次闪光输出，而 B 程序段为每 4s 一次闪光输出。要求按钮 X1 导通时执行 A 程序段，否则执行 B 程序段。

【程序设计】根据控制要求定义 PLC I/O 信号编址表，见表 5-3。

参考程序梯形图如图 5-75 所示。

表 5-3　应用转移指令对分支程序 A 和 B 进行控制的 PLC I/O 编址表

输入编址		输出编址	
X1	输入控制信号	Y6	输出信号 1
		Y7	输出信号 2

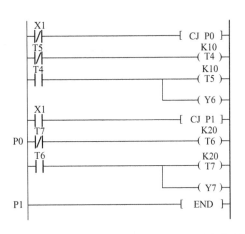

图 5-75　应用转移指令对分支程序 A 和 B 进行控制程序

【程序分析】当 X1 接通时，程序直接跳到 END 处，再从头开始执行，定时器 T4、T5 被扫描，Y6 的波形为周期 2s、占空比 50% 的方波；此时定时器 T6、T7 未被扫描，保持以前的状态。

当 X1 断开时，程序直接跳到语句标号 P0 处，定时器 T6、T7 被扫描，Y7 的波形为周期 4s、占空比 50% 的方波；此时定时器 T4、T5 未被扫描，保持以前的状态。

5.4.2　实例：分频器控制程序

【控制要求】利用一个外控按钮控制一分频电路，使其指示灯 Y0 按照亮 1s、灭 3s 的规律循环指示，并可监控灯灭的时间。

【程序设计】根据控制要求编制 PLC I/O 编址表，见表 5-4 所示。参考程序梯形图如图 5-76 所示。

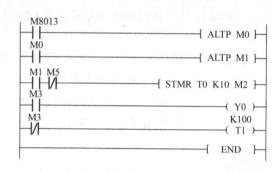

表 5-4　分频器控制程序编程 PLC I/O 编址表

输入编址		输出编址	
X0	分频电路起/停信号	Y0	信号灯控制信号

具体分析由读者自行完成。

图 5-76　分频器控制程序

5.4.3　实例：十键输入指令编程

【控制要求】数据 0～9 通过按键输入，通过输出进行二进制数显示；监控数据单元可知当前输入的十进制数；通过不同的按键可输入多个不同的十进制数。

【程序设计】根据控制要求编制 I/O 编址表，见表 5-5。

表 5-5　十键输入指令编程 I/O 编址表

输入编址		输出编址	
X0 ~ X11	数据输入按键（0～9）	Y0 ~ Y17	二进制显示数据
X12	将输入数据传送至 D3	Y20	显示按键输入确认
X13	将输入数据传送至 D1		
X14	将输入数据传送至 D2		

十键输入指令编程实验程序（三菱 FX 系列）如图 5-77 所示。

图 5-77　十键输入指令编程实验程序（三菱 FX 系列）

【程序分析】

☺ 驱动输入 X12 = ON 时，起动 TKY 指令。

☺ 按照输入数据的要求按 X0 ~ X11（对应 0 ~ 9）相应的按键。

☺ 通过 X13 或 X14 存储输入数据至指定的数据单元 D1 或 D2 中。

☺ M10 为 X0 ~ X11 按键输入确认信号，通过 Y20 显示。

5.4.4　实例：BCD 码显示指令编程

【控制要求】应用 BCD 码显示指令编制高速计数器当前计数值的显示程序（采用定时中断方式 I6△△编程），要求 A - B 相脉冲从 X 输入端输入，数据寄存器存储高速计数器当前值，Y 输出供数码管显示。

【程序设计】根据控制要求编制 I/O 编址表，见表 5-6。参考程序如图 5-78 所示。

表 5-6　应用 BCD 码显示指令显示编程 I/O 编址表

输入编址		输出编址	
X0	A 相脉冲 （旋转编码器）	Y0 ~ Y3	BCD 码数据输出
X1	B 相脉冲 （旋转编码器）	Y4 ~ Y7	七段码锁存 器选通信号
X10	允许 SECL 指令执行		

图 5-78　应用 BCD 码显示指令显示编程实验程序

【程序分析】从 X0、X1 输入 A - B 相脉冲（可利用旋转编码器产生，也可手动输入）；C252 为 32 位 A - B 相高速计数器，当 A 相计数脉冲信号处于高电平时，若 B 相信号出现上升沿（或下降沿），则计数器 C252 进行加计数（或减计数）；仔细观察数码管显示数据，或者监控 D220 的值，分析其变化规律。数码管的接线可参见相关资料。

5.4.5　实例：应用高速计数器控制变频电动机

【控制要求】某车间一零部件运送小车由变频电动机拖动，其速度可调；小车轨道左右两端分别安装有行车限位开关，小车到达限位位置时，必须立即停车。小车行走过程中，可根据生产工位需要由操作人员停车和再起动；小车左行时，白色指示灯点亮。小车行走机构带有一个旋转编码器（A - B 相），其行走距离可根据旋转编码器发出的脉冲数进行计算（以左限位为计算起点）。当小车行走的区间对应的计数值小于 400 时，使绿色信号灯点亮，指示左段低速区；当 500 ≤ 计数值 ≤ 1000 时，使红色信号灯按 2s 周期闪光，指示中段高速区；当计数值大于 1000 时，使黄色信号灯点亮，指示右段低速区。这些信号灯用于提示操作人员注意小车的行走安全。小车的停车制动由连接到电动机进线端子上的制动器自动完成，小车起动升速斜率通过对变频器参数的整定来实现。

【程序设计】根据控制要求编制 I/O 编址表，见表 5-7。

表 5-7　应用高速计数器指令编程控制某行走机构显示 I/O 地址表

输　入　信　号		输　出　信　号	
X0	A 相计数脉冲	Y0	左段低速区绿色信号灯 HL0
X1	B 相计数脉冲	Y1	中段高速区红色信号灯 HL1
X10	变频电动机电源起/停控制按钮	Y2	右段低速区黄色信号灯 HL2
X11	输出信号人工复位按钮	Y3	左行白色指示灯 HL3
X12	高速计数器复位按钮	Y4	右行蓝色指示灯 HL4
X13	小车右行起动按钮	Y5	变频电动机电源
X14	小车左行起动按钮	Y6	变频电动机高速给定
X15	小车停车按钮	Y7	变频电动机低速给定
X16	小车行走右限位	Y10	小车右行控制
X17	小车行走左限位	Y11	小车左行控制

参考程序如图 5-79 所示。

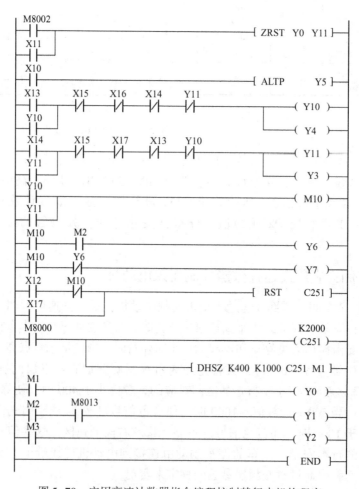

图 5-79　应用高速计数器指令编程控制某行走机构程序

【程序分析】

☺ 点动 X10 接通变频电动机的电源（Y5 = ON），接通 X12 使高速计数器处于复位状态，点动 X14 使小车左行到左极限点停止。

☺ 点动 X13 发出小车右行走命令；此时，人工顺时针转动旋转编码器的传动轴（模拟行车），观察小车行车方向指示灯的指示是否与行走方向一致；观察小车行车速度区间指示灯的指示是否与计数器 C251 的计数值的区段划分一致。

☺ 接通行车限位开关，观察小车的运行状态和相关指示灯的变化。

5.4.6　实例：数据传送程序

【控制要求】采用两个外控按钮分别控制块传送和多点传送指令的执行，通过 PLC 的输出位元件来表示数据并显示传送指令执行后的结果。由一个外控按钮控制以外输入的方式输入两个 2 位十进制数，并通过移位传送指令的执行构成一个 4 位十进制新数。

【程序设计】根据控制要求编制 I/O 编址表，见表 5-8。参考程序梯形图如图 5-80 所示。

表 5-8　应用数据传送指令编程的 PLC I/O 编址表

输　入　编　址		输　出　编　址	
X3	块传送指令控制信号	Y0 ~ Y3	第 1 组输出信号
X5	多点传送指令控制信号	Y4 ~ Y7	第 2 组输出信号
X7	移位传送指令控制信号	Y10 ~ Y13	第 3 组输出信号
X10 ~ X27	数据输入		

图 5-80　应用数据传送指令编程（块传送、多点传送、移位传送）

【程序分析】

☺ 数据块传送，执行结果：X3 = ON，Y0 = ON，Y5 = ON，Y12 = ON。

☺ 多点传送：X5 = ON，FX 系列将 D5 ~ D7 清零。

☺ 移位传送组成新数（FX 系列）：从 X10 ~ X17 输入十进制数 12，从 X20 ~ X27 输入十进制数 56，然后使 X7 = ON，则组成的新数（D2）=5612。

5.4.7　实例：应用子程序调用指令编程

【控制要求】利用子程序调用指令对不同闪光频率的闪光程序进行调用，改变其子程序的调用方式和修改子程序中定时器的参数，观察程序运行的结果，解释其现象，总结其运行规律。

【程序设计】根据控制要求定义 PLC I/O 地址表，见表 5-9。参考程序梯形图如图 5-81 所示。

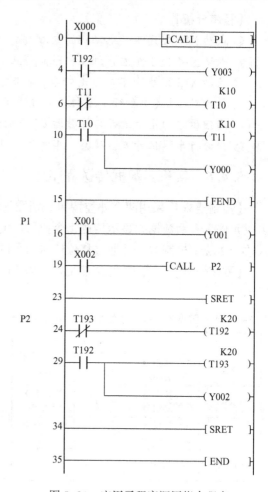

图 5-81　应用子程序调用指令程序

表 5-9　应用子程序调用指令编程的 PLC I/O 地址表

输 入 地 址		输 出 地 址	
X0	输入控制信号 1	Y0	输出信号 1
X1	输入控制信号 2	Y1	输出信号 2
X2	输入控制信号 3	Y2	输出信号 3
		Y3	输出信号 4

【程序分析】不调用子程序时，X0 = OFF，X1 = OFF，X2 = OFF，则 Y0 按 1s 闪光，Y1 = OFF，Y2 = OFF，Y5 = OFF，Y6 = OFF。

先使 X1 = ON，X2 = OFF，并点动 X0 = ON（第 1 次调用子程序 P1），则 Y0 仍按 1s 闪光，Y1 = ON；再使 X1 = OFF，再观察 Y1 的状态，Y1 仍为 ON；再点动 X0 = ON，则 Y0 仍按 1s 闪光，而 Y1 = OFF。

先使 X2 = ON，然后使 X0 = ON，则输出 Y0 按 1s 闪光，Y2 按 2s 闪光。

三菱 FX 系列中，将 "CALLP1" 指令改为 "CALL（P）P1" 指令，然后使 X2 = ON，反复点动 X0 = ON，观察 Y2 状态的变化，并注意定时器 T192（或 T193）的定时与 X0 = ON 的关系。

【三菱 FX 系列子程序运行规律】子程序被调用后，线圈的状态将被锁存，一直到下一次调用时才能改变。

定时器 T192 一旦定时起动，即使 X0 = OFF 仍然继续定时，直到设定值为止，但其触点接通对子程序外的梯形图立即起控制作用，对本子程序内的梯形图只有再次被调用时才能起控制作用。

思考与练习

（1）什么是应用指令？有何作用？

（2）什么是位软元件？什么是字软元件？有什么区别？

（3）32 位数据寄存器如何组成？

（4）什么是变址寄存器？有什么作用？试举例说明。

（5）指针为何种类型软元件？有什么作用？试举例说明。

（6）位软元件如何组成字软元件？试举例说明。

（7）应用指令有哪些使用要素？叙述它们的使用意义？

（8）三个电动机相隔 5s 起动，各运行 10s 停止，循环往复。使用传送比较指令完成此控制要求。

（9）试用比较指令设计一个密码锁控制电路。密码锁为 4 键，若按 H65，2s 后开照明（Y0 驱动）；按 H87，3s 后开空调（Y1 驱动）。

（10）用传送与比较指令设计简易 4 层升降机的自动控制。要求如下所述。

☺ 只有在升降机停止时，才能呼叫升降机；

☺ 只能接受一层呼叫信号，先按者优先，后按者无效；

☺ 上升、下降或停止自动判别。

第6章　三菱 FX 系列 PLC 特殊功能模块

在现代工程控制项目中，仅用 PLC 的 I/O 模块并不能够完全解决问题，因此 PLC 的生产厂商开发了许多的特殊功能模，如模拟量输入模块、模拟量输出模块、高速计数模块、可编程凸轮控制器模块、通信模块等。利用这些模块可以与 PLC 主机单元共同构成控制系统，使 PLC 的功能越来越强，应用范围越来越广。本章就三菱公司 FX 系列 PLC 某些特殊功能模块的主要性能、电路连接，以及编程应用方法做一简要的说明。

 ## 6.1　模拟量 I/O 特殊模块

由于 PLC 本质上仍然是一种工业控制计算机，只能够处理数字量信息，因此无法直接处理像温度等连续变化的模拟量信息，因此必须通过外设硬件进行处理，将模拟量转换成数字量，然后送入 PLC 进行处理；同样，需要输出模拟量信号时，也必须借助外设进行转换。下面介绍常用的 A/D 模块和 D/A 模块。

6.1.1　FX2N–4AD 输入模块

1. FX2N–4AD 概述

FX2N–4AD 模拟输入模块为 4 通道 12 位 A/D 转换模块。其技术指标见表 6–1。

表 6–1　FX2N–4AD 的技术指标

	电 压 输 入	电 流 输 入
	4 通道模拟量输入，通过输入端子变换可选电压或电流输入	
模拟量输入范围	−10 ~ +10VDC（输入电阻 200kΩ）绝对最大输入 ±15V	−20 ~ +20mADC（输入电阻 250Ω）绝对最大输入 ±32mA
数字量输出范围	带符号位的 16 位二进制（有效数值 11 位），数值范围为 −2048 ~ +2047	
分辨率	5mV（10V × 1/2000）	20 μA（20mA × 1/1000）
综合精度	±1%（在 −10 ~ +10V 范围）	±1%（在 −20 ~ +20mA 范围）
转换速度	每通道 15ms（高速转换方式时为每通道 6ms）	
隔离方式	模拟量与数字量间用光隔离，从基本单元来的电源经 DC/DC 转换器隔离，各输入端子间不隔离	
模拟量用电源	24V ±10%，55mA DC	
I/O 占有点数	程序上为 8 点（作输入或输出点计算），由 PLC 供电的消耗功率为 5V × 30mA	

2. FX2N–4AD 接线

FX2N–4AD 接线图如图 6–1 所示。

图 6-1　FX2N-4AD 接线图

☺ FX2N-4AD 通过双绞屏蔽电缆来连接。电缆应远离电源线或其他可能产生电气干扰的电线。

☺ 如果输入有电压波动或在外部接线中有电气干扰，可以接一个平滑电容器（0.1 ~ 0.47μF/25V）。

☺ 如果使用电流输入方式，必须连接 V+ 和 I+ 端子。

☺ 如果存在过多的电气干扰，需将电缆屏蔽层与 FG 端连接，并连接到 FX2N-4AD 的接地端。

☺ 连接 FX2N-4AD 的接地端与主单元的接地端。建议在主单元使用 3 级接地。

3. 缓冲寄存器及设置

FX2N-4AD 共有 32 个缓冲存储器（BFM），每个 BFM 均为 16 位，BFM 的分配表见表 6-2。

表 6-2　FX2N-4AD 模块 BFM 分配表

BFM	内　　容	
*#0	通道初始化，默认值 = H0000	
*#1	通道 1	平均值采样次数（1 ~ 4096），用于得到平均结果，默认值为 8（正常速度，高速操作可选择 1）
*#2	通道 2	
*#3	通道 3	
*#4	通道 4	
#5	通道 1	这些缓冲区为输入的平均值
#6	通道 2	
#7	通道 3	
#8	通道 4	

续表

BFM	内　　容	
#9	通道 1	这些缓冲区为输入的当前值
#10	通道 2	
#11	通道 3	
#12	通道 4	
#13 ～ #14	保留	
#15	选择 A/D 转换速度，参见注释	如设为 0，则选择正常速度，15ms/通道（默认）
		如设为 1，则选择高速，6ms/通道
#16 ～ #19	保留	
* #20	复位到默认值和预设。默认值 = 0	
* #21	调整增益、偏移选择。(b1，b0) 为 (0、1) 允许，(1、0) 禁止	
* #22	增益、偏移调整　G4 O4 G3 O3 G2 O2 G1 O1	
* #23	偏移值，默认值 = 0	
* #24	增益值，默认值 = 5000（mV）	
#25 ～ #19	保留	
#29	错误状态	
#30	识别码 K2010	
#31	禁用	

【说明】

☺ 带 * 号的缓冲存储器（BFM）可以使用 TO 指令由 PLC 写入。不带 * 号的缓冲存储器的数据可以使用 FROM 指令读入 PLC。

☺ 在从模拟特殊功能模块读出数据前，确保这些设置已经送入模拟特殊功能模块中，否则，将使用模块中以前保存的数值。BFM 提供了利用软件调整偏移和增益的手段。

☺ 偏移（截距）：当数字输出为 0 时的模拟输入值。

☺ 增益（斜率）：当数字输出为 +1000 时的模拟输入值。

【实例 6-1】 FX2N-4AD 基本程序。

要求：FX2N-4AD 模块连接在特殊功能模块的 0 号位置，通道 CH1 和 CH2 用做电压输入。平均采样次数设为 4，并且用 PLC 的数据寄存器 D0 和 D1 接收输入的数字值。其基本程序如图 6-2 所示。

图 6-2　FX2N-4AD 基本设定

PLC 上电运行后，辅助继电器 M8002 动作，将 FX2N-4AD 模块信息读入数据寄存器 D4。辅助继电器 M1 闭合后，将系统工作需要的信息写入模块。

6.1.2　FX2N – 4AD – PT 温度输入模块

1. FX2N – 4AD – PT 概述

FX2N – 4AD – PT 为 4 通道温度输入模块。其技术指标见表6-3。

表 6-3　FX2N – 4AD – PT 的技术指标

项　　目	指　　标
模拟量输入信号	Pt100 传感器（100W），3 线，4 通道
传感器电流	Pt100 传感器 100 W 时 1mA
补偿范围	– 100 ~ + 600℃ 或 – 148 ~ + 1112 ℉
数字输出	– 1000 ~ + 6000 或 – 1480 ~ + 11120
	12 位转换（11 个数据位 + 1 个符号位）
最小分辨率	0.2 ~ 0.3℃ 或 0.36 ~ 0.54 ℉
整体精度	满量程的 ±1%
转换速度	15ms
电源	主单元提供 5 V/30mA 直流，外部提供 24 V/50mA 直流
占用 I/O 点数	占用 8 个点，可分配为输入或输出
适用 PLC	FX1N，FX2N，FX2NC

2. FX2N – 4AD – PT 接线方式

FX2N – 4AD – PT 的接线如图 6-3 所示。

图 6-3　接线图

FX2N – 4AD – PT 应使用 Pt100 传感器的电缆或双绞屏蔽电缆作为模拟输入电缆，并且与电源线或其他可能产生电气干扰的电线隔离开。

可以采用压降补偿的方式来提高传感器的精度。如果存在电气干扰，应将电缆屏蔽层与外壳地线端子（FG）连接到 FX2N‐4AD‐PT 的接地端和主单元的接地端。建议在主单元使用 3 级接地。

FX2N‐4AD‐PT 可以使用 PLC 的外部或内部的 24V 电源。

3. 缓冲寄存器设置

FX2N‐4AD‐PT 的 BFM 分配表见表 6‐4。

表 6‐4　FX2N‐4AD‐PT 的 BFM 分配表

BFM	内　　容
＊#1 ~ #4	CH1 ~ CH4 的平均温度值的采样次数（1 ~ 4096），默认值 = 8
＊#5 ~ #8	CH1 ~ CH4 的平均温度（以 0.1℃ 为单位）
＊#9 ~ #12	CH1 ~ CH4 的当前温度（以 0.1℃ 为单位）
＊#13 ~ #16	CH1 ~ CH4 的平均温度（以 0.1℉ 为单位）
＊#17 ~ #20	CH1 ~ CH4 的当前温度（以 0.1℉ 为单位）
＊#21 ~ #27	保留
＊#28	数字范围错误锁存
#29	错误状态
#30	识别号 K2040
#31	保留

☺ 平均温度的采样次数被分配给 BFM#1 ~ #4。只有 1 ~ 4096 的范围是有效的，溢出的值将被忽略，默认值为 8。

☺ 最近转换的一些可读值被平均后，给出一个平均后的可读值。平均数据保存在 BFM 的#5 ~ #8 和#13 ~ #16 中。

☺ BFM#9 ~ #12 和#17 ~ #20 保存输入数据的当前值。这个数值以 0.1℃ 或 0.1℉ 为单位，但可用的分辨率为 0.2℃ ~ 0.3℃ 或 0.36℉ ~ 0.54℉。

【实例 6‐2】FX2N‐4AD‐PT 设置实例程序。

要求：FX2N‐4AD‐PT 模块占用特殊模块 0 的位置（即紧靠 PLC），平均采样次数是 4，输入通道 CH1 ~ CH4 以℃表示的平均温度值分别保存在数据寄存器 D10 ~ D13 中。其程序如图 6‐4 所示。

图 6‐4　FX2N‐4AD‐PT 设置实例程序

PLC上电运行后，辅助继电器M8002动作，将FX2N-4AD-PT模块信息读入数据寄存器D0。辅助继电器M8000闭合，用于校验错误信息。辅助继电器M1闭合后，将系统工作需要的信息写入模块。

6.1.3 FX2N-2DA输出模块

1. FX2N-2DA技术指标

FX2N-2D输出模块的技术指标见表6-5。

表6-5 FX2N-2DA输出模块的技术指标

项 目	输 出 电 压	输 出 电 流
模拟量输出范围	0~10V直流，0~5V直流	4~20mA
数字输入	12位	
分辨率	5mV（10V×1/2000）	20μA（20mA×1/1000）
总体精度	满量程1%	
转换速度	4ms/通道	
电源规格	主单元提供5V/30mA和24V/85mA	
占用I/O点数	占用8个I/O点，可分配为输入或输出	
适用的PLC	FX1N，FX2N，FX2NC	

2. FX2N-2DA接线方式

FX2N-2DA接线方式如图6-5所示。

图6-5 FX2N-2DA接线图

☺当电压输出存在波动或有大量噪声时，在图6-5中位置1处连接0.1~0.47mF/25V DC的电容。

☺对于电压输出，必须将IOUT和COM短路。

3. 缓冲寄存器设置

FX2N-2DA的BFM分配表见表6-6。

表 6-6　FX2N-2DA 的 BFM 分配表

BFM 编号	b15～b8	b7～b3	b2	b1	b0
#0～#15	保留				
#16	保留		输出数据的当前值（8 位数据）		
#17	保留	D/A 低 8 位数据保持	通道 1 的 D/A 转换开始		通道 2 的 D/A 转换开始
#18 或更大	保留				

【实例 6-3】 FX2N-2DA 应用举例。

要求：若 FX2N-2DA 输出模块接在 2 号模块位置，CH1 设定为电压输出，CH2 设定为电流输出，并要求当 PLC 从 RUN 转为 STOP 状态后，最后的输出值保持不变，试编写程序。根据题目要求编写程序，如图 6-6 所示。

图 6-6　FX2N-2DA 应用举例

FX2N-4DA 性能与 FX2N-2DA 的相同，唯一不同之处在于输出通道变成了 4 通道。

【实例 6-4】 FX2N-4DA 应用举例。

要求：FX2N-4DA 模拟量输出模块编号为 1 号。现要将 FX2N-48MR 中数据寄存器 D10、D11、D12、D13 中的数据通过 FX2N-4DA 的 4 个通道输出出去，并要求 CH1、CH2 设定为电压输出（-10～+10V），CH3、CH4 通道设定为电流输出（0～+20mA），并且 FX2N-48MR 从 RUN 转为 STOP 状态后，CH1、CH2 输出值保持不变，CH3、CH4 的输出值回零。试编写实现这一要求的 PLC 程序根据题目要求得到梯形图，如图 6-7 所示。

其中，为通道 CH1、CH2 传送数据的寄存器 D10、D11 的取值范围是 -2000～+2000；为通道 CH3、CH4 传送数据的寄存器 D12、D13 的取值范围是 0～+1000。

图 6-7 FX2N-4DA 应用举例

6.1.4 设定增益和偏移量

在使用 D/A 和 A/D 转换模块时，一般采用系统默认设定值。当设定值无法满足需要时，才进行增益和偏移量的设定。

1. 增益设定

增益是指 D/A 和 A/D 转换时，模拟量与数字量之间的对应关系。增益值的大小决定了校准线的斜率，由数字值 1000 标志，如图 6-8 所示。

☺ 小增益（a）：1000 对应的模拟值小；

☺ 零增益（b）：默认 5V 或 20mA；

☺ 大增益（c）：1000 对应的模拟值大。

2. 偏移量设定

偏移是指模拟量值为 0 时，所对应的数字量的情况，如图 6-9 所示。

图 6-8 增益示意图

图 6-9 偏移示意图

偏移是校正线的"位置"，由数字值 0 标志。

☺ 负偏移（d）：数字值为 0 时模拟值为负；

☺ 零偏移（e）：数字值等于 0 时模拟值等于 0；

☺ 正偏移（f）：数字值为 0 时模拟值为正。

偏移和增益可以单独设置，也可以一起设置。合理的偏移范围是 -5 ～ +5V 或 -20 ～

+20mA，而合理的增益值是 1～15V 或 4～32mA。增益和偏移都可以用 PLC 的程序调整。其调整方法如图 6-10 所示。

调整增益/偏移时，应该将增益/偏移 BFM#21 的位 b1、b0 设置为 0、1，以允许调整。一旦调整完毕，BFM#21 的位 b1、b0 应该设为 1、0，从而禁止调整。

图 6-10　偏移量调整程序

6.2　高速计数模块

PLC 梯形图中的计数器的最高工作频率受到扫描周期的限制，一般仅有数十赫兹。在工业控制中，有时需要 PLC 具有快速计数功能。高速计数模块可以对数十 kHz 甚至上百 kHz 的脉冲进行计数，它们大多有一个或多个开关量输出点，计数器的当前值等于或大于预设值时，可以通过中断程序及时地改变开关量输出的状态。这一过程与 PLC 扫描过程无关，以保证负载被及时驱动。下面以 FX2N-1HC 为例进行介绍。

1. FX2N-1HC 的技术指标

FX2N-1HC 的技术指标见表 6-7。

表 6-7　FX2N-1HC 高速计数器模块技术指标

项　　目	描　　述
信号等级	5V、12V 和 24V，依赖于连接端子。线驱动器输出型连接到 5V 端子上
频率	单相单输入：不超过 50kHz 单相双输入：每个不超过 50kHz 双相双输入：不超过 50kHz（1 倍数）；不超过 25kHz（2 倍数）；不超过 12.5kHz（4 倍数）
计数器范围	32 位二进制计数器：-2147483648～+2147483647 16 位二进制计数器：0～65535
计数方式	自动方式时，可向上/向下（单相双输入或双相双输入）计数；当工作在单相单输入方式时，向上/向下由一个 PLC 或外部输入端子确定

项　　目	描　　述
比较类型	YH：直接输出，通过硬件比较器处理 YS：软件比较器处理后输出，最大延迟时间 300ms
输出类型	NPN，开路，输出 2 点，5～24V DC，每点 0.5A
辅助功能	可以通过 PLC 的参数来设置模式和比较结果 可以监测当前值、比较结果和误差状态
占用的 I/O 点数	这个块占用 8 个输入或输出点（输入或输出均可）
基本单元提供的电源	5V、90mA DC（主单元提供的内部电源或电源扩展单元）
适用的控制器	FX1N/FX2N/FX2NC（需要 FX2NC－CNV－IF）
尺寸（宽）×（厚）×（高）	55mm×87mm×90mm（2.71in×3.43in×3.54in）
质量（重量）	0.3kg（0.66 磅）

2. FX2N－1HC 的输入/输出

高速计数器 FX2N－1HC 输入的计数脉冲信号可以是单相的，也可以是双相的。单相 1 输入和单相 2 输入时小于 50kHz，双相输入时可以设置 1 倍频、2 倍频和 4 倍频模式。脉冲信号的幅值可以是 5V、12V 或 24V，分别连接到不同的输入端。

计数器的输出有两种类型 4 种方式。

☺ 由该模块内的硬件比较器输出比较的结果，一旦当前计数值等于设定值时，立即将输出端置"1"，其输出方式有两种：输出端 YHP 采用 PNP 型晶体管输出方式；输出端 YHN 采用 NPN 型晶体管输出方式。

☺ 通过该模块内的软件输出比较的结果，由于软件进行数据处理需要一定的时间，因此在当前计数值等于设定值时，要经过 200μs 的延迟才能将输出端置"1"，其输出方式也有两种：输出端 YSP 采用 PNP 型晶体管输出方式；输出端 YSN 采用 NPN 型晶体管输出方式。

3. FX2N－1HC 内的数据缓冲存储区

FX2N－1HC 内的数据缓冲存储区见表 6-8。

表 6-8　FX2N－1HC 内的数据缓冲存储区

BMF	功能用途	BMF	功能用途
BFM#0	存放计数器方式字	BFM#16	未使用
BFM#1	存放单相单输入方式时软件控制的递加/递减命令	BFM#17	未使用
BFM#2	存放最大计数限定值的低 16 位	BFM#18	未使用
BFM#3	存放最大计数限定值的高 16 位	BFM#19	未使用
BFM#4	存放计数器 I/O 控制字	BFM#20	存放计数器当前计数值的低 16 位
BFM#5	未使用	BFM#21	存放计数器当前计数值的高 16 位

续表

BMF	功能用途	BMF	功能用途
BFM#6	未使用	BFM#22	存放计数器最大当前计数值的低 16 位
BFM#7	未使用	BFM#23	存放计数器最大当前计数值的高 16 位
BFM#8	未使用	BFM#24	存放计数器最小当前计数值的低 16 位
BFM#9	未使用	BFM#25	存放计数器最小当前计数值的高 16 位
BFM#10	存放计数器计数起始值的低 16 位	BFM#26	存放比较结果
BFM#11	存放计数器计数起始值的高 16 位；	BFM#27	存放端口状态
BFM#12	存放硬件比较时，计数器设定值的低 16 位	BFM#28	未使用
BFM#13	存放硬件比较时，计数器设定值的高 16 位	BFM#29	存放故障代码
BFM#14	存放软件比较时，计数器设定值的低 16 位	BFM#30	存放模块识别代码
BFM#15	存放软件比较时，计数器设定值的高 16 位；	BFM#31	未使用

4. FX2N－1HC 的计数方式

FX2N－1HC 的计数方式见表 6-9。

表 6-9　计数器计数方式表

计数方式		计数器计数器类型	
		32 位	16 位
		BFM#0 内的数据	
A－D 相输入	1 边沿计数	K0	K1
	2 边沿计数	K2	K3
	4 边沿计数	K4	K5
单相双输入	由脉冲控制递加/递减	K6	K7
单相单输入	由硬件控制递加/递减	K8	K9
	由软件控制递加/递减	K10	K11

5. FX2N－1HC I/O 控制字

FX2N－1HC I/O 控制字 BFM#4 各位的功能见表 6-10。

表 6-10　BFM#4 各位的功能

位　序	"0" 状态	"1" 状态
b0	禁止计数	允许计数
b1	禁止硬件比较	允许硬件比较
b2	禁止软件比较	允许软件比较
b3	硬件输出端和软件输出端单独工作	硬件输出端和软件输出端互为复位
b4	输入 PRESET 无效	输入 PRESET 有效
b5 ~ b7	没有定义	
b8	不起作用	出错标志复位

续表

位　序	"0"状态	"1"状态
b9	不起作用	硬件比较输出复位
b10	不起作用	软件比较输出复位
B11	不起作用	选用硬件比较
b12	不起作用	选用软件比较
b13~b15	没有定义	

【**实例6-5**】FX2N-1HC 应用举例。某 FX2N 型 PLC 控制系统的各模块的连接图如图 6-11 所示。其中，高速计数器模块 FX2N-1HC 的序号为 2。将该模块内的计数器设置为由软件控制递加/递减的单相单输入的 16 位计数器，并将其最大计数限定值设定为 K4444，采用硬件比较的方法，其设定值为 K4000，其用户程序编制如图 6-12 所示。

FX2N-48MR X00~X27 Y00~Y27	FX2N-4AD 0号	FX-8EX X30~X37	FX2N-2DA 1号	FX2N-32EX X40~X57 Y30~Y47	FX2N-1CH 2号

图 6-11　FX2N 型 PLC 控制系统的各模块的连接图

图 6-12　使用高速计数模块的梯形图程序

6.3　可编程凸轮控制器模块

在机电控制系统中，通常需要通过检测角度位置来接通或断开外部负载，以前多用机械式凸轮开关来完成这种任务。机械式凸轮开关要求加工精度高，易于磨损，可编程凸轮控制器 FX2N – 1RM – SET 可以实现高精度的角度位置检测，它可以与 FX2NPLC 联用，也可以单独使用。

6.3.1　缓冲寄存器及设置

1. FX2N – 1RM – SET 的联机运行

FX2N 系列 FX2N – 1RM – SET 联机时，通过 PLC 的 FROM/TO 指令，对 FX2N – 1RM – SET 中的缓冲寄存器 BFM 进行读/写操作。当 PLC 同时连接两台或三台 FX2N – 1RM – SET 时，PLC 发出的 FROM/TO 指令只对连接距离最近的 FX2N – 1RM – SET 有效，另外两台 FX2N – 1RM – SET 与 PLC 的读/写操作必须通过第一台 FX2N – 1RM – SET 进行。

2. 缓冲寄存器（BFM）编号与设置

FX2N – 1RM – SET 缓冲寄存器（BFM）编号与设置见表 6–11。

表 6–11　FX2N – 1RM – SET 缓冲寄存器 BFM 分配表（部分）

BFM 号	名　称	初始值	说明 R—读、W—写、K—保持		文本寄存器号
#0	初值设置	0	无	W、K	D7144
#1	参考角度	0	机械参考角度的设置	W、K	D7145
#2、#8002、#9002	程序库号 (00 ~ 07)	0	当与 PLC 连接时有效	W	无
#3、#8003、#9003	命令	0	无	W	无
#4	输出禁止 (Y000 ~ Y017)	0	b = 0 允许，b = 1 禁止输出	W	无
#5	输出禁止 (Y020 ~ Y037)	0	b = 0 允许，b = 1 禁止输出	W	无
#6	输出禁止 (Y040 ~ Y057)	0	b = 0 允许，b = 1 禁止输出	W	无
#7	执行程序库号	无	无	W	无
#8、#8008、#9008	角度当前值（度）	无	无	R	无
#9、#8009、#9009	旋转速度 (r/min)	无	无	R	无
#10、#8010、#9010	输出状态 (Y000 ~ Y017)	无	0 输出为 OFF，1 输出为 ON	R	无
#11、#8011、#9011	输出状态 (Y020 ~ Y037)	无	0 输出为 OFF，1 输出为 ON	R	无

续表

BFM 号	名　称	初　始　值	说明 R—读、W—写、K—保持		文本寄存器号
#12、#8012、#9012	输出状态 (Y040 ~ Y057)	无	0 输出为 OFF, 1 输出为 ON	R	无
#28、#8028、#9028	状态	0	监视工作状态	R	无
#29	错误代码	0	无	R	无
#100	写入为 ON 的角度	无	无	W	无
#101	写入为 OFF 的角度	无	无	W	无
#102	写入 BFM 号	无	无	W	无
#103	读出为 ON 的角度	无	无	R	无
#104	读出为 OFF 的角度	无	无	R	无
#105	读 BFM 号	无	无	R	无
#1000	写入程序库 0, 步号 0 中 Y000 = ON 的角度	FFFF	写入控制角度	W、K	D1000
#1001	写入程序库 0, 步号 0 中 Y000 = OFF 的角度	FFFF	写入控制角度	W、K	D1001
……	……	……	……	……	……
#7142	写入程序库 0, 步号 7 中 Y000 = ON 的角度	FFFF	写入控制角度	W、K	D7142
#7143	写入程序库 0, 步号 7 中 Y000 = OFF 的角度	FFFF	写入控制角度	W、K	D7143

☺ 当 PLC 同时连接两个或三个 FX2N – 1RM – SET 时, PLC 通过读/写最近一台 FX2N –
　1RM – SET 的缓冲寄存器编号 BFM#8000 ~ #8999 (对应第 2 台 FX2N – 1RM – SET)、
　BFM#9000 ~ #9999 (对应第 3 台 FX2N – 1RM – SET) 的相关数据, 实现与第 2 台和
　第 3 台 FX2N – 1RM – SET 的通信。

☺ FX2N – 1RM – SET 缓冲寄存器内的数据均为 16 位二进制数。

☺ 当角度采用单倍值表示时, 分辨率为 1°; 当采用 2 倍值表示时, 分辨率为 0.5°。

　FX2N – 1RM – SET 的编号为#0、#3、#28、#29 的缓冲寄存器中, 16 位二进制数中每一
位 (bit) 代表的具体含义见表 6–12 ~ 表 6–15。

表 6–12　初始设置缓冲寄存器 (BFM#0)

b15 ~ b7	b6	b5	b4	b3	b2	b1	b0
未使用	禁止键盘 RUN 到 PRG 操作	局部自动 角校正	自动角校正	程序库规格	EEPROM 写保护	旋转方向	分辨率
未使用	0: 允许 1: 不允许	0: 不使用 1: Y000 ~ Y003 使用	0: 不使用 1: Y000 ~ Y017 使用	0: 外部输入 1: 与 PLC 连接	0: 允许写入 1: 不允许	0: 时钟方向 1: 计数器 方向	0: 0.5° 1: 1°

表6-13　命令缓冲寄存器（BFM#3）

b15～b7	b6	b5	b4	b3	b2	b1	b0
未使用	在BFM的保持区域写指令	初始化BFM的保持区域	RUN方式下写指令	复位	选择参考角	PRG方式	RUN方式
未使用	0：允许 1：不允许	0：不使用 1：Y000～Y003使用	上升沿有效	上升沿有效	上升沿有效	上升沿有效	上升沿有效

表6-14　工作状态显示缓冲寄存器（BFM#28）

b15～b9	b8	b7	b6	b5	b4	b3	b2	b1	b0
未使用	通信错误	FX2N-1RM-SET（3台）与PLC连接	FX2N-1RM-SET（2台）与PLC连接	初始化BFM的保持区域显示	RUN方式下写显示	错误报警	旋转为计数器方向	旋转为时钟方向	运行显示
未使用	1：出错	b7＝1 b6＝1	b7＝0 b6＝1	b5＝1	b4＝1	b3＝1	b2＝1	b1＝1	b0＝1

表6-15　错误报警缓冲寄存器（BFM#29）

23	22	21	20
旋转角传感器未连接	EEPROM不能写入	程序库号超范围	数据超范围

6.3.2　应用实例

图6-13所示为FX2N-80MT及其扩展单元FX2N-16EYT与可编程凸轮控制器FX2N-1RM-SET的连接图。要求设计由FX2N-80MT读取FX2N-1RM-SET的输出状态信息，并通过FX2N-80MT的输出端输出控制信号的程序，同时FX2N-80MT能够对FX2N-1RM-SET发出运行、编程和复位的命令。

当可编程凸轮控制器FX2N-1RM-SET与PLC联机工作时，可以通过FROM/TO指令实现对可编程凸轮控制器的控制。PLC的控制程序如图6-14所示。其中，PLC的输入信号X000、X001、X002可以实现对PLC的运行控制。

图6-13　连接图　　　　　　　　　　图6-14　梯形图

6.4　通信模块

由 PLC、变频器及触摸屏等设备组合的控制系统，它们之间通过通信方式进行信息交换，一般采用 RS−232C、RS−422、RS−485 等方式进行通信。三菱常用的通信扩展单元有用于 RS−232C 通信的 FX1N−232−BD、FX2N−232−BD、FX0N−232ADP、FX2NC−232ADP、FX2N−232IF，有用于 RS−485 通信的 FX1N−485−BD、FX2N−485−BD、FX0N−485ADP、FX2NC−485ADP，有用于 RS−422 通信的 FX1N−422−BD、FX2N−422−BD。

6.4.1　FX2N−232−BD

1. 功能

用于 RS−232C 的通信模块 FX2N−232−BD 可连接到 FX2N 系列 PLC 的主单元用以通信。

2. 通信格式 D8120

D8120 各位的意义见表 6−16。

表 6−16　D8120 的位信息

位　号	意　义	内　容	
		0（OFF）	1（ON）
b0	数据长度	7 位	8 位
b1 b2	奇偶性	(b2, b1) 为 (0, 0)：无；(0, 1)：奇；(1, 1)：偶	
b3	停止位	1 位	2 位
b4 b5 b6 b7	波特率（B/s）	b7, b6, b5, b4　　　　　b7, b6, b5, b4 (0, 0, 1, 1)：300　　(0, 1, 1, 1)：4800 (0, 1, 0, 0)：600　　(1, 0, 0, 0)：9600 (0, 1, 0, 1)：1200　(1, 0, 0, 1)：19200 (0, 1, 1, 0)：2400	
b8	头字符	无	D8124
b9	结束字符	无	D8124
b10	保留		
b11	DTR 检测（控制线）	发送和接收	接收
b12	控制线	无	H/W
b13	和校验	不加和校验码	和校验码自动加上
b14	协议	无协议	专用协议
b15	传输控制协议	协议格式 1	协议格式 4

3. 应用实例

1）连接打印机　打印机通过 FX2N−232−BD 与 PLC 连接，可以打印出由 PLC 发送来的数据。其通信格式见表 6-17，通信程序如图 6-15 所示。

表 6-17　串行打印机的通信格式

数 据 长 度	8 位
奇偶性	偶
停止位	1 位
波特率	2400B/s

图 6-15　打印机通信程序

2）连接 PC　PC 通过 FX2N-232-BD 与 PLC 连接，使 PC 与 PLC 交换数据，其通信格式见表 6-18，通信程序如图 6-16 所示。

表 6-18　与 PC 的通信格式

数 据 长 度	8 位
奇偶性	偶
停止位	1 位
波特率	2400B/s

图 6-16　通信程序

6.4.2　FX2N-485-BD

FX2N-485-BD 是用于 RS-485 通信的特殊功能模块，可连接 FX2N 系列 PLC，可用于下述应用中。

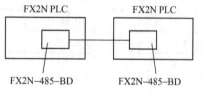

图 6-17　并行连接

☺ 无协议的数据传送。

☺ 专用协议的数据传送，并行连接，如图 6-17 所示。

☺ 使用 N:N 网络的数据传送，如图 6-18 所示。

图 6-18　N:N 网络

FX2N-485-BD 具体应用见通信章节相关内容，在此不再赘述。

6.5　应用实例

模拟量控制属于 PLC 控制的高级应用，在工业控制中有着广泛的应用。下面结合恒压供水系统和工业洗衣机控制系统，讲述如何进行模拟量的处理。

6.5.1　实例：恒压供水系统

要求：设计一个 PID 控制的恒压供水系统。

1. 控制要求

☺ 共有两台水泵，按设计要求一台运行，一台备用，自动运行时泵运行累计 100h 轮换一次，手动时不切换；

☺ 两台水泵分别由 M1、M2 电动机拖动，电动机同步转速为 3000r/min，由 KM1、KM2 控制；

☺ 切换后起动和停电后起动须 5s 报警，运行异常可自动切换到备用泵，并报警；

☺ PLC 采用的 PID 调节指令；

☺ 变频器（使用三菱 FR-A540）采用 PLC 的特殊功能单元 FX0N-3A 的模拟输出，调节电动机的转速；

☺ 水压在 0~10kg 可调，通过触摸屏（使用三菱 F940）输入调节；

☺ 触摸屏可以显示设定水压、实际水压、水泵的运行时间、转速、报警信号等；

☺ 变频器的其余参数自行设定。

2. 软件设计

1) I/O 分配

☺ 触摸屏输入：M500—自动起动；M100—手动 1 号泵；M101—手动 2 号泵；M102—停止；M103—运行时间复位；M104—清除报警；D500—水压设定。

☺ 触摸屏输出：Y0—1 号泵运行指示；Y1—2 号泵运行指示，T20—1 号泵故障；T21—2 号泵故障；D101—当前水压；D502—泵累计运行的时间；D102—电动机的转速。

☺ PLC 输入：X1—1 号泵水流开关；X2—2 号泵水流开关；X3—过压保护。

☺ PLC 输出：Y0—KM1；Y1—KM2；Y4—报警器；Y10—变频器 STF。

2）触摸屏画面设计　根据控制要求及 I/O 分配，按图 6-19 所示制作触摸屏画面。

图 6-19　触摸屏设计图示

3）PLC 程序　根据控制要求设计 PLC 程序，如图 6-20 所示。

4）变频器设置

☺ 上限频率 Pr1 = 50Hz；

☺ 下限频率 Pr2 = 30Hz；

☺ 基底频率 Pr3 = 50Hz；

☺ 加速时间 Pr7 = 3s；

☺ 减速时间 Pr8 = 3s；

☺ 电子过电流保护 Pr9 = 电动机的额定电流；

☺ 起动频率 Pr13 = 10Hz；

☺ DU 面板的第三监视功能为变频繁器的输出功率 Pr5 = 14；

☺ 智能模式选择为节能模式 Pr60 = 4；

☺ 设定端子 2~5 间的频率设定为电压信号 0~10V Pr73 = 0；

☺ 允许所有参数的读/写 Pr160 = 0；

☺ 操作模式选择（外部运行）Pr79 = 2；

☺ 其他设置为默认值。

3. 系统接线

根据控制要求及 I/O 分配，其系统接线图如图 6-21 所示。

4. 系统调试

（1）将触摸屏 RS-232 接口与计算机连接，将触摸屏 RS-422 接口与 PLC 编程接口连接，编写好 FX0N-3A 偏移/增益调整程序，连接好 FX0N-3A I/O 电路，通过 GAIN 和 OFFSET 调整偏移/增益。

（2）按图 6-19 所示设计好触摸屏画面，并设置好各控件的属性。按图 6-20 所示编写好 PLC 程序，并传送到触摸屏和 PLC。

（3）将 PLC 运行开关保持为 OFF，程序设定为监视状态，按触摸屏上的按钮，观察程序触点动作情况，如果动作不正确，检查触摸屏属性设置和程序是否对应。

```
 M8002
0 ├─┤├──┬──────────────────────────────[ SET M50 ]    初始化或停电后
       │                                                再起动标志
       └──────────────────────────────[MOV K5 D10 ]    设定时间参数

   M50
7 ├─┤├──────────────────────────────────[T1  K50 ]     设定起动报警时间
       │  T1
       └─┤├───────────────────────────────[ RST M50 ]

   M50
13 ├─┤├──┬─────────────────────────────────[ CJ P20 ]   起动报警或过压执行
   X003 │                                                 P20 程序
   ├─┤├─┘

   M8000
18 ├─┤├──┬─────────────────────[T0  K0  K17 K0  K1 ]    读模拟量
       ├─────────────────────[T0  K0  K17 K2  K1 ]
       └─────────────────────[FROM K0  K0 D160 K1 ]

   M8000
46 ├─┤├──┬─────────────────────[T0  K0  K16 D150 K1]    写模拟量
       ├─────────────────────[T0  K0  K17 K4  K1 ]
       └─────────────────────[T0  K0  K17 K0  K1 ]

   M8000
74 ├─┤├──┬─────────────────────[DIV D160 K25 D101 ]    将读入的压力
       │                                                值校正
       └─────────────────────[DIV D150 K50 D102 ]    将转速值校正

   M8000
89 ├─┤├──┬─────────────────────────[MOV K30 D120 ]    写入 PID 参数单元
       ├─────────────────────────[MOV K1  D121 ]
       ├─────────────────────────[MOV K10 D122 ]
       ├─────────────────────────[MOV K70 D123 ]
       ├─────────────────────────[MOV K10 D124 ]
       └─────────────────────────[MOV K10 D125 ]

   M8000
120 ├─┤├─────────────────[PID D500 D160 D120 D150 ]    PID 运算

   M501  M8014
130 ├─┤├──┬─┤├──────────────────────────[INCP D501 ]    运行时间统计
   M502 │
   ├─┤├─┘

   M8000
136 ├─┤├─────────────────────────[DIV D501 K60 D502 ]   时间换算

   M503
144 ├─┤↑├─┬───────────────────────────────[ RST D501 ]  运行时间复位
   M503 │
   ├─┤↓├─┤
   M103 │
   ├─┤↑├─┘

   M100  M500 M102
153 ├─┤├──┤/├─┤/├─┬────────────────────────( M501 )    手动跳转到 P10
   M101        │
   ├─┤├─────────┤
   M501        │
   ├─┤├─────────┤
                └────────────────────────[ CJ P10 ]

   M500
162 ├─┤├────────────────────────────────[ ALTP M502 ]   自动运行标志
```

图 6-20　程序梯形图

图 6-20　程序梯形图（续）

（4）系统时间应正确显示。

（5）改变触摸屏输入寄存器值，观察程序对应寄存器的值变化。

（6）按图 6-21 所示连接好 PLC 的 I/O 线路和变频器的控制电路及主电路。

图 6-21　系统接线图

（7）将 PLC 运行开关保持 ON，设定水压调整为 3kg。

（8）按手动起动，设备应正常起动，观察各设备运行是否正常，变频器输出频率是否相对平稳，实际水压与设定的偏差。

（9）如果水压在设定值上下有剧烈的抖动，则应该调节 PID 指令的微分参数，将值设定小一些，同时适当增加积分参数值。如果调整过于缓慢，水压的上下偏差很大，则系统比例常数太大，应适当减小。

（10）测试其他功能，检查是否与控制要求相符。

6.5.2　实例：工业洗衣机控制系统

工业洗衣机的控制流程如图 6-22 所示。系统在初始状态时，按起动按钮则开始进水。到达高水位时，停止进水，并开始洗涤正转。洗涤正转 15s 暂停 3s，洗涤反转 15s 暂停 3s，此为一个小循环。

若小循环未满 3 次，则返回洗涤正转，开始下一个小循环；若小循环满 3 次，则结束小循环，开始排水。水位下降到低水位时，开始脱水并继续排水，脱水 10s，从而完成一个大循环。

若大循环未满 3 次，则返回进水进入下一次大循环；若完成 3 次大循环，则进行洗完报警，报警 10s 后结束全部过程，自动停机，其要求如下所述。

☺ 洗衣机的洗涤正转 15s → 暂停 3s → 洗涤反转 15s → 暂停 3s，要求使用 FR−A540 变频器的程序运行功能实现。

☺ 用变频器驱动电动机，洗涤和脱水时的变频器输出频率为 50Hz，其加减速时间根据实际情况设定。

1. 变频器设计

Pr201 ~ Pr230 为程序运行参数，每 10 个参数为一

图 6-22　工业洗衣机的控制流程

组，即 Pr201 ~ Pr210 为第 1 组，Pr211 ~ Pr220 为第 2 组，Pr221 ~ Pr230 为第 3 组。每个参数必须设定旋转方向（0 表示停止，1 表示正转，2 表示反转）、运行频率（0 ~ 400，9999）、开始时间（00 ~ 99：00 ~ 59）。Pr231 用于设定开始程序运行的基准时钟，其设定范围见表 6–19。

表 6–19　Pr200 的功能

设 定 值	功　　能	Pr231 的设定范围
0	选择 min/s 时间单位，电压监视	最大 99min59s
1	选择 h/min 时间单位，电压监视	最大 99h59min
2	选择 min/s 时间单位，基准时间监视	最大 99min59s
3	选择 h/min 时间单位，基准时间监视	最大 99h59min

变频器程序运行时，除设定上述参数外，还必须通过变频器的控制端子来控制。如 RH 用于选择第 1 组程序运行参数，RM 用于选择第 2 组程序运行参数，RL 用于选择第 3 组程序运行参数；STR 用于复位基准时钟，即基准时钟置 0；STF 用于选择程序运行开始信号。

若设定 Pr76 = 3，则 SU 为所选择的程序运行组运行完成时输出信号；IPF 为第 3 组运行时输出信号；OL 为第 2 组运行时输出信号；FU 为第 1 组运行时输出信号。

根据控制要求，变频器的具体设定参数如下所述。

☺ 上限频率 Pr1 = 50Hz；

☺ 下限频率 Pr2 = 0Hz；

☺ 基底频率 Pr3 = 50Hz；

☺ 加速时间 Pr7 = 3s；

☺ 减速时间 Pr8 = 3s；

☺ 电子过电流保护 Pr9 = 电动机的额定电流；

☺ 操作模式选择（程序运行）Pr79 = 5；

☺ Pr200 = 2（选择 min/s 为时间单位，基准时间监视）；

☺ Pr201 = 1（正转），50（运行频率），0：00（0min0s 开始正转运行）；

☺ Pr202 = 0（停止），00（运行频率），0：12（0min12s 开始停）；

☺ Pr203 = 2（反转），50（运行频率），0：18（0min18s 开始反转运行）；

☺ Pr204 = 0（停止），00（运行频率），0：30（0min30s 开始停）；

☺ Pr211 = 1（正转），50（运行频率），0：00（0min0s 开始正转运行）；

☺ Pr212 = 0（停止），00（运行频率），0：7（0min7s 开始停）。

2. PLC 的 I/O 分配

根据系统的控制要求、设计思路和变频器的设定参数，PLC 的 I/O 分配如下所述。

☺ X0—起动按钮；X1—停止，X2—高水位；X3—低水位；

☺ Y0—进水电磁阀；Y1—排水电磁阀；Y2—脱水电磁阀；Y3—报警指示；Y4—STF（变频器运行）；Y5—RH（选择第 1 组程序）；Y6—RM（选择第 2 组程序）。

系统接线图如图 6–23 所示。

3. 控制程序

最后得到控制程序如图 6–24 所示。具体过程由读者参照说明自行分析。

图 6-23　系统接线图

图 6-24　洗衣机控制程序图

思考与练习

（1）FX 系列 PLC 常用的模拟量控制设备有哪些？

（2）FX2N-4AD 输入模块 BFM 有哪些设定？

（3）FX2N-4DA 输入模块 BFM 有哪些设定？

（4）FX2N-2DA 模拟量输出模块接在 1 号模块位置，CH1 设定为电流输出，CH2 设定为电压输出，并要求当 PLC 从 RUN 转为 STOP 状态后，最后的输出值保持不变，试编写程序。

（5）FX2N-4AD 模块连接在特殊功能模块的 1 号位置，通道 CH1 和 CH2 用做电流输入。平均采样次数设为 5，并且用 PLC 的数据寄存器 D0 和 D1 接收输入的数字值。试编写程序。

（6）FX2N-4AD-PT 模块占用特殊模块 2 的位置，平均采样次数是 6，输入通道 CH1~CH4 以℃表示的平均温度值分别保存在数据寄存器 D1~D4 中。试编写程序。

第7章 PLC 的通信与计算机通信网络

PLC 除了用于单机控制系统外，还能与其他 PLC、计算机或可编程设备（如变频器、打印机、机器人等）连接，构成数据交换的通信网络，实现网络控制与管理。

本章介绍数字通信的基本知识和基本实现方法。重点让读者了解 FX 系列 PLC 的 N∶N 链接与并行链接通信协议、计算机链接通信协议、无协议通信方式及其应用。

7.1 通信基本知识

PLC 的通信是指 PLC 与计算机、PLC 与 PLC、PLC 与现场设备或远程 I/O 口之间的信息交换。无论是计算机还是 PLC，都属于数字设备，它们之间交换的数据都是 "0" 或 "1"，很显然，PLC 通信属于数据通信。

7.1.1 数据通信系统构成

PLC 网络中的任何设备之间的通信，都是使数据由一台设备的端口（信息发送设备）发出，经过信息传输通道（信道）传输到另一台设备的端口（信息接收设备）进行接收。一般通信系统由信息发送设备、信息接收设备和通信信道构成，依靠通信协议和通信软件的指挥、协调和运作该通信系统硬件的信息传送、交换和处理。数据通信系统的基本构成如图 7-1 所示。

图 7-1 数据通信系统的基本构成

PLC 与计算机除了作为信息发送与接收设备外，也是系统的控制设备。为了确保信息发送和接收的正确性和一致性，控制设备必须按照通信协议和通信软件的要求，对信息发送和接收过程进行协调。

信息通道是数据传输的通道。选用何种信道媒介应视通信系统的设备构成不同，以及在速度、安全、抗干扰性等方面的要求的不同而确定。PLC 数据通信系统一般采用有线信道。

通信软件是人与通信系统之间的一个接口，使用者可以通过通信软件了解整个通信系统的运作情况，进而对通信系统进行各种控制和管理。

7.1.2 数据通信方式及传输速率

1. 并行通信

并行通信是指以字节或字为单位，同时将多个数据在多个并行信道上进行传输的方式，如图 7-2 所示。

并行通信传输时，传送几位数据就需要几根线。其特点是传输速率较高，但硬件成本也较高。

图 7-2　8 位数据并行传输的示意图

2. 串行通信

串行通信是指以二进制的位（bit）为单位，对数据逐位的顺序成串传送的通信传输方式。图 7-3 所示的是 8 位数据串行传输示意图。

图 7-3　8 位数据串行传输示意图

串行通信时，无论传送多少位的数据，只需要一根数据线即可，硬件成本较低，但是需要并/串转换器配合工作。

串行通信按照传送方式又可以分成异步串行通信、同步串行通信两种。

1）异步串行通信　所谓异步通信，是指数据传送以字符为单位，字符与字符间的传送是完全异步的，位与位之间的传送基本上是同步的。异步串行通信的特点如下所述。

☺ 以字符为单位传送信息。

☺ 相邻两个字符间的间隔是任意长。

☺ 因为一个字符中的位长度有限，所以需要的接收时钟和发送时钟只要相近就可以。

异步串行通信的数据格式如图 7-4 所示。每个字符（每帧信息）由以下 4 个部分组成。

图 7-4　异步串行通信的数据传送格式

☺ 1 位起始位，规定为低电位 0；

☺ 5～8 位为数据位，即要传送的有效信息；

☺ 奇偶校验位：一位逻辑 0/逻辑 1，双方可以约定采用奇校验、偶校验或无校验位。

☺ 用 1 位、$1\frac{1}{2}$ 位或 2 位逻辑 1 表示字符的结束，停止位的宽度也是由双方预先约定的。

2) 同步串行通信 所谓同步通信，是指数据传送是以数据块（一组字符）为单位，字符与字符之间、字符内部的位与位之间均同步。同步串行通信的特点如下所述。

☺ 以数据块为单位传送信息。

☺ 在一个数据块（信息帧）内，字符与字符间无间隔。

☺ 因为一次传输的数据块中包含的数据较多，所以接收时钟与发送进钟严格同步，通常要有同步时钟。

同步串行通信的数据格式如图 7-5 所示，每个数据块（信息帧）由如下 3 个部分组成。

图 7-5　同步串行通信数据传送格式

☺ 2 个同步字符作为一个数据块（信息帧）的起始标志；

☺ n 个连续传送的数据；

☺ 2B 循环冗余校验码（CRC）。

3. 单工通信与双工通信

按照信息在设备间的传输方向，串行通信还可分为单工通信与双工通信，双工通信又分为半双工和全双工两种方式。双工通信方式的信息可以沿两个方向传送，每一个站既可发送数据，也可接收数据。

半双工方式用同一组线接收和发送数据，通信的双方在同一时刻只能发送或接收数据。

全双工方式中，数据的发送和接收分别由两根或两组不同的数据线传送，通信的双方都能在同一时刻接收和发送信息。

4. 传输速率

在串行通信中，用"波特率"来描述数据的传输速率。波特率即每秒传送的二进制位数，其符号为 b/s（bits per second，bps）。常用的标准传输速率为 300 ~ 38400b/s 等。不同的串行通信网络的传输速率差别极大，有的只有数百 b/s，高速串行通信网络的传输速率可达 1Gb/s。

7.1.3　串行通信接口标准

1. RS-232C 接口标准

1) RS-232C 的电气特性 RS-232C 采用负逻辑，典型的 RS-232 信号在正、负电平之间摆动。在发送数据时，发送端驱动器输出的正电平在 +5 ~ +15V 之间，负电平在 -15 ~ -5V 之间。当无数据传输时，线上为 TTL 电平，从开始传送数据到结束，线上电平从 TTL 电平到 RS-232C 电平再返回 TTL 电平。传送距离最大约为 15m，最高速率为 20kb/s，只能进行一对一的通信。

2) RS – 232C 的标准接口　RS – 232C 的标准接口如图 7–6 所示。共有 25 条线，包括 4 条数据线、12 条控制线、3 条定时线、6 条备用或未定义线。

图 7–6　RS – 232C 的标准接口

其引脚定义见表 7–1。

表 7–1　25 针 D 型连接器的引脚定义表

RS – 232C 引脚	名　　称	说　　明
1	保护地	设备外壳接地
2 (3)	发送数据	发送方将数据传给 Modem
3 (2)	接收数据	Modem 发送数据给发送方
4 (7)	请求发送	在半双工时控制发送方的开/关
5 (8)	允许发送	Modem 允许发送
6 (6)	数据终端准备好	Modem 已经准备好
7 (5)	信号地	信号公共地
8 (1)	载波信号检测	Modem 正在接收另一端送来的数据
9	未定义	
10	未定义	
11	未定义	
12	接收信号检测（2）	在第 2 信道检测到信号
13	允许发送（2）	第 2 信道允许发送
14	发送数据（2）	第 2 信道发送数据
15	发送方定时	为 Modem 提供发送方的定时信号
16	接收数据（2）	第 2 信道接收数据
17	接收方定时	为接口和终端提供定时
18	未定义	
19	请求发送（2）	连接第 2 信道的发送方
20 (4)	数据终端准备好	数据终端已做好准备
21	未定义	
22 (9)	振铃指示	表明另一端有进行传输连接的请求
23	数据率选择	选择两个同步数据率
24	发送方定时	为接口和终端提供定时
25	未定义	

2. RS – 422A 接口标准

RS – 422A 采用平衡驱动、差分接收电路，取消了信号地线。它的引脚数由 RS – 232C 的 25 个增加到了 37 个，因而比 RS – 232C 多了 10 种新功能。与 RS – 232C 的单端收发方式相比，RS – 422A 在抗干扰性方面得到了明显的增强。RS – 422A 在最大传输速率（10Mb/s）时，允许的最大通信距离为 12m；传输速率为 100kb/s 时，最大通信距离为 1.2km，一台驱动器可以连接 10 台接收器。

3. RS – 485 接口标准

RS – 485 与 RS – 422A 的区别仅在于 RS – 485 的工作方式是半双工，而 RS – 422A 为全双工。RS – 422A 的两对平衡差分信号线分别用于发送和接收。RS – 485 只有一对平衡差分信号线，不能同时发送和接收。

RS – 485 与 RS – 422A 一样，都是采用差动收/发的方式，而且输出阻抗低，无接地回路，所以它的抗干扰性好，传输速率可以达到 10Mb/s。

7.2　计算机通信的国际标准

如果没有一套通用的计算机网络通信标准，要实现不同厂商生产的智能设备之间的通信，将会付出昂贵的代价。国际标准化组织 ISO 提出将开放系统互连模型 OSI 作为通信网络国际标准化的参考模型，得到了广泛的应用。

7.2.1　开放系统互连模型

OSI 是描述网络层次结构的模型，保证了各种类型网络技术的兼容性、互操作性。有了这个开放的模型，各网络设备厂商就可以遵照共同的标准来开发网络产品，最终实现彼此之间的兼容。

OSI 参考模型（简称 OSI 模型）只是定义了一种抽象的结构，而并非具体实现的描述。即在 OSI 模型中的每一层都只涉及层的功能定义，而不提供关于协议与服务具体实现的方法。OSI 参考模型描述了信息或数据如何通过网络，从一台计算机的一个应用程序到达网络中另一台计算机的另一个应用程序。当信息在一个 OSI 模型中逐层传送时，它越来越不像人类的语言，而变为只有计算机才能明白的数字（0 和 1）。

应用层
表示层
会话层
传输层
网络层
数据链路层
物理层

图 7-7　OSI 参考模型

OSI 参考模型如图 7-7 所示，由下而上共有 7 层，分别为物理层、数据链路层、网络层、传输层、会话层、表示层、应用层，也被依次称为 OSI 第 1 层、第 2 层……第 7 层。

【物理层】物理层（Physical Layer）位于 OSI 参考模型的最底层，协调在物理媒体中传送比特流所需的各种功能。物理层涉及接口和传输媒体的机械和电气的规约，定义了这些物理设备和接口为所发生的传输所必须完成的过程和功能，以便于不同的制造厂家能够根据公认的标准各自独立地制造设备，从而使各个厂家的产品能够互相兼容。

【**数据链路层**】在物理层发送和接收数据的过程中，会出现一些自己不能解决的问题。例如，当两个节点试图在一条共享线路上同时发送数据时该如何处理？节点如何知道它所接收的数据是否正确？如果噪声改变了一个报文的目标地址，节点如何知道它丢失了本应收到的报文？这些都是数据链路层（Data Link Layer）所必须负责的工作。

数据链路层涉及相邻节点之间的可靠数据传输，它将物理层的比特流组织成数据链路层协议数据单元（帧）进行传输，帧中包含地址、控制、数据及校验码等信息，通过校验、确认和反馈重传等手段，将不可靠的物理链路改造成对网络层表现为一条无差错的数据传输链路。数据链路层还要协调收发双方的数据传输速率，即进行流量控制。

【**网络层**】网络层（Network Layer）的任务就是在通信子网中选择一条合适的路径，使源计算机发送的数据能够通过所选择的路径到达目的计算机。

为了实现路径选择，网络层必须使用寻址方案来确定存在哪些网络及设备在这些网络中所处的位置，不同网络层协议所采用的寻址方案是不同的。在确定了目标节点的位置后，网络层还要负责引导数据包正确地通过网络，找到通过网络的最优路径（即路由选择）。如果子网中同时出现过多的分组，它们将相互阻塞通路并可能形成网络瓶颈，因此网络层还要提供拥塞控制机制以避免此类现象的出现。另外，网络层还要解决异构网络互连问题。

【**传输层**】传输层（Transport Layer）负责将完整的报文进行源端到目的端的交付。但计算机往往在同一时间运行多个程序，因此从源端到目的端的交付并不只是简单地从某个计算机交付到下一个计算机，同时还指从某个计算机上的特定进程（运行着的程序）交付到另一个计算机上的特定进程（运行着的程序）。而网络层监督单个分组的端到端的交付，独立地处理每个分组，就像每个分组属于独立的报文那样，而不管是否真的如此。

传输层所提供的服务有可靠与不可靠之分。为了向会话层提供可靠的端到端进程之间的数据传输服务，传输层还需要使用确认、差错控制和流量控制等机制来弥补网络层服务质量的不足。

【**会话层**】就像它的名字一样，会话层的功能是建立、管理和终止应用程序进程之间的会话和数据交换，允许数据进行单工、半双工和全双工的传送，并使这些通信系统同步。

【**表示层**】表示层保证一个系统应用层发出的信息能被另一个系统的应用层读出。若有必要，表示层用一种通用的数据表示格式在多种数据表示格式之间进行转换。它包括数据格式变换、数据加密与解密、数据压缩与恢复等功能。

【**应用层**】应用层是 OSI 参考模型中最靠近用户的一层，它为用户的应用程序提供网络服务，将用户接入到网络，提供了对许多种服务的支持，如电子邮件、文件传输、共享的数据库管理，以及其他种类的分布式信息服务。

7.2.2　IEEE802 通信标准

20 世纪 80 年代初，局域网的标准化工作迅速发展起来。IEEE802 委员会（美国电气和电子工程师协会委员会）是局域网标准的主要制定者。

局域网的参考模型与 OSI 模型既有一定的对应关系，又存在很大的区别。局域网的参考模型涉及 OSI 的物理层和数据链路层，并将数据链路层又分成了链路控制（LLC）与介质访问控制（MAC）两个子层，如图 7-8 所示。

图 7-8　IEEE802 的 LAN 参考模型与 OSI – RM 的对应关系

局域网不提供 OSI 网络层及网络层以上的有关层，主要出于如下两个方面的原因：首先，LAN 属于通信网，它只涉及与通信有关的功能，因此它至多与 OSI 七层模型中的下 3 层有关；其次，由于 LAN 基本上采用共享信道技术和第 2 层交换技术，因此可以不设立单独的网络层。可以这样理解，对于不同局域网技术，它们的区别主要在物理层和数据链路层。当这些不同的 LAN 需要在网络层实现互连时，可以借助现有的网络层协议，如 IP 协议。

1. LAN 物理层

IEEE 802 局域网参考模型中的物理层的功能与 OSI 参考模型中的物理层的功能相同，即实现比特流的传输与接收，以及数据的同步控制等。IEEE 802 还规定了局域网物理层所使用的信号与编码、传输介质、拓扑结构和传输速率等规范，具体内容如下所述。

☺ 采用基带信号传输。

☺ 数据的编码一般采用曼彻斯特编码、4B5B、8B10B、64B66B 等。

☺ 传输介质可以是双绞线、同轴电缆和光缆等。

☺ 拓扑结构可以是总线形、树形、星形和环形。

☺ 传输速率有 10Mb/s、100Mb/s、1Gb/s、10Gb/s。

2. LAN 的数据链路层

LAN 的数据链路层分为两个功能子层，即逻辑链路控制子层（LLC）和介质访问控制子（MAC）。LLC 和 MAC 共同完成类似 OSI 数据链路层的功能。但在共享介质的局域网网络环境中，如果共享介质环境中的多个节点同时发送数据就会产生冲突（Collision）。冲突是指由于共享信道上同时有两个或两个以上的节点发送数据而导致信道上的信号波形不等于任何发送节点原始信号的情形。冲突会导致数据传输失效，因而需要提供解决冲突的介质访问控制机制。

但是，介质访问控制机制与物理介质、物理设备和物理拓扑等涉及物理实现的内容直接相关，即不同的局域网技术在介质访问控制上会有明显的差异。而这种差异是与计算机网络分层模型所要求的下层为上层提供服务，但必须屏蔽掉服务实现细节（即服务的透明性）相违背的。为此，IEEE802 标准的制订者考虑将局域网的数据链路层一分为二，即分成 MAC 子层和 LLC 子层。

MAC 子层负责介质访问控制机制的实现，即处理局域网中各站点对共享通信介质的争用问题。不同类型的局域网通常使用不同的介质访问控制协议，同时 MAC 子层还负责局域网中的物理寻址。LLC 子层负责屏蔽掉 MAC 子层的不同实现机制，将其变成统一的 LLC 界面，从而向网络层提供一致的服务。LLC 子层向网络层提供的服务通过它与网络层之间的逻辑接口实现，这些逻辑接口又被称为服务访问点（Service Access Point，SAP）。

采用上述这种局域网参考模型至少具有两个方面的优越性：一是使得 IEEE802 标准具有很高可扩展性，能够非常方便地接纳将来新出现的介质访问控制方法和局域网技术；二是局域网技术的任何发展与变革都不会影响到网络层。

IEEE 802 为局域网制定了一系列标准，主要有如下 14 种。

☺ IEEE 802.1 概述，包括局域网体系结构，以及寻址、网络管理和网络互连。

☺ IEEE 802.2 定义了逻辑链路控制（LLC）子层的功能与服务。

☺ IEEE 802.3 定义了 CSMA/CD 总线式介质访问控制协议及相应物理层规范。

☺ IEEE 802.4 定义了令牌总线（Token Bus）式介质访问控制协议及相应物理层规范。

☺ IEEE 802.5 定义了令牌环（Token Ring）式介质访问控制协议及相应物理层规范。

☺ IEEE 802.6 定义了城域网（MAN）介质访问控制协议及相应物理层规范。

☺ IEEE 802.7 定义了宽带时隙环介质访问控制方法及物理层技术规范。

☺ IEEE 802.8 定义了光纤网介质访问控制方法及物理层技术规范。

☺ IEEE 802.9 定义了语音和数据综合局域网技术。

☺ IEEE 802.10 定义了局域网安全与解密问题。

☺ IEEE 802.11 定义了无线局域网技术。

☺ IEEE 802.12 定义了用于高速局域网的介质访问方法及相应的物理层规范。

☺ IEEE 802.15 定义了近距离个人无线网络标准。

☺ IEEE 802.16 定义了宽带无线局域网标准。

7.2.3　局域网的介质访问控制

传统的局域网是"共享"式局域网。在共享式局域网中，局域网中的传输介质是共享的，所有节点都可以通过共享介质发送和接收数据，但不允许两个或多个节点在同一时刻同时发送数据，也就是说数据传输应该是以"半双工"方式进行的。

> 【注意】利用共享介质进行数据信息传输时，也有可能出现两个或多个节点同时发送、相互干扰的情况，这时接收节点收到的信息就有可能出现错误，即所谓的"冲突"问题。"冲突"问题的产生就如一个有多人参加的讨论会议，一个人发言不会产生问题，如果两个或多个人同时发言，会场就会出现混乱，听众就会被干扰。

在共享式局域网的实现过程中，可以采用不同的方式对其共享介质进行控制。所谓介质访问控制就是解决"当局域网中共用信道的使用产生竞争时，如何分配信道使用权问题"。局域网中目前广泛采用的以下两种介质访问控制方法。

【争用型介质访问控制协议】又称随机型的介质访问控制协议，如 CSMA/CD 方式。

【确定型介质访问控制协议】又称有序的访问控制协议，如 Token（令牌）方式。

下面分别就这两类介质访问控制的工作原理和特点进行介绍。

1. CSMA/CD

CSMA/CD 是带冲突检测的载波侦听多址访问 Carrier Sense Multiple Access / Collision

Detection的英文缩写。其中，载波侦听 CS 是指网络中的各个站点都具备一种对总线上所传输的信号或载波进行监测的功能；多址 MA 是指当总线上的一个站点占用总线发送信号时，所有连接到同一总线上的其他站点都可以通过各自的接收器收听，只不过目标站会对所接收的信号进行进一步的处理，而非目标站点则忽略所收到的信号；冲突检测 CD 是指一种检测或识别冲突的机制，当冲突发生时，使总线上每个设备都能知道有冲突存在。在总线环境中，冲突的发生有两种可能的原因，一是总线上两个或两个以上的站点同时发送信息；另一种可能就是一个较远的站点已经发送了数据，但由于信号在传输介质上的延时，使得信号在未到达目的地时，另一个站点刚好发送了信息。CSMA/CD 通常用于总线型拓扑结构和星形拓扑结构的局域网中。

CSMA/CD 的工作原理可概括为"先听后发、边发边听、冲突停止、随机延时后重发"。其具体工作过程如图 7-9 所示。

图 7-9　CSMA/CD 的工作流程

（1）当一个站点想要发送数据时，需检测网络是否有其他站点正在传输，即侦听信道是否空闲。

（2）如果信道忙，则等待，直到信道空闲；如果信道空闲，站点就传输数据。

（3）在发送数据的同时，站点继续侦听网络是否有冲突发生。因为有可能有两个或多个站点都同时检测到网络空闲，然后几乎在同一时刻开始传输数据。如果两个或多个站点同时发送数据，就会产生冲突。

（4）当一个传输节点识别出一个冲突时，就发送一个拥塞信号，这个信号使得冲突的时间足够长，让其他的站点都能够发现。

（5）其他站点收到拥塞信号后，都停止传输，等待一个随机产生的时间间隙后重发，该时间间隙被称为回退时间（Back off Time）。

总之，CSMA/CD 采用的是一种"有空就发"的竞争型访问策略，因而不可避免地会出现信道空闲时多个站点同时争发的现象。CSMA/CD 无法完全消除冲突，它只能采取一些措施来减少冲突，并对所产生的冲突进行处理。另外，网络竞争的不确定性也使得网络延时变得难以确定，因此采用 CSMA/CD 协议的局域网通常不适合于那些实时性很高的网络应用。

2. 令牌访问控制

令牌环（Token Ring）是令牌传送环的简写，它只有一条环路，信息沿环单向流动，不存在路径选择问题。令牌环的技术基础是使用一个称为令牌的特殊帧在环中沿固定方向逐站传送。当网上所有的站点都处于空闲时，令牌就沿环绕行。当某一个站点要求发送数据时，必须等待，直到捕获到经过该站的令牌为止。这时，该站点可以用改变令牌中一个特殊字段的方法把令牌标志成已被使用，并把令牌改造为数据帧发送到环上。与此同时，环上不再有令牌，因此有发送要求的站点必须等待。环上的每个站点检测并转发环上的数据帧，比较目的地址是否与自身站点地址相符，从而决定是否复制该数据帧。数据帧在环上绕行一周后，由发送站点将其删除。发送站点在发完其所有信息帧（或者允许发送的时间间隔到达）后，释放令牌，并将令牌发送到环上。如果该站点下游的某一个站点有数据要发送，它就能捕获这个令牌，并利用该令牌发送数据，如图 7–10 所示。

（a）令牌在环中传输　　　　　（b）A 捕获令牌，改造为数据帧发给 C

（c）发送帧回答 A，A 清除该帧　　　（d）A 发送完成，释放令牌

图 7–10　令牌环访问控制

7.3　PLC 与 PLC 之间的通信

按照传输方式，PLC 与 PLC 之间的通信可以分成"N∶N 链接通信"、"双机并行链接通信"两种。

7.3.1　N∶N 链接通信

N∶N 链接通信协议用于最多 8 台 FX 系列 PLC 的辅助继电器和数据寄存器之间的数据的自动交换，其中一台为主机，其余的为从机。

N∶N 网络中的每台 PLC 都在其辅助继电器区和数据寄存器区分配有一块用于共享的数

据区，这些辅助继电器和数据寄存器见表 7-2 和表 7-3。

表 7-2　N∶N 网络链接时相关的辅助继电器

动作	特殊辅助继电器	名　称	说　明	响应形式
只写	M8038	N∶N 网络参数设定	用于 N∶N 网络参数设定	主站，从站
只读	M8063	网络参数错误	当主站参数错误，置 ON	主站，从站
只读	M8183	主站通信错误	主站通信错误，置 ON[①]	从站
只读	M8184 ~ M8019[②]	从站通信错误	从站通信错误，置 ON[①]	主站，从站
只读	M8191	数据通信	当与其他站通信，置 ON	主站，从站

① 表示在本站中出现的通信错误数，不能在 CPU 出错状态、程序出错状态和停止状态下记录；

② 表示与从站号一致，如 1 号站为 M8184、2 号站为 M8185、3 号站为 M8186。

表 7-3　N∶N 网络链接时相关的数据寄存器

动作	特殊数据寄存器	名　称	说　明	响应形式
只读	D8173	站号	存储从站的站号	主站，从站
只读	D8174	从站总数	存储从站总数	主站，从站
只读	D8175	刷新范围	存储刷新范围	主站，从站
只写	D8176	设定站数	设定本站号	主站，从站
只写	D8177	设定总从站数	设定从站总数	主站
只写	D8178	设定刷新范围	设定刷新范围	主站
只写	D8179	设定重试次数	设定重试次数	主站
只写	D8180	超时设定	设定命令超时	主站
只读	D8201	当前网络扫描时间	存储当前网络扫描时间	主站，从站
只读	D8202	最大网络扫描时间	存储最大网络扫描时间	主站，从站
只读	D8203	主站通信错误数	主站中通信错误数[①]	从站
只读	D8204 ~ D8210[②]	从站通信错误数	从站中通信错误数[①]	主站，从站
只读	D8211	主站通信错误码	主站中通信错误码	从站
只读	D8212 ~ D8218[②]	从站通信错误码	从站中通信错误码	主站，从站

① 表示在本站中出现的通信错误数，不能在 CPU 出错状态、程序出错状态和停止状态下记录；

② 表示与从站号一致，如 1 号从站为 D8204、D8212，2 号从站为 D8205、D8213，3 号从站为 D8206、D8214。

N∶N 网络数据传输示意图如图 7-11 所示。

1. N∶N 链接网络的通信设置

【工作站号设置（D8176）】D8176 的设置范围为 0~7，主站应设置为 0，从站设置为 1~7。

整个距离为 50m,最多 8 个站

图 7-11　N∶N 网络数据传输示意图

【从站个数设置（D8177）】D8177 用于在主站中设置从站总数,从站中无须设置,设定范围为 0~7 之间的值,默认值为 7。

【刷新范围（模式）设置（D8178）】刷新范围是指在设定的模式下主站与从站共享的辅助继电器和数据寄存器的范围。D8178 对应的 3 种刷新模式见表 7-4。

表 7-4　N∶N 网络的刷新模式

元件类型	刷新范围		
	模式 0	模式 1	模式 2
	FX0N、FX1S、FX1N、FX2N、FX2NC	FX1N、FX2N 和 FX2NC	FX1N、FX2N 和 FX2NC
位元件（M）	0 点	32 点	64 点
字元件（D）	4 点	4 点	8 点

表 7-5 所列为 3 种模式设置所对应的 PLC 中辅助继电器和数据寄存器的刷新范围,这些辅助继电器和数据寄存器供各站的 PLC 共享。

表 7-5　3 种刷新模式对应的辅助继电器和数据寄存器

站　号	刷新范围					
	模式 0		模式 1		模式 2	
	位元件	4 点字元件	32 点位元件	4 点字元件	64 点位元件	8 点字元件
1	—	D10 ~ D13	M1064 ~ M1095	D10 ~ D13	M1064 ~ M1127	D10 ~ D17
2		D20 ~ D23	M1128 ~ M1159	D20 ~ D23	M1128 ~ M1191	D20 ~ D27
3		D30 ~ D33	M1192 ~ M1223	D30 ~ D33	M1192 ~ M1255	D30 ~ D37
4		D40 ~ D43	M1256 ~ M1287	D40 ~ D43	M1256 ~ M1319	D40 ~ D47
5		D50 ~ D53	M1320 ~ M1351	D50 ~ D53	M1320 ~ M1383	D50 ~ D57
6		D60 ~ D63	M1384 ~ M1415	D60 ~ D63	M1384 ~ M1447	D60 ~ D67
7	—	D70 ~ D73	M1448 ~ M1479	D70 ~ D73	M1448 ~ M1511	D70 ~ D77

【重试次数设置（D8179）】D8179 用以设置重试次数,设定范围为 0~10（默认值为 3）。该设置仅用于主站。当通信出错时,主站就会根据设置的次数自动重试通信。

【通信超时时间设置（D8180）】D8180 用以设置通信超时时间,设定范围为 5~255（默认值为 5）,该值乘以 10ms 就是通信超时时间。该设置限定了主站与从站之间的通信时间。

2. N∶N 网络通信举例

【实例 7-1】 编制 N∶N 网络参数的主站设定程序。

设定要求：将 PLC 设定为主站，从站数目设定为 2 个，采用模式 1 刷新，通信重试次数设定为 3 次，通信超时设定为 40ms。

按照设定要求进行设定，得到梯形图如图 7-12 所示。M8038 动作后，5 条 MOV 指令开始执行，D8176 值为 0，设为主站；D8177 值为 2，从站数目设定为 2；D8178 值为 1，采用模式 1 进行刷新；D8179 值为 3，设定通信重试次数为 3 次；D8180 值为 4，通信超时设定为 40ms。

图 7-12 N:N 网络参数的主站设定程序

【实例 7-2】 有 3 台 FX2N 系列 PLC 通过 N:N 并行通信网络交换数据，设计其通信程序。该网络的系统配置如图 7-13 所示。

图 7-13 1:2 PLC 并行网络连接

该并行网络的初始化设定程序的要求如下所述。

☺ 刷新范围：32 位元件和 4 字元件（模式 1）。

☺ 重试次数：3 次。

☺ 通信超时：50ms。

设计满足上述通信要求的通信程序，首先应对主站、从站 1 和从站 2 的通信参数进行设置（见表 7-6），其主站的通信参数设定程序如图 7-12 所示。

表 7-6 例题 7-2 中的主站、从站 1 和从站 2 的通信参数设置

通信参数	主　站	站　1	站　2	说　明
D8176	K0	K1	K2	站号
D8177	K2			总从站数：2 个
D8178	K1			刷新范围：模式 1
D8179	K3			重试次数：3 次（默认）
D8180	K5			通信超时：50ms（默认）

图 7-14、图 7-15 和图 7-16 所示的分别是主站、从站 1 和从站 2 的通信程序。

图 7-14　主站的通信程序

该并行网络的通信操作如下所述。

[1] 通过 M1000 ~ M1003，用主站的 X000 ~ X003 来控制 1 号从站的 Y010 ~ Y013。

[2] 通过 M1064 ~ M1067，用 1 号从站的 X000 ~ X003 来控制 2 号从站的 Y014 ~ Y017。

[3] 通过 M1128 ~ M1131，用 2 号从站的 X000 ~ X003 来控制主站的 Y020 ~ Y023。

[4] 主站的数据寄存器 Dl 为 1 号从站的计数器 C1 提供设定值。C1 的触点状态由 M1070 映射到主站的输出点 Y005。

[5] 主站中的数据寄存器 D2 为 2 号从站计数器 C2 提供设定值。C2 的触点状态由 M1140 映射到主站的输出点 Y006。

[6] 1 号从站 D10 的值和 2 号从站 D20 的值在主站相加，运算结果存放到主站的 D3 中。

[7] 主站中的 D0 和 2 号从站中 D20 的值在 1 号从站中相加，运算结果存入 1 号从 D11 中。

[8] 主站中的 D0 和 1 号从站中 D10 的值在 2 号从站中相加，运算结果存入 2 号从站 D21 中。

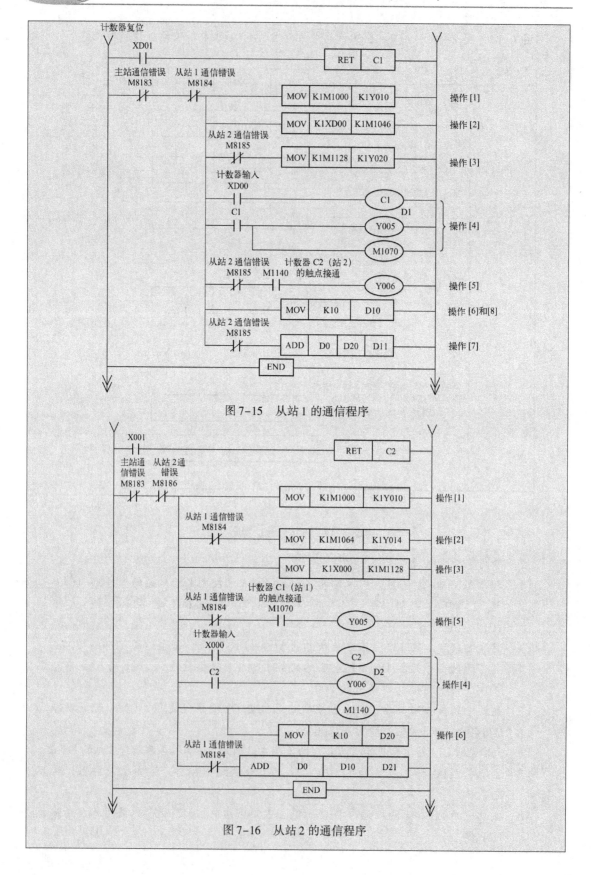

图 7-15　从站 1 的通信程序

图 7-16　从站 2 的通信程序

7.3.2　双机并行链接通信

双机并行链接是指使用 RS－485 通信适配器或功能扩展板连接两台 FX 系列 PLC（即 1:1 方式），以实现两 PLC 之间的信息自动交换，如图 7-17 所示。

图 7-17　双机并行链接

1:1 并行连接有一般模式和高速模式两种，当 M8162 = OFF 时，并行连接为一般模式（如图 7-18 所示）；当 M8162 = ON 时，并行连接为高速模式（如图 7-19 所示）。

主从站分别由 M8070 和 M8071 继电器设定：M8070 = ON 时，该 PLC 被设定为主站；M8071 = ON 时，该 PLC 被设定为从站。

图 7-18　一般模式通信示意图

图 7-19　高速模式通信示意图

【实例 7-3】2 台 FX2N 系列 PLC 通过 1:1 并行链接通信网络交换数据，设计其一般模式的通信程序。通信操作要求如下所述。

☺ 主站 X000～X007 的 ON/OFF 状态通过 M800～M807 输出到从站的 Y000～Y007。

☺ 当主站计算结果（D0 + D2）≤100 时，从站的 Y010 变为 ON。

☺ 从站中的 M0～M7 的 ON/OFF 状态通过 M000～M007 输出到主站的 Y000～Y007。

☺ 从站 D10 的值用于设定主站的计时器（T0）值。

按照题目要求，设定主站与从站的程序如图 7-20 所示。

图 7-20   1:1 并行链接一般模式通信程序

图 7-20（a）所示为主站设定，分别完成了 X0 ~ X7 状态的输入、（D0 + D2）运算、状态输出，以及定时器操作设定。图 7-20（b）所示为从站设定，分别完成了输出设定、比较操作，以及定时器的定时时间设定等操作。

【实例 7-4】2 台 FX2N 系列 PLC 通过 1:1 并行链接通信网络交换数据，设计其高速模式的通信程序。通信操作要求如下所述。

☺ 当主站的计算结果 ≤ 100 时，从站 Y010 变 ON。

☺ 从站的 D10 的值用于设定主站的计时器（T0）值。

按照题目要求，设定结果如图 7-21 所示。

图 7-21   1:1 并行链接高速模式通信程序

图 7-21（a）中 M8070 被设定为 1，为主站；图 7-21（b）M8071 被设定为 1，为从站。M8162 被设定为 1，进入并行链接高速通信模式，其余设定参照实例 7-3。

 # 7.4   计算机链接与无协议数据传输

通信格式决定了计算机链接和无协议通信方式的通信设置（数据长度、奇偶校验形式、波特率和协议方式等）。因此，为了保证 PLC 和计算机之间通信时发送和接收数据正确完成，系统的通信必须按规定的通信协议的格式进行处理。

7.4.1　串行通信协议的格式

PLC 程序在 16 位的特殊数据寄存器 D8120 中设置通信格式，如数据长度、奇偶校验形式、波特率和协议方式等，其设置方法见表 7-7，表中的 b0 为最低位，b15 为最高位。设置好后，需关闭 PLC 电源，然后重新接通电源，才能使设置有效。表 7-8 是 D8120 的位定义。除 D8120 外，通信中还会用到其他一些特殊辅助继电器和特殊数据寄存器，这些元件和其功能见表 7-9。

表 7-7　串行通信格式

b15	b14	b13	b12 ~ b10	b9	b8	b7 ~ b4	b3	b2, b1	b0
传输控制	协议	校验和	控制线	结束符	起始符	传输速率	停止位	奇偶校验	数据长度

表 7-8　D8120 的位定义

位　号	意　义	内　容	
		0（OFF）	1（ON）
b0	数据长度	7 位	8 位
b1 b2	奇偶性	（b2，b1） （0，0）：无奇偶校验 （0，1）：奇校验 （1，1）：偶校验	
b3	停止位	1 位	2 位
b4 b5 b6 b7	波特率（b/s）	（b7，b6，b5，b4）　　　（b7，b6，b5，b4） （0，0，1，1）：300　　（0，1，1，1）：4800 （0，1，0，0）：600　　（1，0，0，0）：9600 （0，1，0，1）：1200　　（1，0，0，1）：19200 （0，1，1，0）：2400	
b8	起始标志字符	无	起始字符在 D8124 中，默认值为 STX（02H）
b9	结束标志字符	无	结束字符在 D8125 中，默认值为 ETX（03H）
b10 b11 b12	控制线	（b12，b11，b10） （0，0，0）：无应用＜RS232C 接口＞ （0，0，1）：终端适配器＜RS232C 接口＞ （0，1，0）：转换适配器＜RS232C 接口＞（FX2N V2.0 及以上） （0，1，1）：普通格式 1＜RS232C 接口＞，＜RS485（422）接口＞ （1，0，1）：普通格式 2＜RS232C 接口＞（仅用于 FX，FX2C）	
b13	和检查	和检查码不附加	和检查码自动附加
b14	协议	无协议	专用协议
b15	传送控制协议	协议格式 1	协议格式 4

表 7-9　特殊辅助继电器和特殊数据寄存器

特殊辅助继电器	功 能 描 述	特殊数据寄存器	功 能 描 述
M8121	数据发送延时（RS 命令）	D8120	通信格式（RS 命令、计算机链接）
M8122	数据发送标志（RS 命令）	D8121	站号设置（计算机链接）
M8123	完成接收标志（RS 命令）	D8122	未发送数据数（RS 命令）
M8124	载波检测标志（RS 命令）	D8123	接收的数据数（RS 命令）
M8126	全局标志（计算机链接）	D8124	起始字符（初始值为 STX，RS 命令）
M8127	请求式握手标志（计算机链接）	D8125	结束字符（初始值为 EXT，RS 命令）
M8128	请求式出错标志（计算机链接）	D8127	请求式起始元件号寄存器（计算机链接）
M8129	请求式字/字节转换（计算机链接），超时判断标志（RS 命令）	D8128	请求式数据长度寄存器（计算机链接）
M8161	8/16 位转换标志（RS 命令）	D8129	数据网络的超时定时器设定值（RS 命令和计算机链接，单位为 10ms，为 0 时表示 100ms）

【实例 7-5】根据 7-10 表所列参数对特殊数据寄存器 D8120 进行设置，并编写参数设定程序。

表 7-10　例题 7-5 参数

数据长度	奇偶性	停止位	波特率	协议	启动标志字符	结束标志字符	DTR 检查	控制线
7 位	偶	2 位	9600b/s	无协议	应用	应用	接收	格式 1

按照题目要求编写的参数设定程序如图 7-22 所示。

图 7-22　参数设定程序

7.4.2　计算机链接通信协议

计算机链接可以用于一台计算机与一台配有 RS – 232C 通信接口的 PLC 通信，如图 7-23 所示。

图 7-23　一台计算机与一台 PLC 链接通信

计算机也可以通过 RS－485 通信网络与最多 16 台 PLC 通信，如图 7-24 所示。

图 7-24　计算机与多台 PLC 链接通信

RS－485 网络与计算机的 RS－232C 通信接口之间需要使用 FX－485PC－IF 转换器。

1. 计算机与 PLC 链接数据流的传输格式

计算机和 PLC 之间数据交换和传输（又称数据流）有 3 种形式，即计算机从 PLC 中读数据、计算机向 PLC 写数据和 PLC 向计算机写数据。数据传输格式见表 7-11。

表 7-11　数据传输格式

控制代码	PLC 站号	PLC 标志号	命令	报文等待时间	数据字符	校验和代码	控制代码 CR/LF

表 7-11 所示的计算机链接协议中各组成部分的意义说明如下。

【控制代码】控制代码格式见表 7-12。

表 7-12　控制代码格式

信　号	代　码	功 能 描 述	信　号	代　码	功 能 描 述
STX	02H	报文开始	LF	0AH	换行
ETX	03H	报文结束	CL	0CH	清除
EOT	04H	发送结束	CR	0DH	回车
ENQ	05H	请求	NAK	15H	不能确认
ACK	06H	确认			

PLC 接收到单独的控制代码 EOT（发送结束）和 CL（清除）时，将初始化传输过程，此时 PLC 不会作出响应。在以下 5 情况下，PLC 将会初始化传输过程。

☺ 电源接通。

☺ 数据通信正常完成。

☺ 接收到发送结束信号（EOT）或清除信号（CL）。

☺ 接收到控制代码 NAK。

☺ 计算机发送命令报文后，超过了超时检测时间。

【PLC 工作站号】工作站号决定计算机访问哪一台 PLC，同一网络中各 PLC 的站号不能重复，否则将会出错。但不要求网络中各站的站号是连续的数字。在 FX 系列中，用特殊数据寄存器 D8121 来设定站号，设定范围为 00H～0FH。

【PLC 标志号】PLC 的标志号用于识别 MELSECNET（Ⅱ）或 MELSECNET/B 网络中的 CPU，用两个 ASCII 字符来表示。

【命令】计算机链接中的命令见表 7-13。

表 7-13　计算机链接中的命令

命 令	功 能	FX2N、FX2NC、FX1N
BR	以点为单位读位元件（X、Y、M、S、T、C）组	256 点
WR	以 16 点为单位读位元件组或读字元件组	32 字，512 点
BW	以点为单位写位元件（Y、M、5、T、C）组	160 点
WW	以 16 点为单位写位元件组	10 字/160 点
WW	写字元件组（D、T、C）	64 点
BT	对多个位元件分别置位/复位（强制 ON/ OFF）	20 点
WT	以 16 点为单位对位元件置位/复位（强制 ON/OFF）	10 字/160 点
WT	以字元件为单位，向 D、T、C 写入数据	10 字
RR	远程控制 PLC 起动	
RS	远程控制 PLC 停机	
PC	读 PLC 的型号代码	
GW	置位/复位所有连接的 PLC 的全局标志	1 点
——	PLC 发送请求式报文，无命令，只能用于 1:1 系统	最多 64 字
TT	返回式测试功能，字符从计算机发出，又直接返回到计算机	254 个字符

【报文等待时间】用于决定当 PLC 接收到从计算机发送过来的数据后，需要等待的最少时间，然后才能向计算机发送数据。

【数据字符】即所需发送的数据报文信息，其字符个数由实际情况决定。

【校验和代码】用于校验接收到的信息中的数据是否正确。

【控制代码】D8120 的 b15 位设置为 1 时，选择控制协议格式 4，PLC 在报文末尾加上控制代码 CR/LF（回车、换行符）。

2. 计算机从 PLC 读取数据

计算机从 PLC 读取数据的过程分为 A、B、C 三部分，如图 7-25 所示。

图 7-25　计算机读取 PLC 数据的数据传输格式

（1）计算机向 PLC 发送读数据命令报文（A 部分），以控制代码 ENQ（请求）开始，紧跟其后的是计算机要发送的数据，数据按从左至右的顺序发送。

（2）PLC 接收到计算机的命令后，向计算机发送计算机要求读取的数据，该报文以控制代码 STX 开始（B 部分）。

（3）计算机接收到从 PLC 中读取的数据后，向 PLC 发送确认报文，该报文以 ACK 开始（C 部分），表示数据已收到。

（4）计算机向 PLC 发送读数据的命令有错误（如命令格式不正确或 PLC 站号不符等），或者在通信过程中产生错误时，PLC 将向计算机发送有错误代码的报文，即 B 部分以 NAK 开始的报文，通过错误代码告诉计算机产生通信错误可能的原因。计算机接收到 PLC 发来的有错误的报文时，向 PLC 发送无法确认的报文，即 C 部分以 NAK 开始的报文。

3. 计算机向 PLC 写数据

计算机向 PLC 写数据的过程分为 A、B 两部分，如图 7-26 所示。

图 7-26　计算机向 PLC 写数据的数据传输格式

（1）计算机首先向 PLC 发送写数据命令，如图 7-26 中所示的 A 部分。

（2）PLC 接收到写数据命令后，执行相应的操作，执行完成后，向计算机发送确认信号（B 部分以 ACK 开头的报文），表示写数据操作已完成。

（3）若计算机发送的写命令有错误，或者在通信过程中出现了错误，PLC 将向计算机发送 B 部分中以 NAK 开头的报文，通过错误代码告诉计算机产生通信错误的可能原因。

7.4.3　无协议数据传输

无协议通信方式可以实现 PLC 与各种有 RS-232C 接口的设备（如计算机、条型码阅读器和打印机）之间的通信，可采用无协议 RS-485 转换器实现。

【实例 7-6】PLC 与三菱变频器的无协议通信应用实例。

要求：设定 PLC 与三菱变频器能够进行无协议通信。

1）系统配置

☺ 三菱 PLC：FX2N + FX2N-485-BD。

☺ 三菱变频器：A500 系列、E500 系列、F500 系列、F700 系列。

☺ 二者之间通过网线连接（网线的 RJ 插头和变频器的 PU 插座连接），将变频器的 SDA 与 PLC 通信板（FX2N + FX2N-485-BD）的 RDA 连接，变频器的 SDB 与 PLC 通信板（FX2N + FX2N-485-BD）的 RDB 连接，变频器的 RDA 与 PLC 通信板（FX2N + FX2N-485-BD）的 SDA 连接，变频器的 RDB 与 PLC 通信板（FX2N +

FX2N – 485 – BD）的 SDB 连接，变频器的 SG 与 PLC 通信板（FX2N + FX2N – 485 – BD）的 SG 连接。

2）变频器的设置 见表 7-14。

表 7-14 变频器的设置

参数号	名称	设定值	说明
117	站号	0	设定变频器站号为 0
118	通信速率	96	设定波特率为 9600b/s
119	停止位长/数据位长	11	设定停止位 2 位，数据位 7 位
120	奇偶校验有/无	2	设定为偶校验
121	通信再试次数	9999	即使发生通信错误，变频器也不停止
122	通信校验时间间隔	9999	通信校验终止
123	等待时间设定	9999	用通信数据设定
124	CR、LF 有/无选择	0	选择无 CR、LF

【说明】 122 号参数一定要设置成 9999，否则当通信结束后且通信校验互锁时间到时，变频器会产生报警并且停止（E. PUE）。每次参数初始化设定完成后，需要复位变频器。如果改变与通信相关的参数后，变频器没有复位，通信将不能进行。

3）PLC 的设置 PLC 与变频器无协议通信格式设置见表 7-15。

表 7-15 PLC 与变频器无协议通信格式设置

数据长度	7 位
奇偶性	偶
停止位	2 位
波特率	9600b/s
起始标志字符	无
结束标志字符	无
和校验码	无
协议	无协议

4）控制要求
- 当 M10 接通一次后，变频器进入正转状态。
- 当 M11 接通一次后，变频器进入停止状态。
- 当 M12 接通一次后，变频器进入反转状态。
- 当 M13 接通一次后，读取变频器的运行频率（D700）。
- 当 M14 接通一次后，写入变频器的运行频率（D700）。

5）PLC 程序 PLC 与变频器进行通信时的 PLC 程序如下：

```
0       LD      M8002
1       MOV     H0C8E       D8120
6       FMOV    K0          D500        K10
13      BMOV    D500        D600        K10
```

20	ZRST	D203	D211		
25	SET	M8161			
27	LD	M8000			
28	MOV	H05	D200		
33	MOV	H30	D201		
38	MOV	H30	D202		
43	AND <=	Z0	D20		
48	ADD	D21	D201Z0	D21	
55	INC	Z0			
58	LD	M8000			
59	ASCI	D21	D206Z1	K2	
66	LD	M8000			
67	RS	D200	K12	D500	K10
76	LD	PM10			
78	ORP	M11			
80	ORP	M12			
82	MOV	H46	D203		
87	MOV	H41	D204		
92	MOV	H30	D205		
97	MOV	H30	D206		
102	RST	Z0			
105	MOV	K6	D20		
110	MOV	K2	Z1		
115	RST	D21			
118	LDP	M10			
120	MOV	H32	D207		
125	LDP	M11			
127	MOV	H30	D207		
132	LDP	M12			
134	MOV	H34	D207		
139	LDP	M13			
141	MOV	H36	D203		
146	MOV	H46	D204		
151	MOV	H30	D205		
156	RST	Z0			
159	MOV	K4	D20		
164	MOV	K0	Z1		
169	RST	D21			
172	LDP	M14			
174	MOV	H45	D203		
179	MOV	H44	D204		
184	MOV	H30	D205		
189	ASCI	D400	D206	K4	
196	RST	Z0			

199	MOV	K8	D20	
204	MOV	K4	Z1	
209	RST	D21		
212	LDF	M10		
214	ORF	M11		
216	ORF	M12		
218	ORF	M13		
220	ORF	M14		
222	FMOV	K0	D500	K10
229	BMOV	D500	D600	K10
236	SET	M8122		
238	LD	M8123		
239	BMOV	D500	D600	K10
246	RST	M8123		
248	LDM	8000		
249	HEX	D603	D700	K4
256	END			

7.5 MELSEC NET 网络

MELSEC NET 是三菱公司的 MELSEC PLC 组成的工业控制网络，MELSEC NET 网络采用环形网络结构，在数据通信中有主环和辅环两路通信链路，二者互为冗余。其网络结构如图 7-27 所示。

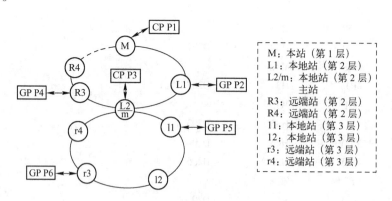

图 7-27 MELSEC NET 网络结构

1. MELSEC NET 网络特点

☺ 具有构成多层数据通信系统的能力，允许在同一层次内由本地站与远程 I/O 站混合组成。

☺ 数据通信可以使用抗噪声干扰能力强的光缆，也可以使用经济的同轴电缆。

☺ 数据通信有两个环路，两个环路均可作为主环路，但一个数据通信系统中，仅允许有一个主环路，系统还具有电源瞬间断电之校正功能，保证了数据通信的可靠性。

☺ 传输速度较高，这就保证了通过 MELSEC NET 网络的公共数据通信，所有站均可利用公共的 1024 个通信继电器（B）和 1024 个 16 位通信寄存器（W）。

☺ 使用编程器 A6GPPE、A6PHPE、A6HGPE 可将控制程序由主控站向从站下装（download），也可将控制程序由从站向主控站上装（upload），还可以在监测屏幕上检查通信的状态。

☺ 若将一个无程序（Program Less）的监测系统与 MELSEC NET 网络相连，则可在彩色屏幕画面上采集通信数据，进行数据管理。

☺ 标准系统备有 RS - 232C 接口和 RS - 422 计算机通信接口，而且还可以再装入 RS - 422 接口，构成 1:32 的多点通信。

2. MELSEC NET 网络性能简介

MELSEC NET 高速数据通信系统其传输速度为 1.25Mb/s，其主控站通过光缆或同轴电缆可与 64 个本地站或远程 I/O 站进行数据通信，而每个从站又可以作为第 3 层数据通信系统的主控站，与这一层的 64 个从站或远程 I/O 站进行数据通信。

MELSEC NET 网络具有以下功能。

☺ 回送功能。

☺ 通信监测功能。

☺ 测试功能。

☺ 对分散的从站进行集中管理。

☺ 在所有站之间分享通信数据。

☺ 在 MELSEC NET 网络中做画面监视系统。

三菱 PLC 系列包括 FX 系列、Q 系列、A 系列等，Q 系列 PLC 作为三菱 PLC 系列高端产品，在 MELSEC NET 网络中应用的较为广泛。Q 系列 PLC 提供层次清晰的 3 层网络，针对各种用途提供最合适的网络产品，如图 7-24 所示。

图 7-28　Q 系列 PLC 三层网络结构示意图

【信息层/Ethernet（以太网）】信息层为网络系统中最高层，主要是在 PLC、设备控制器及生产管理用 PC 之间传输生产管理信息、质量管理信息及设备的运转情况等数据，信息层使用最普遍的 Ethernet。它不仅能够连接 Windows 系统的 PC、UNIX 系统的工作站等，而且还能连接各种 FA 设备。Q 系列 PLC 系列的 Ethernet 模块具有了日益普及的因特网电子邮件收发功能，使用户无论在世界的任何地方都可以方便地收/发生产信息邮件，构筑远程监视管理系统。同时，利用互联网的 FTP 服务器功能及 MELSEC 专用协议，可以很容易的实现程序的上传/下载和信息的传输。

【控制层/MELSECNET/10（H）】控制层是整个网络系统的中间层，是 PLC、CNC 等控制设备之间方便且高速地处理数据互传的控制网络。作为 MELSEC 控制网络的 MELSEC-NET/10，以其良好的实时性、简单的网络设定、无程序的网络数据共享概念，以及冗余回路等特点获得了很高的市场评价。而 MELSECNET/H 不仅继承了 MELSECNET/10 优秀的特点，还使网络的实时性更好，数据容量更大，进一步适应市场的需要。但目前 MELSEC-NET/H 只有 Q 系列 PLC 才可使用。

【设备层/现场总线 CC‑Link】设备层是把 PLC 等控制设备和传感器，以及驱动设备连接起来的现场网络，是整个网络系统最低层的网络。采用 CC‑Link 现场总线连接，不仅能处理 ON/OFF 等开关量的数据，还可连接 ID 系统、条形码阅读器、变频器、人机界面等智能化设备，从完成各种数据的通信，到终端生产信息的管理均可实现，布线数量大大减少，加上对机器动作状态的集中管理，使维修保养的工作效率也大有提高。在 Q 系列 PLC 中使用，CC‑Link 的功能更好，而且使用更简便。

在三菱的 PLC 网络中进行通信时，不会感觉到有网络种类的差别和间断，可进行跨网络间的数据通信和程序的远程监控、修改、调试等工作，而无须考虑网络的层次和类型。

MELSECNET/H 和 CC‑Link 使用循环通信的方式，周期性自动地收/发信息，不需要专门的数据通信程序，只需简单的参数设定即可。MELSECNET/H 和 CC‑Link 是使用广播方式进行循环通信发送和接收的，这样就可做到网络上的数据共享。

对于 Q 系列 PLC 使用的 Ethernet、MELSECNET/H、CC‑Link 网络，可以在 GX Developer 软件画面上设定网络参数及各种功能，简单方便。

另外，Q 系列 PLC 除了拥有上面所提到的网络外，还可支持 PROFIBUS、Modbus、DeviceNet、ASi 等其他厂商的网络，还可通过 RS‑232/RS‑422/RS‑485 接口进行串行通信，同时支持数据专线、电话线进行数据传送等多种通信方式。

7.6　实例：PLC 与变频器的 RS‑485 通信

PLC 与变频器通过 RS‑485 通信。其控制要求如下所述。

（1）利用变频器的数据代码表（见表 7-16），进行通信操作；

（2）使用触摸屏，通过 PLC 的 RS‑485 总线控制变频器正转、反转、停止；

（3）使用触摸屏，通过 PLC 的 RS‑485 总线在运行中直接修改变频器的运行频率。

表 7-16　变频器数据代码表

操 作 指 令	指 令 代 码	数 据 内 容
正转	HFA	H02
反转	HFA	H04
停止	HFA	H00
运行频率写入	HED	H0000 ~ H2EE0

需要的器材如下所述。

☺ PLC 1 台（FX2N-48MR）；

☺ 变频器 1 台（FR-A540-1.5K）；

☺ FX2N-485-BD 通信板 1 块（配通信线若干）；

☺ 触摸屏（F940）；

☺ 三相笼型异步电动机 1 台（Y-112-0.55）；

☺ 控制台 1 个；

☺ 按钮开关 5 个；

☺ 指示灯 3 个；

☺ 电工常用工具 1 套；

☺ 连接导线若干。

1. 软件设计

1）数据传输格式　一般按照通信请求→站号→指令代码→数据内容→校验码的格式进行传输，其中数据内容可多可少，也可以没有；校验码是求站号、指令代码、数据内容的 ASCII 码的总和，然后取其低 2 位的 ASCII 码。

2）通信格式设置　通信格式设置是通过特殊数据寄存器 D8120 来设置的。根据控制要求，其通信格式设置如下所述。

☺ 设数据长度为 8 位，即 D8120 的 b0 = 1；

☺ 奇偶性设为偶数，即 D8120 的 b1 = 1，b2 = 1；

☺ 停止位设为 2 位，即 D8120 的 b3 = 1；

☺ 通信速率设为 19200b/s，即 D8120 的 b4 = b7 = 1，b5 = b6 = 0；

☺ D8120 的其他各位均设为 0

因此，通信格式设置为 D8120 = 9FH。

3）变频器参数设置　根据上述的通信设置，变频器必须设置如下参数：

☺ 操作模式选择（PU 运行）Pr79 = 1；

☺ 站号设定 Pr117 = 0（设定范围为 0 ~ 31 号站，共 32 个站）；

☺ 通信速率 Pr118 = 192（即 19200b/s，要与 PLC 的通信速率相一致）；

☺ 数据长度及停止位长 Pr119 = 1（即数据长为 8 位，停止位长为 2 位，要与 PLC 的设置相一致）；

☺ 奇偶性设定 Pr120 = 2（即偶数，要与 PLC 的设置相一致）；

☺ 通信再试次数 Pr121 = 1（数据接收错误后允许再试的次数，设定范围为 0 ~ 10，9999）；

☺ 通信校验时间间隔 Pr122 = 9999（即无通信时，不报警，设定范围为 0, 0.1 ~ 999.8s, 9999）；

☺ 等待时间设定 Pr123 = 20（设定数据传输到变频器的响应时间，设定范围为 0 ~ 150ms, 9999）；

☺ 换行、按"Enter"键有无选择 Pr124 = 0（即无换行、按"Enter"键）；

☺ 其他参数按出厂值设置。

【注意】变频器参数设置完后或改变与通信有关的参数后，变频器都必须停机复位，否则无法运行。

图 7-29　触摸屏画面

4）**PLC 的 I/O 分配**　M0—正转按钮，M1—反转按钮，M2—停止按钮，M3—手动加速，M4—手动减速；Y0—正转指示，Y1—反转指示，Y2—停止指示。

5）**触摸屏画面制作**　按图 7-29 所示制作触摸屏画面。

6）**程序设计**　根据通信及控制要求，其梯形图程序由以下 5 部分组成。

☺ 手动加/减速程序如图 7-30 所示。

图 7-30　手动加/减速程序

☺ 通信初始化设置程序如图 7-31 所示。

图 7-31　通信初始化设置程序

☺ 变频器运行程序如图 7-32 所示。

图 7-32 变频器运行程序

☺ 发送频率代码的程序如图 7-33 所示。

图 7-33 发送频率代码的程序

☺ 子程序如图 7-34 所示。

图 7-34　子程序

2. 系统接线

根据系统控制要求，系统接线图如图 7-35 所示。

（a）系统接线原理图　　　　　（b）RS-485 通信板的接线

图 7-35　系统接线图

思考与练习

（1）通信分为几种形式？

（2）常用的串口通信标准有哪几种？

（3）简述 MELSEC NET 网络的特点和性能。

（4）用 N：N 方式实现将 PLC 设定为主站，从站数目设定为 3 个，采用模式 2 刷新，通信重试次数设定为 4 次，通信超时设定为 50ms。

（5）2 台 FX2N 系列 PLC 通过 1：1 并行链接通信网络交换数据，设计其高速模式的通信程序。要求如下所述。

☺ 当主站的计算结果≤50 时，从站 Y001 变 ON。

☺ 从站的 D10 的值用于设定主站的计时器（T0）值。

第8章 PLC 的应用

PLC 已广泛地应用于工业控制的各个领域。由于 PLC 的应用场合多种多样，以 PLC 为主控制器的控制系统越来越多。应当说，在熟悉了 PLC 的基本工作原理和指令系统后，就可以结合实际进行 PLC 控制系统的应用设计，使 PLC 能够实现对生产机械或生产过程的控制。由于 PLC 的工作方式和通用计算机的不完全一样，因此用 PLC 设计自动控制系统与计算机控制系统的开发过程也不完全相同，需要根据 PLC 的特点进行系统设计。PLC 控制系统与继电控制系统也有本质区别，硬件和软件可分开进行设计是 PLC 的一大特点。

本章介绍 PLC 控制系统设计所必须遵循的基本原则和 PLC 控制系统的硬件设计方面的问题，使读者对 PLC 的使用和设计有一个比较全面的了解。

 ## 8.1 PLC 控制系统设计的内容和步骤

PLC 控制系统是由 PLC 作为控制器来构成的电气控制系统。PLC 的控制系统设计就是设计根据控制对象的控制要求制定电控方案，选择 PLC 机型，进行 PLC 的外围电气电路设计，以及 PLC 程序的设计、调试。要完成好 PLC 控制系统的设计任务，除掌握必要的电气设计基础知识外，还必须经过反复实践，深入生产现场，将不断积累的经验应用到设计中来。

8.1.1 系统设计的主要原则和内容

1. PLC 控制系统设计的基本原则

☺ 首先要满足被控设备的全部控制要求，包括功能要求、性能要求等。
☺ 在满足控制系统要求的基础上，应考虑实用性、经济性、可维护性等。
☺ 控制系统应确保控制设备性能的稳定性及工作的安全性和可靠性。
☺ 控制系统应具有可扩展性，能满足生产设备的改良和系统升级的需求。
☺ 要注意控制系统 I/O 设备的标准化原则和多供应商原则，易于采购和替换。
☺ 易于操作，符合人机工程学的要求和用户的操作习惯。

2. PLC 控制系统设计的主要内容

☺ 拟定控制系统设计的技术条件。技术条件一般以设计任务书的形式来确定，它是整个设计的依据。
☺ 选择电气传动形式和电动机、电磁阀等执行机构。

☺ 选定 PLC 的型号。

☺ 编制 PLC 的 I/O 分配表或绘制 I/O 端子接线图。

☺ 根据系统设计的要求编写软件规格说明书，然后再用相应的编程语言（常用梯形图）进行程序设计。

☺ 了解并遵循用户认知心理学，重视人机界面的设计，增强人与机器之间的友善关系。

☺ 设计操作台、电气柜及非标准电器元部件。

☺ 编写设计说明书和使用说明书。

8.1.2　PLC 控制系统设计步骤

1）**深入了解和分析被控对象的工艺条件和控制要求**　被控对象就是受控的机械、电气设备、生产线或生产过程。控制要求主要是指控制的基本方式，应完成的动作，自动工作循环的组成，必要的保护和联锁等。对较复杂的控制系统，还可将控制任务分成多个独立部分，这种可以化繁为简，有利于编程和调试。

2）**确定 I/O 设备**　根据被控对象对 PLC 控制系统的功能要求，确定系统所需的用户 I/O 设备。常用的输入设备有按钮、选择开关、行程开关、传感器等，常用的输出设备有继电器、接触器、指示灯、电磁阀等。

3）**选择合适的 PLC 类型**　根据已确定的用户 I/O 设备，统计所需的输入信号和输出信号的点数，选择合适的 PLC 类型，包括机型的选择、容量的选择、I/O 模块的选择、电源模块的选择等。

4）**分配 I/O 点**　分配 PLC 的 I/O 点，编制出 I/O 分配表或绘制出 I/O 端子的接线图。接着就可以进行 PLC 程序设计，同时可进行控制柜或操作台的设计和现场施工。

5）**设计应用系统梯形图程序**　根据工作功能图表或状态流程图等设计出梯形图（即编程）。这一步是整个应用系统设计的最核心工作，也是比较困难的一步。要设计好梯形图，首先要十分熟悉控制要求，同时还要有一定的电气设计的实践经验。

6）**将程序输入 PLC**　当使用简易编程器将程序输入 PLC 时，需要先将梯形图转换成指令助记符，以便输入。当使用 PLC 的辅助编程软件在计算机上编程时，可通过上/下位机的连接电缆将程序下载到 PLC 中去。

7）**进行软件测试**　将程序输入 PLC 后，应先进行测试工作。因为在程序设计过程中，难免会有疏漏的地方。因此，在将 PLC 连接到现场设备上去前，必须进行软件测试，以排除程序中的错误，同时也为整体调试打好基础，缩短整体调试的周期。

8）**应用系统整体调试**　在 PLC 软硬件设计和控制柜及现场施工完成后，就可以进行整个系统的联机调试。如果控制系统是由多个部分组成，则应先作局部调试，然后再进行整体调试；如果控制程序的步序较多，则可先进行分段调试，然后再连接起来总调。调试中发现的问题，要逐一排除，直至调试成功。

9）**编制技术文件**　系统技术文件包括说明书、电气原理图、电器布置图、电气元件明细表和 PLC 梯形图。

PLC 控制系统设计步骤流程图如图 8-1 所示。

图 8-1 PLC 控制系统设计步骤流程图

 ## 8.2 PLC 控制系统的硬件设计

PLC 硬件设计是系统设计的第一步，只有选择好了合适的 PLC 硬件，才能在此基础上进行软件的设计调试。并不是越贵、越高级的 PLC 就一定越好，在满足功能的前提下，选择合适的 PLC 才是正确的方法。

8.2.1 PLC 机型的选择

随着 PLC 控制的普及与应用，PLC 产品的种类和数量越来越多，而且功能也日趋完善。近年来，从美国、日本、德国引进的 PLC 产品及国内厂家组装或自行开发的产品已有数十个系列、上百种型号。目前，在国内应用较多的 PLC 产品主要包括美国 AB、GE、MODICON公司，德国西门子公司，日本 OMRON、三菱公司等的 PLC 产品。PLC 的品种繁多，其结构形式、性能、容量、指令系统、编程方法、价格等各有自己的特点，适用场合也各有侧重。因此，合理选择 PLC，对于提高 PLC 控制系统的技术经济指标起着重要的作用。一般选择机型要以满足系统功能需要为宗旨，不要盲目贪大求全，以免造成投资和设备资源的浪费。机型的选择可从以下 7 个方面来考虑。

1. 对 I/O 点的选择

PLC 是一种工业控制系统，它的控制对象是工业生产设备或工业生产过程，工作环境是工业生产现场。它与工业生产过程的联系是通过 I/O 接口模块来实现的。

通过 I/O 接口模块可以检测被控生产过程的各种参数，并以这些现场数据作为控制信息对被控对象进行控制。同时，通过 I/O 接口模块将控制器的处理结果送给被控设备或工业生产过程，从而驱动各种执行机构来实现控制。PLC 从现场收集的信息及输出给外部设备的控制信号都需经过一定距离，为了确保这些信息的正确无误，PLC 的 I/O 接口模块都具有较好的抗干扰能力。根据实际需要，一般情况下，PLC 都有许多 I/O 接口模块，包括开关量输入模块、开关量输出模块、模拟量输入模块、模拟量输出模块及其他一些特殊模块，使用时应根据它们的特点进行选择。

PLC 的 I/O 点的价格还是比较高的，因此应该合理选用 PLC 的 I/O 点的数量，在满足控制要求的前提下力争使用的 I/O 点最少，但必须留有一定的裕量。

通常，I/O 点数是根据被控对象的 I/O 信号的实际需要，再加上 10% ~ 15% 的裕量来确定的。

PLC 的输出点可分为共点式、分组式和隔离式 3 种接法。隔离式的各组输出点之间可以采用不同的电压种类和电压等级，但这种 PLC 平均每点的价格较高。如果输出信号之间不需要隔离，则应选择前两种输出方式的 PLC。

2. 对存储容量的选择

用户程序所需的存储容量大小不仅与 PLC 系统的功能有关，而且还与功能实现的方法、程序编写水平有关。一个有经验的程序员和一个初学者相比，在完成同一复杂功能时，其程序量可能相差 25% 之多，所以对于初学者应该在存储容量估算时多留裕量。

PLC 系统所用的存储器基本上由 ROM、E – PROM 及 EEPROM 3 种类型组成，存储容量则随机器的大小变化，一般小型机的最大存储能力低于 6KB，中型机的最大存储能力可达 64KB，大型机的最大存储能力可达数兆字节。使用时，可以根据程序及数据的存储需要来选用合适的机型，必要时也可专门进行存储器的扩充设计。

PLC 的存储器容量选择和计算有两种方法，一是根据编程使用的节点数精确计算存储器的实际使用容量；二是估算法，用户可根据控制规模和应用目的进行设定，为了使用方便，一般应留有 25% ~ 30% 的裕量，获取存储容量的最佳方法是生成程序，根据程序容量的大小便可确定准确的存储容量。

PLC 的 I/O 点数的多少，在很大程序上反映了 PLC 系统的功能要求，因此可在 I/O 点数确定的基础上，按下式估算存储容量后，再加 20% ~ 30% 的裕量。

存储容量(字节) = 开关量 I/O 点数 ×10 + 模拟量 I/O 通道数 ×100

另外，在选择存储容量时，还要注意对存储器类型的选择。

3. 对 I/O 响应时间的选择

PLC 的 I/O 响应时间包括输入电路延迟、输出电路延迟和扫描工作方式引起的时间延迟（一般在 2 ~ 3 个扫描周期）等。对开关量控制的系统，PLC 和 I/O 响应时间一般都能满足实际工程的要求，可不必考虑 I/O 响应问题。但对模拟量控制的系统（特别是闭环系统）就要考虑这个问题。

4. 根据输出负载的特点选型

不同的负载对 PLC 的输出方式有相应的要求。例如，对于频繁通/断的感性负载，应选择晶体管或晶闸管输出型的，而不应选用继电器输出型的。但继电器输出型的 PLC 有许多优点，如导通压降小，有隔离作用，价格相对较便宜，承受瞬时过电压和过电流的能力较强，其负载电压灵活（可交流、可直流）且电压等级范围大等。所以对于动作不频繁的交/直流负载，可以选择继电器输出型的 PLC。

5. 对在线和离线编程的选择

离线编程是指主机和编程器共用一个 CPU，通过编程器的方式选择开关来选择 PLC 的编程、监控和运行工作状态。编程状态时，CPU 只为编程器服务，而不对现场进行控制。在线编程是指主机和编程器各有一个 CPU，主机的 CPU 完成对现场的控制，在每个扫描周期末尾与编程器通信，编程器把修改的程序发给主机，在下一个扫描周期主机将按新的程序对现场进行控制。计算机辅助编程既能实现离线编程，也能实现在线编程。在线编程需购置计算机，并配置编程软件。采用哪种编程方法应根据需要来决定。

6. 依据是否联网通信选型

若 PLC 控制系统需要联入工厂自动化网络，则 PLC 需要有通信联网功能，即要求 PLC 应具有连接其他 PLC、上位计算机及 CRT 等的接口。大、中型机都有通信功能，目前大部分小型机也具有通信功能。

7. 对 PLC 结构形式的选择

在相同功能和相同 I/O 点数据的情况下，整体式 PLC 比模块式 PLC 价格低。但模块式 PLC 具有功能扩展灵活，维修方便（换模块），容易判断故障等优点，应按实际需要选择 PLC 的结构形式。

8.2.2   I/O 模块的选择

一般 I/O 模块的价格占 PLC 价格的 50% 以上。PLC 的 I/O 模块有开关量 I/O 模块、模拟量 I/O 模块及各种特殊功能模块等。不同的 I/O 模块，其电路及功能也不同，直接影响 PLC 的应用范围和价格，应当根据实际需要加以选择。

1. 开关量输入模块的选择

开关量输入模块用于接收现场输入设备的开关信号，将信号转换为 PLC 内部能接受的低电压信号，并实现 PLC 内、外信号的电气隔离。选择时主要应考虑以下 4 个方面。

1) 输入信号的类型及电压等级 开关量输入模块有直流输入、交流输入和交流/直流输入 3 种类型。选择时，主要根据现场输入信号和周围环境因素等。直流输入模块的延迟时间较短，还可以直接与接近开关、光电开关等电子输入设备连接；交流输入模块可靠性好，适合于有油雾、粉尘的恶劣环境下使用。

开关量输入模块的输入信号的电压等级分为直流 5V、12V、24V、48V、60V 等；交流 110V、220V 等。选择时，主要根据现场输入设备与输入模块之间的距离来考虑。5V、12V、24V 用于传输距离较近的场合，如 5V 输入模块最远不得超过 10m。距离较远的应选用输入电压等级较高的模块。

2) 输入接线方式 开关量输入模块主要有汇点式和分组式两种接线方式，汇点式的开关量输入模块的所有输入点共用一个公共端（COM）；而分组式的开关量输入模块是将输入点分成若干组，每一组（数个输入点）有一个公共端，各组之间是分隔开的。分组式的开关量输入模块价格较汇点式的高，如果输入信号之间不需要分隔，一般选用汇点式的。

3) 注意同时接通的输入点数量 对于选用高密度的输入模块（如 32 点、48 点等），应考虑该模块同时接通的点数一般不要超过输入点数的 60%。

4) 输入门槛电平 为了提高系统的可靠性，必须考虑输入门槛电平的大小。门槛电平越高，抗干扰能力越强，传输距离也越远，具体可参阅 PLC 说明书。

2. 开关量输出模块的选择

开关量输出模块将 PLC 内部低电压信号转换成驱动外部输出设备的开关信号，并实现 PLC 内外信号的电气隔离。选择时主要应考虑以下 4 个方面。

1) 输出方式 开关量输出模块分为继电器输出、晶闸管输出和晶体管输出 3 种方式。

继电器输出的价格便宜，既可以用于驱动交流负载，又可用于直流负载，而且适用的电压大小范围较宽、导通压降小，同时承受瞬时过电压和过电流的能力较强，但其属于有触点元件，动作速度较慢（驱动感性负载时，触点动作频率不得超过 1Hz）、寿命较短、可靠性较差，只能适用于不频繁通/断的场合。

对于频繁通/断的负载，应该选用晶闸管输出或晶体管输出，它们属于无触点元件。但晶闸管输出只能用于交流负载，而晶体管输出只能用于直流负载。

2) 输出接线方式 开关量输出模块主要有分组式和分隔式两种接线方式。

分组式输出是多个输出点为一组，一组有一个公共端，各组之间是分隔开的，可分别用于驱动不同电源的外部输出设备；分隔式输出无公共端，各输出点之间相互隔离。选择时，主要根据 PLC 输出设备的电源类型和电压等级来确定。一般整体式 PLC 既有分组式输出，也有分隔式输出。

3) 驱动能力 开关量输出模块的输出电流（驱动能力）必须大于 PLC 外接输出设备的额定电流。用户应根据实际输出设备的电流大小来选择输出模块的输出电流。如果实际输出设备的电流较大，输出模块无法直接驱动，可增加中间放大环节。

4) 注意同时接通的输出点数量 选择开关量输出模块时，还应考虑能同时接通的输出点数量。同时接通输出设备的累计电流值必须小于公共端所允许通过的最大电流值，如一个 220V/2A 的 8 点输出模块，每个输出点可承受 2A 的电流，但输出公共端允许通过的最大电流并不是 16A（8×2A），通常要比此值小得多。一般来讲，同时接通的点数不要超出同一公共端输出点数的 60%。

开关量输出模块的技术指标，它与不同的负载类型密切相关，特别是输出的最大电流。另外，晶闸管的最大输出电流随环境温度升高会降低，在实际使用中也应注意。

3. 模拟量 I/O 模块的选择

模拟量 I/O 模块的主要功能是数据转换，并与 PLC 内部总线相连，同时为了安全也有电气隔离功能。模拟量输入（A/D）模块是将现场由传感器检测而产生的连续的模拟量信号转换成 PLC 内部可接收的数字量；模拟量输出（D/A）模块是将 PLC 内部的数字量转换为模拟量信号输出。

典型模拟量 I/O 模块的量程为 – 10 ~ + 10V、0 ~ + 10V、4 ~ 20mA 等，可根据实际需要选用，同时还应考虑其分辨率和转换精度等因素。

一些 PLC 制造厂家还提供特殊模拟量输入模块，可用于直接接收低电平信号（如 RTD、热电偶等信号）。

FX 系列 PLC 常用的模拟量控制设备有模拟量扩展板（FX2N – 2AD – BD、FX1N – 1DA – BD）、普通模拟量输入模块（FX2N – 2AD、FX2N – 4AD、FX2NC – 4AD、FX2N – 8AD）、模拟量输出模块（FX2N – 2DA、FX2N – 4DA、FX2NC – 4DA）、模拟量 I/O 混合模块（FX0N – 3A）、温度传感器用输入模块（FX2N – 4AD – PT、FX2N – 4AD – TC、FX2N – 8AD）、温度调节模块（FX2N – 2LC）等。

8.3　PLC 控制系统软件设计

硬件选择完毕后，就要根据工程要求进行软件设计。程序编制完成后，还需要进一步的调试才能满足工程实际需要。下面介绍软件设计的方法和步骤。

8.3.1　软件系统设计的步骤

在了解了程序结构和编程方法的基础上，就要实际地编写 PLC 程序了。编写 PLC 程序和编写其他计算机程序一样，都需要经历如下过程。

1. 对系统任务分块

分块的目的就是把一个复杂的工程分解成多个比较简单的小任务，这样就把一个复杂的大问题转化为多个简单的小问题，以便于编制程序。

2. 编制控制系统的逻辑关系图

从逻辑关系图上可以反映出某一逻辑关系的结果是什么，这一结果又会引起哪些动作。这个逻辑关系可以是以各个控制活动顺序为基准，也可以是以整个活动的时间节拍为基准。逻辑关系图反映了控制过程中控制作用与被控对象的活动，也反应了输入与输出的关系。

3. 绘制各种电路图

绘制各种电路的目的是把系统的 I/O 所设计的地址和名称联系起来，这是很关键的一步。在绘制 PLC 的输入电路时，不仅要考虑信号的连接点是否与命名一致，还要考虑到输入端的电压和电流是否合适，也要考虑到在特殊条件下运行的可靠性与稳定条件等问题。特别要考虑到能否把高电压引导到 PLC 的输入端，因为这样会对 PLC 造成比较大的伤害。在绘制 PLC 的输出电路时，不仅要考虑输出信号的连接点是否与命名一致，还要考虑到 PLC 输出模块的带负载能力和耐电压能力。此外，还要考虑到电源的输出功率和极性问题。在整个电路的绘制中，还要努力提高其稳定性和可靠性。虽然用 PLC 进行控制方便、灵活，但是在电路的设计上仍然需要谨慎、全面。因此，在绘制电路图时要考虑周全，要一丝不苟。

4. 编制 PLC 程序并进行模拟调试

在绘制完电路图后，就可以着手编制 PLC 程序了。在编程时，除了要注意程序要正确、可靠外，还要考虑程序要简洁、省时，便于阅读和修改。编好一个程序块要进行模拟实验，这样便于查找问题，便于及时修改。

5. 制作控制台与控制柜

在绘制完电器、编完程序后，就可以制作控制台和控制柜了。在时间紧张时，这项工作也可以与编制程序并列进行。在制作控制台和控制柜时，要注意选择开关、按钮、继电器等器件的质量，规格必须满足要求。设备的安装必须注意安全、可靠，屏蔽、接地、高压隔离等问题必须妥善处理。

6. 现场调试

现场调试是整个控制系统完成的重要环节。任何程序的设计很难说不经过现场调试就能使用的。只有通过现场调试才能发现控制回路和控制程序不能满足系统要求之处，才能发现控制电路和控制程序发生矛盾之处，才能最后实地测试和最后调整控制电路和控制程序，以适应控制系统的要求。

7. 编写技术文件并现场试运行

经过现场调试后，控制电路和控制程序基本被确定，整个系统的硬件和软件基本没有问题了。这时，就要全面整理技术文件，包括电路图、PLC 程序、使用说明及帮助文件。至此，工作基本结束。

8.3.2　PLC 软件系统设计的方法

在了解了 PLC 程序结构后，就要具体地编制程序了。编制 PLC 控制程序的方法很多，这里主要介绍 3 种典型的编程方法。

1. 经验法编程

经验法是运用自己的或别人的经验进行设计。多数是设计前先选择与自己工艺要求相近的程序，把这些程序看成是自己的"试验程序"。结合自己工程的情况，对这些"试验程序"逐一修改，使之适合自己的工程要求。

2. 图解法编程

图解法是靠绘制图进行 PLC 程序设计。常见的主要有梯形图法、逻辑流程图法、时序流程图法和步进顺控法。

【梯形图法】 梯形图法是用梯形图语言去编制 PLC 程序。这是一种模仿继电控制系统的编程方法，其图形甚至元件名称都与继电控制电路十分相近。这种方法很容易地就可以把原继电控制电路移植成 PLC 的梯形图语言。这对于熟悉继电控制系统的人来说，这是最方便的一种编程方法。

【逻辑流程图法】 逻辑流程图法是用逻辑框图表示 PLC 程序的执行过程，反应输入与输出的关系。逻辑流程图法是把系统的工艺流程，用逻辑框图表示出来形成系统的逻辑流程图。利用这种方法编制的 PLC 控制程序逻辑思路清晰，输入与输出的因果关系及联锁条件明确。逻辑流程图会使整个程序脉络清楚，便于分析控制程序，便于查找故障点，便于调试程序和维修程序。有时对一个复杂的程序，直接用语句表和用梯形图编程可能觉得难以下手，则可以先绘制出逻辑流程图，再为逻辑流程图的各个部分用语句表和梯形图编制 PLC 应用程序。

【时序流程图法】 时序流程图法是首先绘制出控制系统的时序图（即到某一个时间应该进行哪项控制的控制时序图），再根据时序关系绘制出对应的控制任务的程序框图，最后把程序框图写成 PLC 程序。时序流程图法很适合以时间为基准的控制系统设计。

【步进顺控法】 步进顺控法是在顺控指令的配合下设计复杂的控制程序。一般比较复杂的程序，都可以分成若干个功能比较简单的程序段，一个程序段可以看做是整个控制过程中的一步。从整体角度来看，一个复杂系统的控制过程是由这样若干个步组成的。系统控制的任务实际上可以认为在不同时刻或在不同进程中去完成对各个步的控制。为此，不少 PLC 生产厂家在自己的 PLC 中增加了步进顺控指令。在绘制完各个步进的状态流程图后，可以利用步进顺控指令方便地编写控制程序。

3. 计算机辅助设计编程

计算机辅助设计是通过 PLC 编程软件在计算机上进行程序设计、离线或在线编程、离线仿真和在线调试等。使用编程软件可以十分方便地在计算机上离线或在线编程、在线调试，使用编程软件可以十分方便地在计算机上进行程序的存/取、加密，以及形成 EXE 运行文件。

8.3.3 用经验法设计小车的左右行走控制系统

1. 控制要求

图 8-2 小车控制系统示意图

如图 8-2 所示，小车开始时停在左限位开关 SQ1 处。按下右行起动按钮 SB1，小车右行，到限位开关 SQ2 处时停止运动，6 s 后定时器 T0 的定时到，小车自动返回起始位置。设计小车左行和右行控制的梯形图。

2. 设计步骤

小车的左行和右行控制的实质是对电动机的正/反转控制。因此可以在电动机正/反转 PLC 控制设计的基础上，设计出满足要求的 PLC 的外部接线图和梯形图，如图 8-3 和图 8-4 所示。

图 8-3　小车的左行和右行控制的 PLC 的外部接线图　　　　图 8-4　小车的左行和右行控制的 PLC 梯形图

为了使小车向右的运动自动停止，将右限位开关对应的 X004 的常闭触点与控制右行的 Y000 的线圈串联。为了在右端使小车暂停 6s，用 X004 的常开触点来控制定时器 T0 的线圈。T0 的定时时间到，则其常开触电闭合，给控制 Y001 的起—保—停电路提供启动信号，使 Y001 的线圈通电，小车自动返回。小车离开 SQ2 所在的位置后，X004 的常开触点断开，T0 被复位。回到 SQ1 所在位置时，X003 的常闭触点断开，使 Y001 的线圈断电，小车停在起始位置。

8.3.4　用梯形图法设计机床刀具主轴运动控制系统

1. 控制要求

机床刀具继电控制线路如图 8-5 示。

图 8-5　机床刀具继电控制线路

2. 设计步骤

按照控制要求，将原有继电控制线路中的按钮、行程开关及速度继电器分配到相应的

PLC 输入端子上；将 KM1～KM5 分配到输出端子 Y000～Y004，如图 8-6 示。由此可以得到梯形图如图 8-7 示。

图 8-6　端子分配图　　　　　　　图 8-7　机床刀具主轴控制梯形图

8.3.5　用步进顺控法设计搬运机械手控制程序

1. 设计要求

搬运机械手系统结构如图 8-8 示。

图 8-8　搬运机械手的动作顺序和检测元件、执行元件的布置示意图

☺ 手动工作方式：利用按钮对机械手每一动作单独进行控制。例如，按"下降"按钮，机械手下降；按"上升"按钮，机械手上升。用手动操作可以使机械手置于原位，还便于维修时机械手的调整。

☺ 单步工作方式：从原点开始，按照自动工作循环的步序，每按一下起动按钮，机械

手完成一步的动作后自动停止。

☺ 单周期工作方式：按下起动按钮，从原点开始，机械手按工序自动完成一个周期的动作，返回原点后停止。

☺ 连续工作方式：按下起动按钮，机械手从原点开始按工序自动反复连续循环工作，直到按下停止按钮，机械手自动停机。或者将工作方式选择开关转换到"单周期"工作方式，此时机械手在完成最后一个周期的工作后，返回原点自动停机。

2. 设计过程

根据以上控制要求，设计操作台面板布置示意图，如图 8-9 示。

1）确定 PLC 的 I/O 点数并选择 PLC　输入信号是将机械手的工作状态和操作的信息提供给 PLC。PLC 的输入信号共有 17 个输入信号点，需占用 17 个输入端子。具体分配如下所述。

图 8-9　操作台面板布置示意图

位置检测信号有下限、上限、右限、左限共 4 个行程开关，需要 4 个输入端子；"无工件"检测信号采用光电开关作为检测元件，需要 1 个输入端子；"工作方式"选择开关有手动、单步、单周期和连续 4 种工作方式，需要 4 个输入端子；手动操作时，需要有下降、上升、右移、左移、夹紧、放松 6 个按钮，也需要 6 个输入端子；自动工作时，需要起动按钮、停止按钮，也需占 2 个输入端子。以上共需 17 个输入信号点。

PLC 的输出信号用于控制机械手的下降、上升、右移、左移和夹紧 5 个电磁阀线圈，需要 5 个输出点；机械手从原点开始工作，需要有 1 个原点指示灯，也要占用 1 个输出点。所以，至少需要 6 个输出信号点。如果功能上再无其他特殊要求，则有多种型号的 PLC 可选用，此处选用 FX2N-48MR。FX2N-48MR 共有输入 24 点，输出 24 点，继电器输出。

根据对机械手的 I/O 信号的分析，以及所选的外部输入设备的类型及 PLC 的机型，分配 PLC 的 I/O 端子如图 8-10 所示。

2）PLC 控制系统程序设计　为了便于编程，在设计软件时常将手动程序和自动程序分别编出相对独立的程序段，再用条件跳转指令进行选择。搬运机械手的控制系统程序结构框图如图 8-11 所示。

当选择手动工作方式（手动，单步）时，X007 或 X010 接通并跳过自动程序而执行手动程序；当选择自动工作方式（单周期、连续）时，X007、X010 断开，而 X011 或 X012 接通，则跳过手动程序而执行自动程序。

由于工作方式选择转换开关采取了机械互锁，因此程序中手动程序和自动程序可采用互锁，也可以不互锁。

手动操作不需要按工序顺序动作，所以可按普通继电控制程序来设计。手动操作的梯形图如图 8-12 示。手动按钮 X013～X017 和 X020 分别控制下降、上升、右移、左移、夹紧、放松 6 个动作。为了保证系统的安全运行设置了一些必要的联锁，其中在左、右移动的梯形图中加入了 X002 作为上限联锁，因为机械手只有处于上限位置时，才允许左右移动。

图 8-10　I/O 端子的分配

图 8-11　搬运机械手的
控制系统程序结构框图

图 8-12　手动操作的梯形图

由于夹紧、放松、动作是用单线圈双位电磁阀控制的，所以在梯形图中用"置位"、"复位"指令，使之有保持功能。

由于自动操作的动作较复杂，可先绘制自动操作流程图（如图 8-13 示），用以表明动作的顺序和转换条件，然后再根据所采用的控制方法设计程序。矩形框表示"工步"，相邻两个工步用有向线段连接，表明转换的方向。小横线表示转换的条件。若转换条件得到满足则程序从上一工步转到下一工步。

图 8-13 自动操作流程图

具体程序设计由读者自行完成。

8.3.6 控制系统的调试

控制系统调试是在硬件安装结束后进行的工作，首先要保证 PLC 与外设之间能进行正常通信，这是能够进行调试的前提。

1. 通信设定

现在的 PLC 大多数需要与人机界面进行连接，而实际控制中也常常有变频器需要进行通信，而在需要多个 CPU 模块的系统中，可能不同的 CPU 所接的 I/O 模块的参量有需要协同处理的地方，或者即使不需要协同控制，可能也要送到某一个中央控制室进行集中显示或保存数据。即便只有一个 CPU 模块，如果有远程单元的话，就会涉及本地 CPU 模块与远程单元模块的通信。此外，即使只有本地单元，CPU 模块也需要通过通信口与编程器进行通信。因此，PLC 的通信是十分重要的。而且，由于涉及不同厂家的产品，通信往往是令人头痛的问题。

PLC 的通信有 RS—232、RS—485、以太网等多种方式。通信协议有 MODBUS、PROFIBUS、LONWORKS、DEVICENET 等，通常以 MODBUS 协议使用得最为广泛，而其他协议则与产品的品牌有关。今后，应该是工业以太网协议会越来越普遍被应用。

PLC 与编程器或手提电脑的通信大部分采用 RS—232 协议的串口通信。用户在进行程序下载和诊断时都是采用这种方式。在大量的机械设备控制系统中，PLC 都是采用这种方式与人机界面进行通信的。人机界面通常也是采用串口，协议则以 MODBUS 为主，或者是专门的通信协议。而界面方面则由 HMI 的厂家提供软件来进行设计。

现在的 PANEL PC 也有采用这种方式来进行通信的，在 PANEL PC 上运行一些组态软件，通过串口来存取 OpenPLC 的数据，由于 PANEL PC 的逐渐轻型化和价格的下降，这种方式也越来越多地被使用。

在需要对多台 PLC 进行联网时，如果是 PLC 的数量不是很多（15 个节点以内）、数据传输量不大的系统，常采用的方式是通过 RS—485 所组成的一个简单串行通信口连接的通信网络。由于这种通信方式编程简单，程序运行可靠，结构也比较合理，因此很受离散制造行业的工程师的欢迎。总的 I/O 点数不超过 10000 个，开关量 I/O 点占 80% 以上的系统，采用这种通信方式能够稳定而可靠地运行。

如果对通信速度要求较高，可以采用点到点的以太网通信方式。使用控制器的点到点通信指令，通过标准的以太网口，用户可以在控制器之间或扩展控制器的存储器之间进行数据交换。这是 PLC 较为广泛使用的一种多 CPU 模块的通信方式，与串口的 RS—485 所构成的点对点网络相比，由于以太网的速度大大加快，加上同样具有连接简单、编程方便的优势，并且与上位机可以直接通过以太网进行通信，因此很受用户的欢迎。甚至，在一些单台 PLC 和一台 PANEL PC 构成的人机界面系统中，由于 PANEL PC 中通常有内置的以太网口，也有用户采用这种通信方式。目前，PLC 对一些 SCADA 系统和连续流程行业的远程监控系统和控制系统，基本上采用这样的方式。

还有一种分布式网络在大型 PLC 系统中是最为广泛考虑的结构。通过使用人机界面（HMI）和 DDE 服务器均可获得对象控制器的数据，同时可以通过 Internet 远程获得该控制器的数据。各个 CPU 独立运行，通过以太网结构采用 C/S 方式进行数据的存取。数据的采集和控制功能的实现都在 OpenPLC 的 CPU 模块中实现，而数据的保存则在上位机的服务器中完成，数据的显示和打印等则通过 HMI 界面和组态软件来实现。

2. 软件调试

PLC 的内部固化了一套系统软件，使得用户开始能够进行初始化工作。PLC 的启动设置、看门狗、中断设置、通信设置、I/O 模块地址识别都是在 PLC 的系统软件中进行的。

每种 PLC 都有各自的编程软件作为应用程序的编程工具，常用的编程语言是梯形图语言，也有 ST、IL 和其他语言。如何使用编程语言进行编程，这里就不再详述了。

　　但是，用一种编程语言编出十分优化的程序，则是工程师编程水平的体现。每种 PLC 的编程语言都有自己的特色，指令的设计与编排思路都不一样。如果对一种 PLC 的指令十分熟悉，就可以编出十分简洁、优美、流畅的程序。例如，对于同样的一款 PLC 的同样一个程序的设计，如果编程工程师对指令不熟悉，编程技巧也差，可能需要 1000 条语句；但一个编程技巧高超的工程师，可能只需要 200 条语句就可以实现同样的功能。程序的简洁不仅可以节约内存，出错的概率也会小很多，程序的执行速度也快很多，而且，今后对程序进行修改和升级也容易很多。

　　所以，虽然说所有的 PLC 的梯形图逻辑都大同小异，一个工程师只要熟悉了一种 PLC 的编程，再学习其他品牌的 PLC 就可以很快上手。但是，工程师在使用一个新的 PLC 时，还是应该仔细地将新的 PLC 的编程手册认真读一遍，看看指令的特别之处，尤其是自己可能要用到的指令，并考虑如何利用这些特别的方式来优化自己的程序。

　　各个 PLC 的编程语言的指令设计、界面设计都不一样，不存在孰优孰劣的问题，主要是风格不同。不能武断地说三菱 PLC 的编程语言不如西门子的 STEP7，也不能说 STEP7 比 ROCKWELL 的 RSLOGIX 要好，所谓的好与不好，大部分是工程师形成的编程习惯与编程语言的设计风格是否适用的问题。

　　现场常常需要对已经编好的程序进行修改。修改的原因可能是用户的需求变更了，也可能是发现了原来编程时的错误，或者是 PLC 运行时发生了电源中断，有些状态数据会丢失，如非保持的定时器会复位，输入映射区会刷新，输出映射区可能会清零，但状态文件的所有组态数据和偶然的事件如计数器的累计值会被保存。此时，工程师可能会需要对 PLC 进行编程，使某些内存可以恢复到默认的状态。在程序不需要修改时，可以设计应用默认途径来重新启动，或者利用首次扫描位的功能。

　　所有的智能 I/O 模块，包括模拟量 I/O 模块，在进入编程模式后或电源中断后，都会丢失其组态数据，用户程序必须确认每次重新进入运行模式时，组态数据能够被重新写入智能 I/O 模块。

　　在现场修改已经运行程序时，经常被忽略的一个问题是，工程师忘记将 PLC 切换到编程模式，虽然这个错误不难发现，但工程师在疏忽时，往往会误以为 PLC 发生了故障，因此耽误了许多时间。

　　另外，在 PLC 进行程序下载时，许多 PLC 是不允许进行电源中断的，因为这时旧的程序已经部分被改写，但新的程序又没有完全写完，因此如果电源中断，会造成 PLC 无法运行，这时可能需要对 PLC 的底层软件进行重新装入，而许多厂家是不允许在现场进行这个操作的。大部分新的 PLC 已经将用户程序与 PLC 的系统程序分开了，可以避免这个问题。

8.4　PLC 控制系统的可靠性措施

　　PLC 控制系统的可靠性通常用平均故障间隔时间来衡量。它表示系统从发生故障进行修理到下一次发生故障的时间间隔的平均值。

　　PLC 装置本身是非常可靠的，而 PLC 控制系统的干扰主要是外部环节和硬件配置不当引起的。一是电源侧的工频干扰，它由电源进入 PLC 装置，造成系统工作不正常；二是线路传输中的静电或磁场耦合干扰，以及周围高频电源的辐射干扰，静电耦合发生在信号线与电源线之间的寄生电容上，磁场耦合发生在长布线中线间的寄生互感上，高频辐射发生在高频交变磁场与信号间的寄生电容上；三是 PLC 控制系统的接地系统不当引起的干扰。

除此之外，如果输入给 PLC 的开关量信号出现错误，模拟量信号出现较大偏差，PLC 输出口控制的执行机构没有按要求动作，这些都可能使控制过程出错，造成无法挽回的经济损失。

导致现场输入给 PLC 信号出错的主要原因有以下 3 种。

☺ 传输信号线短路或断路（由于机械拉扯，线路自身老化，连接处松脱等）。当传输信号线出故障时，现场信号无法传送给 PLC，造成控制出错。

☺ 机械触点抖动，现场触点虽然只闭合一次，PLC 却认为闭合了多次，虽然硬件加了滤波电路，软件增加微分指令，但由于 PLC 扫描周期太短，仍可能在计数、累加、移位等指令中出错，出现错误控制结果。

☺ 现场变送器，机械开关自身出故障，如触点接触不良，变送器反映现场非电量偏差较大或不能正常工作等，这些故障同样会使控制系统不能正常工作。

导致执行机构出错的主要原因有以下 3 种。

☺ 控制负载的接触不能可靠动作，虽然 PLC 发出了动作指令，但执行机构并没按要求动作。

☺ 控制变频器起动，由于变频器自身故障，变频器所带电动机并没按要求工作。

☺ 各种电动阀、电磁阀该开的没能打开，该关的没能关到位。由于执行机构没能按 PLC 的控制要求动作，使系统无法正常工作，降低了系统可靠性。

要提高整个控制系统的可靠性，必须提高输入信号的可靠性和执行机构动作的准确性，要求 PLC 应能及时发现问题，用声、光等报警办法提示操作人员尽快排除故障，让系统安全、可靠、正确地工作。

要提高现场输入给 PLC 信号的可靠性，首先要选择可靠性较高的变送器和各种开关，防止各种原因引起传送信号线短路、断路或接触不良。其次在程序设计时，增加数字滤波程序，增加输入信号的可信性。

8.4.1　系统安装及环境条件设计

1. 环境条件

每种 PLC 都有自己的环境技术条件，用户在选用时，特别是在设计控制系统时，对环境条件要给予充分的考虑。

【温度影响】PLC 及其外部电路都是由半导体集成电路 IC、晶体管和电阻、电容等元器件构成的，温度的变化将直接影响这些元器件的可靠性和寿命。如温度每升高 10℃，电阻值会增加 1% 而电容的寿命会降低 50%；相反，如果温度偏低，模拟回路精度将降低，回路的安全系数将变小，特别是在温度急剧变化时，会导致电子器件热胀冷缩或结露，引起电子元器件的特性恶化。因此在温度高于 55℃ 时，必须设置风扇或冷风机等进行降温；如果温度过低，则应设置加热器等。

【湿度影响】湿度过大的环境可使金属表面生锈引起内部元器件的恶化，PCB 会由于高电压和高浪涌电压而引起短路，极干燥的环境下绝缘物体上可能带静电，特别是 MOS 集成电路会由于静电感应而损坏。如果环境湿度过大，应把控制柜箱设计成密封型并放入吸湿剂，如硅胶等材料。

【振动和冲击影响】一般 PLC 能耐的振动和冲击频率为 1055Hz，振动加速度应限制在 $5m/s^2$ 以内，超过极限时可能会引起电磁阀或接触器的误动作、机械结构松动、电气部件疲劳损坏及连接器的接触不良等后果。

【周围空气影响】周围空气中不能有尘埃、导电性粉末、腐蚀性气体水分、有机溶剂和盐分等，否则会引起不良后果，如尘埃可引起接触部分的接触不良，导电性粉末可引起绝缘性能变差、短路等。

2. 安装设计

进行控制柜箱体设计时，必须考虑控制柜箱体内电气器件的温升变化，可根据下式求得并由此确定柜箱体的结构尺寸。

$$t = P/(K_1 S + K_2 V)$$

式中，t 为温升；P 为装设的器件产生的总损耗（W）；K_1 约为 6（由柜体结构材料决定的系数）；K_2 约为 20（由空气比热决定的系数）；V 为配电柜的体积（m^3）；S 为柜体散热面积 m^2。

为了利用气流加强散热，可开设通风孔。通风孔位置要对准发热元器件，并且进风口的位置要低于出风口的位置，通风孔的形式可采用冲制式百叶窗式等。

3. PLC 的安装注意事项

在柜箱内安装 PLC 时，要充分考虑抗干扰性、便操作性、易维护性、耐环境性等问题。应注意以下事项：

☺ 不要在装有高电压部件的控制柜内安装 PLC。
☺ 离开动力线 200mm 以上。
☺ PLC 与安装面之间的安装板要接地。
☺ 各单元通风口向上安装，使通风散热良好。
☺ 空间要充分，PLC 上、下要留 50mm 的空间。
☺ 避免把 PLC 放在热量大的装置如加热器、变压器、大功率电阻等或其他会辐射大量热能的设备正上方。

8.4.2　布线注意事项

1. 输入信号的抗干扰设计

输入设备的输入信号的线间干扰（差模干扰）用输入模块的滤波器可以使其衰减，然而输入信号线与地线之间的共模干扰在控制器内部回路产生的电位差仍会引起控制器误动作。因此，为了抗共模干扰，控制器要良好接地。

当输入信号源为感性元件，输出负载的负载特性为感性元件时，为了防止反冲感应电势或浪涌电流损坏模块，对于交流输入信号在负载两端并联电容 C 和电阻 R，对于直流输入信号并联续流二极管 VD，如图 8-14 所示。在图 8-14（a）中，R、C 参数一般选择为 120Ω +0.1μF（当负荷容量 <10V·A 时）或 47Ω +0.47μF（当负荷容量 ≥10V·A 时）。在图 8-14（b）中，二极管的额定电流选为 1A，额定电压要大于电源电压的 3 倍。对于感应电

压的干扰，采用输入电压直流化或输入端并接浪涌吸收器的方法抑制。

（a）交流输入　　　　　　　　　　　（b）直流输入

图 8-14　输入信号的抗干扰设计

2. 输出信号的抗干扰设计

在输出为感性负载的场合，如电磁接触器等触点的开/合会产生电弧和反电动势，从而对输出信号产生干扰，抑制输出信号干扰的措施如图 8-15 所示。

对于交流感性负载的场合，在负载两端并联 RC 浪涌吸收器或压敏电阻。如果是交流 100V 或 220V 电压而功率约为 400V·A 时，RC 浪涌吸收器的 RC 值分别为 47Ω、$0.47\mu\text{F}$，如图 8-15（a）所示。RC 越靠近负载，其抗干扰效果越好。如果用压敏电阻，其额定电压应大于 1.3 倍的电源峰值电压。

对于直流负载的场合，在负载两端并联续流二极管 VD、压敏电阻、稳压二极管 VS 或 RC 浪涌吸收器等，如图 8-15（b）所示。二极管要靠近负载，二极管的反向耐压应是负载电压的 4 倍以上。如果用压敏电阻，则其额定电压应大于 1.3 倍的电源电压。如果用稳压二极管，则其电压电流应大于电源电压和负载电流。

（a）交流输出　　　　　　　　　　　（b）直流输出

图 8-15　输出信号的抗干扰措施

【注意】上述感性负载浪涌电压抑制措施都会使负载断开动作延迟。

对于控制器触点开关量输出的场合，不管控制器本身有无抗干扰措施，都应采用抗干扰措施，如图 8-16 所示。图 8-16（a）所示为交流输出形式，图 8-16（b）所示为直流输出形式。

（a）　　　　　　　　　　　　　（b）

图 8-16　外部触点输出时抗干扰设计

交流接触器的触点在开/闭时会产生电弧干扰,可以在触点两端并联 RC 浪涌吸收器,这样效果较好。需要注意的是触点断开时,通过 RC 浪涌吸收器会有一定的漏电流产生。大容量负载如电动机或变压器开关干扰时,可在线间采用 RC 浪涌吸收器,如图 8-17 所示。

图 8-17　浪涌吸收器应用

一般感应电动势是通过输入信号线间的寄生电容、输入信号线与其他线间的寄生电容和与其他线(特别是大电流线)的电耦合所产生的。抑制感应电动势干扰有 3 种措施,如图 8-18 所示。

☺ 图 8-18(a)所示为输入电压的直流化。在感应电压大的场合,尽量改交流输入为直流输入。

☺ 图 8-18(b)所示为在输入端并联 RC 浪涌吸收器。

☺ 图 8-18(c)所示为在长距离配线和大电流的场合感应电压大,可用继电器转换。

图 8-18　抑制输入感生电动势的措施

3. I/O 信号漏电流的处理

当输入信号源为晶体管,或者当输出元件为双向晶体管输出而外部负载又很小时,会因为这类元器件在关断时有较大的漏电流,使输入电路和外部负载电路不能关断,导致 I/O 信号错误。使用时,注意漏电流小于 1.3mA 时一般没有问题,如果大于 1.3mA,为防止信号错误接通的发生,可在 PLC 的相应输入端并联一个泄放电阻,以降低输入阻抗减少漏电流的影响,如图 8-19(a)所示。

对晶体管或晶闸管输出型 PLC,其输出接上负载后,由于输出漏电流会造成设备的误动作,为了防止这种情况,可在输出负载两端并联旁路电阻,如图 8-19(b)所示。

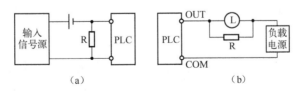

图 8-19　I/O 漏电流处理

4. 冲击电流的处理

PLC 内晶体管或双向晶闸管输出单元一般能够承受 10 倍自身额定电流的浪涌电流。若连接类似白炽灯等冲击电流大的负载时，必须考虑输出晶体管和双向晶闸管的安全性。使用反复通/断电动机等冲击电流大的负载时，负载的冲击电流应小于冲击电流耐量值的 50%。晶体管和晶闸管输出的冲击电流耐量值曲线如图 8-20 所示。

（a）晶体管输出

（b）晶闸管输出

图 8-20　冲击电流耐压值

抑制冲击电流的措施有以下两种，如图 8-21 所示。

（a）　　　　　　　　（b）

图 8-21　抑制冲击电流的接线

【串联法】在负载回路中串入限流电阻 R，如图 8-21（a）所示，但这样会降低负载的工作电流。

【并联法】允许平时有少量电流，约额定电流的 1/3 经电源及电阻 R 流过负载，从而限制启动电流的冲击幅度，如图 8-21（b）所示。

5. I/O 信号采用光隔离措施的抗干扰设计

为了抑制外部噪声对 PLC 控制系统的干扰，在 PLC 控制系统中引入光耦合器是行之有效的方法。光耦合器由输入端的发光元件和输出端的受光元件组成，利用光传递信息，使输入与输出在电气上完全隔离。光耦合器具有体积小、使用简便等特点，视现场干扰情况的不同可组成各种不同的抑制干扰线路。

1）用于 I/O 的隔离　光耦合器用在 I/O 的隔离线路简单，由于避免形成地环路，而输入与输出的接地点也可以任意选择。这种隔离的作用不仅可以用在数字电路中，也可以用在线性（模拟）电路中。

2）用于减少噪声与消除干扰　光耦合器用于抑制噪声是从以下两个方面体现的。

☺ 使输入端的噪声不传递给输出端，只把有用信号传送到输出端。

☺ 由于输入端到输出端的信号传递是利用光来实现的，极间电容很小，绝缘电阻很大，因而输出端的信号与噪声也不会反馈到输入端。

> 【注意】使用光耦合器时，频率不能太高，用于低电压时，其传输距离在 100m 以内为宜。

6. 外部配线设计

外部配线的设计关系到 PLC 设备能否稳定运行，尤其是远距离传送信号时容易出现信号误差，设计时应遵循以下规定。

1）线缆选择

☺ 使用多芯信号电缆时，要避免I/O线和其他控制线共用同一电缆。

☺ 如果各接线架是平行的，则各接线架之间至少相隔300mm。

☺ 当控制系统要求400V、10A或220V、20A的电源容量时，I/O线与电源线的间距不能小于300mm。若在设备连接点外，I/O线与电源线不可避免地敷设在同一电缆沟内时，则必须用接地的金属板将它们相互屏蔽，接地电阻要小于100Ω。

☺ 大型PLC的CPU机架和扩展机架可以水平安装或垂直安装。如果垂直安装，CPU机架的位置要在扩展机架的上面；当水平安装时，CPU机架的位置要在左边，且走线槽不应从机架之间穿过。CPU机架和扩展机架之间及各扩展机架之间要留有70～120mm的距离，以便于走线和冷却。

☺ 交流I/O信号与直流I/O信号分别使用各自的电缆。

☺ 30m以上的长距离配线时，输入信号与输出信号分别使用各自的电缆。

☺ 集成电路或晶体管设备的I/O信号线必须使用屏蔽电缆，屏蔽电缆的处理如图8-22所示。屏蔽层在I/O侧悬空而在控制侧接地。

图8-22 屏蔽线缆的接线

☺ 模拟量I/O信号线较长时，应采用不易受干扰的4～20mA电流信号传输方式。

☺ 模拟量信号线和数字传输线分开布线并分别采用屏蔽线屏蔽层接地。

☺ 远距离配线有干扰或敷设电缆有困难时，应采用远程I/O的控制系统。

2）配线距离要求

☺ 30m以下的短距离配线，直流和交流I/O信号不要使用同一电缆，如果不得不使用同一配线管时，直流I/O信号线要使用屏蔽线，屏蔽层接地。

☺ 30～300m的中距离配线，无论是直流还是交流I/O信号，都不能使用同一根电缆。输入信号线一定要屏蔽。

☺ 300m以上的长距离配线，建议用中间继电器转换信号或使用远程I/O通道。

3）双绞线的使用 由于双绞线在PLC控制系统中大量运用，现将它的使用作简要分析。双绞线又称双股绞合线，用于双线传输通道中，其中一根传送信号或供电，另一根作为返回通道。采用双绞线的目的是使其相邻两"扭节"的感应电动势大小相等、方向相反，使得总的感应电动势为零。双绞线单位长度内的绞合次数越多，抗干扰效果越好。

【注意】 使用双绞线时应注意以下两点。

● 双绞线应尽量采用图8-23（a）所示的接地方式一端接地。图8-23（b）的接地方式为两端接地，因为有地环路存在，会削弱双绞线的抗干扰效果，所以应避免使用。

● 两组"扭节"节距相等的双绞线不能平行敷设，否则它们相互之间的磁耦合并不能减弱，它们的感应电流会同相迭加，如图8-23（c）所示。所以应采用图8-23（d）所示的双绞线的扭节节距不相等的配线方式。

需要注意的是，在双绞线的最尽头，两端仍要保持扭绞形状，否则会影响抗干扰效果。屏蔽双绞线具有双重抗干扰性能，屏蔽层对外来的干扰电场具有防护作用，双绞线对外来的

干扰磁场具有消除作用。在使用屏蔽线时，屏蔽层应良好接地，信号返回线只在一端接地；信号线中间有接头时，屏蔽层应牢固连接并进行绝缘处理，避免多点接地。屏蔽层不接地会产生寄生耦合作用，由于屏蔽层的面积较大，增大了寄生耦合电容，使得这种干扰比不带屏蔽层的导线产生的干扰还严重。

图 8-23   双绞线应用示意图

8.4.3   接地系统设计

接地技术起源于强电技术，强电由于电压高、功率大，容易危及人身安全，为此需要把电网的零线和各种电气设备的外壳通过导线接地，使之与大地等电位，以保障人身安全。电子设备接地的目的是抑制干扰。良好、正确的接地可以消除或降低各种形式的干扰，从而保证电子设备或控制系统可靠、稳定地工作；但不合理或不良的接地将会使电子设备或控制系统受到干扰和破坏。接地可分为两大类，即安全接地和信号接地。安全接地通常与大地等电位，而信号接地却不一定与大地等电位。在很多情况下，安全接地点不适合用做信号接地点，因为这样会使噪声问题更加复杂化。

接地电阻是指接地电流经接地体注入大地时在土壤中以电流场形式向远处扩散时所遇到的土壤电阻。它属于分布电阻，由接地导线的电阻、接地体的电阻和大地的杂散电阻 3 部分组成。接地体的电阻应小于 2Ω。常用的接地体有铜板、金属棒、镀锌圆钢等，一般接地装置的接地电阻不宜超过 10Ω。

1. PLC 控制系统接地的意义

PLC 控制系统良好的接地可以减少 PLC 控制柜（盘）与大地之间电位差所引起的噪声，可以抑制混入电源和 I/O 信号线的干扰，可以防止由漏电流产生的感应电压等。由此可见，良好的接地可以有效地防止系统干扰误动作，提高系统的工作可靠性。

2. 接地方法

控制系统的接地如图 8-24 所示。其中，图 8-24（a）所示为控制系统和其他设备独立接地，这种接地方式最好。如果做不到每个设备独立接地，可使用图 8-24（b）中所示的并联接地方式，但不允许使用图 8-24（c）中所示的串联接地方式，特别是应避免与电动机、变压器等动力设备串联接地。

图 8-24　系统接地方法

【注意】

☺ 接地线应尽量短且截面积大于 2mm^2，接地电阻小于 10Ω 为宜。

☺ 接地点应尽量靠近，PLC 接地线的长度应在 20m 以内。

☺ 控制器的接地线与电源线或动力线分开，不能避开时应垂直交叉走线。

☺ LG 端是噪声滤波器中性端子，通常不要求接地。但是，当电气干扰严重时或为了防止电击，应将 LG 端与 GR 端短接后接地。

8.4.4　供电系统设计

1. 使用滤波器

使用滤波器代替隔离变压器在一定的频率范围内也有一定的抗电网干扰作用，但要选择好滤波器的频率范围较困难。为此，常用方法是既使用滤波器，同时又使用隔离变压器。注

图 8-25　滤波器和隔离变压器的接线

意隔离变压器的一次侧和二次侧连接线要用双绞线，且一次侧与二次侧要分隔开连接，如图 8-25 所示。

2. 采用分离供电系统

应将 PLC 的 I/O 通道和其他设备的供电分离开来，以抑制电网的干扰。供电系统的设计直接影响到控制系统的可靠性，因此在设计供电系统时，应考虑电源系统的抗干扰性、失电时不破坏 PLC 程序和数据控制系统、不允许断电的场合供电电源的冗余等因素。考虑到上述对电源的要求，在进行供电系统设计中主要可以采用下述 3 种方案。

图 8-26　采用隔离变压器的系统

1）采用隔离变压器的供电系统　PLC 与 I/O 及其他设备分别用各自的隔离变压器供电，并与主回路电源分开，以降低电网与大地的噪声，如图 8-26 所示。这样当 I/O 回路失电时，不会影响 PLC 的供电。应该注意的是，各个变压器的二次绕组的屏蔽层接地点应分别接入各绕组电路的地，最后再根据系统的需要选择必要而合适的公共接地点接地，以达到最佳的屏

蔽效果。为 PLC 供电的隔离变压器的二次侧采用非接地方式，双绞线截面大于 2mm² 为宜。

2）采用 UPS 的供电系统　不间断电源 UPS 是计算机的有效保护装置，平时处于充电状态，当输入电源失电时，UPS 能自动切换到输出状态，继续向系统供电。根据 UPS 的容量不同，在电源掉电后可继续向 PLC 供电 10～30min。因此，对于重要的 PLC 控制系统，在供电系统中配置 UPS 是十分有效和必要的。UPS 的供电示意图如图 8-27 所示。

3）双路供电系统　在重要的 PLC 控制系统中，为了提高系统工作的可靠性，如果条件允许，供电系统的交流侧可采用双电源系统。双路电源最好引自不同的变电站，当一路电源出现故障时，可自动切换到另一路电源供电，如图 8-28 所示。

图 8-27　UPS 供电系统

图 8-28　双路供电系统

图 8-28 中，KAA、KAB 是欠电压继电器保护控制回路。假设先合上开关 SA，令 A 路供电，则由于 B 路 KAA 没有吸合，继电器 KAB 处于失电状态，因此其常开触点 KAB 闭合完成 A 路供电控制；然后合上 SB 开关，这样 B 路处于备用状态，一旦 A 路电压降低到规定值时，欠电压保护继电器 KAA 动作，其常开触点闭合使 R 路开始供电，同时 KAB 触点断开；由 B 路切换到 A 路供电的工作原理与此相同。

8.4.5　冗余系统与热备用系统

在现代工业的各个行业中，中大型的控制系统使用模块化的 PLC 产品已司空见惯。由于 PLC 技术和功能的不断完善，以及高可靠性、稳定性、广泛的行业应用，加上近年来加入的新元素——总线控制和网络通信功能，使 PLC 具有良好的发展前景和广阔的应用前途。PLC 控制器作为系统控制中心，采集控制系统所需的全部工况信号，实时控制相关的设备动作，监视生产过程参数和设备运行状态。当危险工况出现时，及时发出报警；当极限工况出现时，联锁保护设备，保障生产过程和人员的安全。

在实际生产过程中，一些工业装置或生产线往往要求每天 24h 连续生产运行而不能停顿，在这种条件下，即使可靠性再高的 PLC 也不能保障。因此，冗余控制成了一种满足连续生产要求，提高系统可用性的有效手段。

冗余控制的概念，严格来讲是采用一定或成倍数量的设备或元器件的方式组成控制系统来参加控制。当某一设备或元器件发生故障而损坏时，它可以通过硬件、软件或人为方式，相互切换作为后备设备或元器件，替代因故障而损坏的设备或元器件，保证系统正常工作，使控制设备因意外而导致的停机损失降到最低。

提到冗余，这里还有一个概念——同步（Synchronization），它是指冗余系统的两个或多个处理器之间要经常比较各自的状态，根据一定的规则以决定系统是否工作在正常的状态。这种状态比较和系统可靠性的判定称为同步。

1. 冗余控制的类型

冗余控制的方式在工控领域根据不同的产品和客户不同的需求有多种多样，采用的方式也不尽相同。具体可以分成以下几类。

1）处理器冗余　控制系统中处理器采用一用一备或一用多备的方式，当主处理器发生故障时，备用处理器自动投入运行（称为故障切换或系统切换），直接接管控制，维持系统正常运行。

处理器冗余可采用硬、软冗余方式实现。硬冗余是指采用两套处理器和热备模块同时工作，但两套的工作方式不同，一套（主处理器）处于正常的直接工作状态，系统有输入也有输出，另一套（从处理器）也通电工作，也同时接受输入信号，也参加数据处理和运算，与直接运转的那套不同的是不输出信号，两套之间采用硬件互联方式进行处理器的故障切换。系统除了成双使用的处理器外，一般还使用一套或两套热备模块，或者称为双机单元。热备模块主要负责主、从处理器之间的数据高速传送，一旦发生主处理器故障失效，马上将系统控制权切换至从处理器，实现自动切换工作。从处理器变成主处理器后，对程序进行同步扫描，切换时从断点处开始扫描，保持系统正常工作。

处理器的同步机理多为定时同步或事件同步，其同步周期不尽相同，事件同步的周期稍短。一般系统切换时间都能达到毫秒级或数十至数百毫秒（取决于处理器中程序扫描周期和产品性能，如罗克韦尔 AB 公司 Control LogixPLC 切换时间小于 100ms）。这样的冗余系统在发生故障切换时，所有的 I/O 点还没有来得及反应，切换已经完成，因而不会丢失数据，所有的外设正常工作不受影响，保证生产正常运行，系统相对更稳定、更安全，但成本较高。

关于热备模块的使用，不同公司的产品有不同的特点；有的热备模块使用一个，两个处理器插在同一个底版（框架）上，如欧姆龙公司的 CSID 和 CVMID，有的热备模块使用两个，那么它们分属于两套底版（框架），两个热备模块之间一般采用特殊的电缆或光纤通信，以保证数据传输的同步，如 Rockweii 公司的 Control Logix 系统和 PLC5 系统。但也有例外，如西门子公司的 S7 – 400H 可以把两套系统（电源、处理器、热备模块、通信模块）插在同一个底版（框架）上，但实质上是完全隔离的两个底版（框架），只是为了节省空间和成本而做在一起。

软冗余方式是指处理器成双使用，其中一个正常运行，另一个处于备用状态。当主处理器故障失效时，通过事先在处理器程序中编制主/从处理器程序（处理器心跳检测）和主/从处理器数据交换处理器来实时监控、判断主/从处理器的工作状况，采用软件方式将主处理器切换至备用的处理器，从而从处理器转换成主处理器接替正常的系统控制（如简单地用通信电缆把 2 个 PLC 处理器模块连接起来，称为热备程序。）从 PLC 处理器模块定时发消息查询主 PLC 处理器模块的状态信息，确定主/从处理器的判别位并实时监控。一旦主 PLC 处理器模块响应超时或存在致命的故障，则程序启动主/从切换部分（或子程序），将主/从处理器的判别位更换，数据更新，使从 PLC 处理器模块接替主 PLC 处理器模块维持系统正常工作。使用软件实现冗余的思路有很多，这只是其中一种。这种冗余方式不受硬件和系统软件的限制，切换速度主要取决于程序的大小、程序扫描周期的长短、编程技巧及处理器的品质，通常较硬冗余慢，但成本较低。

2）通信冗余　通信冗余也可采用硬、软冗余方式来实现。通信冗余简单地可分为单模块双电缆方式和两套单模块单电缆双工方式通信。两者均可以实现通信冗余，前者要采用冗余通信模块实施，属软冗余，但后者硬件量为前者的两倍，成本略高，较少采用。

硬冗余是两个通信网络同时进行数据传送和数据比较，实际起作用的是其中一个通信网络，另一个通信网络作为后备。而通信模块则实时监控两个通信网络的通信质量，当当前网络的数据发送包和接受包数之差达到一定差值，或者发送的故障率、接收的故障率达到一定值时，通信模块会将当前的通信网络进行切换，由后备接替工作，成为当前的通信网络。原故障通信网络会报警提示工作人员来处理。这种网络切换主要是由冗余通信模块处理的。

软冗余实际上是由两套单网组成的，由处理器程序去监控两套通信模块的状态和网络通信质量，在处理器中限定当前工作通信模块和后备通信模块。当检测到切换故障（一般为通信模块状态故障、网络数据传送超时、数据收发率差值大于某一界定值等），由处理器中程序改变当前工作通信模块和后备通信模块的限定位（值），使用通信网络发生切换，同时给出报警信息和描述，通知工作人员进行处理。

3）I/O 冗余　I/O 冗余是指对同一个外设输入点或输出点采用两个或两个以上的 I/O 点与其相对应，它们同时工作（同时输入或输出），当其中一个发生故障时，外设不受任何影响。相对于处理器和通信冗余，通常较少使用 I/O 的冗余，而 I/O 的冗余在成本上会增加较多（甚至翻倍）。

但在一些重要的应用场合，使用 I/O 冗余的也不少。几乎所有的 DCS 均可以实现 I/O 冗余（部分 DCS 采用冷冗余方式，如需要把失效模块的配线端子拆下来，安装到备用模块上去。一般这种模块都是支持热插拔的）。在实施上，模拟量 I/O 冗余比较容易实现，只要在外设接线上作设计即可。也有部分模拟量 I/O 从成本方面考虑，在 PLC 侧仍然采用单点的模拟量 I/O 点，外设部分信号使用配电器，使单个信号分配为多路 I/O 到外设，但这不能算做 PLC I/O 冗余。这样的应用以电压型信号居多。开关量 I/O 冗余的实施要在系统组态和PLC 编程方面作适当的考虑（如错开寻址方式等）。一般实现了 I/O 冗余的系统，其处理器往往是硬冗余的，在输出数据备份方面要作考虑。

I/O 冗余最常用的为 1:1 冗余，而其他方式如 1:1:1 表决系统在一些工艺要求较高、停机造成损失大的系统中也有采用，如安全监控系统、火电厂的锅炉液位保护和汽轮机保护系统、石化行业的 ESD 系统都采用这种方式。1:1:1 表决系统的方式可实现一用两备，或三取二投票表决等特殊功能。

4）电源冗余　电源冗余是指采用两块或多块电源模块给 PLC 作冗余供电。在电源模块的数量和容量上，各个厂家有各自的规定。电源冗余通常有以下两种方式。

☺ 通过专用的电源电缆和冗余电源框架适配器模块连接到系统底版（框架）上，对系统进行冗余供电，两个电源模块同时工作，其中任何一个故障时，另一个电源模块仍能保持系统正常供电。电源模块通过信号线将模块的当前状态信息送到系统中进行实时检测，及时通知相关人员对故障模块进行维护维修。这种方式称为框架外冗余供电方式。

☺ 在 PLC 的框架中插入两块或两块以上的电源模块，电源之间通过电源冗余通信电缆相连，相互交换状态信息，直接对 PLC 进行冗余供电，这种方式称为框架内冗余供电方式。

电源冗余只针对系统中的供电电源模块作后备处理，成本较低，一般应用在供电质量不稳定的场合。两个电源模块的来电分别取自两个不同的供电电源，这样避免了由于供电电源故障使系统停电。

I/O 冗余、电源冗余大多数属于硬冗余范畴，而处理器冗余、通信冗余（网络冗余）既可采用硬冗余实现，也可以采用软冗余实现。一般硬冗余和软冗余相比，硬冗余投入较大，冗余实现和系统维护相对简单，系统性能较可靠，系统的切换速度会较快，适合于生产工艺要求较高、反应速度较快的装置和生产线；软冗余投入的成本比硬冗余小，软冗余不需要特殊的冗余模块或软件来支持，但在冗余实现和系统维护方面比较烦琐，并且一般的软冗余切换的速度稍慢，系统性能主要取决于编程水平和所选硬件的品质，这类冗余方式比较适用于工艺流程要求不太高、反应速度较慢、开/停要求不严的装置和生产线。

2. 冗余控制的具体方式

1）PLC 并列运行　输入/输出分别连接到控制内容完全相同的两台 PLC 上实现复用。当某一台 PLC 出现故障时，由主 PLC 自动或人为切换到另一台 PLC 使系统继续工作，从而保证系统运行的可靠性，如图 8-29 所示。

在图 8-29 中，当 1 号机的 X0 闭合时，1 号机执行控制任务；如果 1 号机出现故障，就切换到 2 号机，这时 2 号机的 X0 闭合，由 2 号机执行控制任务。

必须指出的是，PLC 并列运行方案仅适用于 I/O 点数比较少，布线容易的小规模控制系统。对大规模控制系统由于 I/O 点数多，电缆配线复杂，同时控制系统成本几乎是成倍增加，因而限制了它的应用。

2）双机双工热/后备控制系统　双机双工热/后备控制系统是两个完全相同的 CPU 同时参与运算的模式。一个 CPU 进行控制，另一个 CPU 虽然参与运算，但处于后备状态。这种冗余系统的典型产品有 OMRON 公司的 C2000HCVM1D、三菱公司的 Q4ARCPU 等。三菱公司的 QnA 系列的 Q4ARCPU 系统是专门对要求冗余和扩展处理控制而设计的系统。最为典型的配置结构是采用双 CPU 系统与双电源系统两类冗余，如图 8-30 所示。其中，图 8-30（a）所示为双 CPU 系统，图 8-30（b）所示为双电源系统。

图 8-29　PLC 并列运行方式　　　　　图 8-30　双机双工热/后备控制系统

Q4ARCPU 的双 CPU 系统给出了 PLC 的热/备用操作，当热 CPU 处于正常条件时，所有 I/O 模块都由热 CPU 控制。在此期间，备用 CPU 不执行它的程序，但是复制热 CPU 的内部设备数据，即数据跟踪。一旦热 CPU 出现异常，备用 CPU 就根据数据跟踪得到的最新数据立即接管系统的控制功能，以保证系统的正常运行。出现故障的 CPU 模块则可卸下维修或更换，而不影响系统的运行。

图 8-31　表决式冗余系统原理图

3）表决式冗余系统　表决式冗余系统原理图如图 8-31 所示。在该系统中，3 个 CPU 同时接收外部数据的输入，而对外部输出的控制则由 2/3 表决模块依据 3 个 CPU 的并行输出状态表决来决定。这种系统的典型产品为三菱公司的 A3VTS 系统。

4）与继电控制盘并用　在旧系统改造的场合，原有的继电控制盘最好不要拆除，保留原来功能以作为后备系统使用。对新建项目就不必采用此方案，因为小规模控制系统中的 PLC 造价可做到和继电控制盘相当，因此以采用 PLC 并列运行方案为好；对于中大规模的控制系统，由于继电控制盘比较复杂且可靠性低，这时采用双机双工热/后备控制系统方案为好。

5）网络冗余　采用冗余技术可以提高系统的工作可靠性，同样利用冗余技术也可以提高网络工作的可靠性。如三菱公司的 PLC 就具备网络冗余功能，三菱公司的 MELSECNET 总线系统可以通过选择附加网络模块和相应的电缆构成双总线系统，大大提高了网络工作的可靠性。

8.4.6　PLC 控制系统工程应用的抗干扰设计

PLC 控制系统的抗干扰是一个系统工程，要求制造单位设计、生产出具有较强抗干扰能力的产品，且有赖于使用部门在工程设计、安装施工和运行维护中予以全面考虑，并结合具体情况进行综合设计，才能保证系统的电磁兼容性和运行可靠性。

1. I/O 保护

输入通道中的检测信号一般较弱，传输距离可能较长。检测现场干扰严重和电路构成复杂等因素使输入通道成为 PLC 系统中最主要的干扰进入通道。在输出通道中，功率驱动部分和驱动对象也可能产生较严重的电气噪声，并通过输出通道耦合作用进入系统。

☺ 采用频率敏感器件或由敏感参量 R、L、C 构成的振荡器等方法使传统的模拟传感器数字化，多数情况下其输出为 TTL 电平的脉冲量，而脉冲量抗干扰能力较强。

☺ 对 I/O 通道进行电气隔离。用于隔离的器件主要有隔离放大器、隔离变压器、纵向扼流圈和光耦合器等，其中应用最多的是光耦合器。利用光耦合把两个电路的地环隔开，两个电路即拥有各自的地电位基准，它们相互独立而不会造成干扰。

☺ 模拟量的 I/O 可采用 V/F 转换方式。V/F（电压/频率）转换过程是对输入信号的时间积分，因而能对噪声或变化的输入信号进行平滑处理，所以抗干扰能力强。

2. 电缆的选择与敷设

为了减少动力电缆辐射电磁干扰，尤其是变频装置馈电电缆，可以考虑采用铜带铠装屏蔽电力电缆，从而降低动力线产生的电磁干扰。不同类型的信号分别由不同电缆传输，信号电缆应按传输信号种类分层敷设，严禁用同一电缆的不同导线同时传送动力电源和信号，避免信号线与动力电缆靠近平行敷设，以减少电磁干扰。

3. 正确选择接地点

接地的目的通常有两个，即安全和抑制干扰。完善的接地系统是 PLC 控制系统抗电磁干扰应采取的重要措施之一。系统接地方式有浮地方式、直接接地方式和电容接地 3 种。

对 PLC 控制系统而言，它属高速低电平控制装置，应采用直接接地方式。由于信号电缆分布电容和输入装置滤波等的影响，装置之间的信号交换频率一般都低于 1MHz，所以 PLC 控制系统接地线采用并联一点接地或串联一点接地方式。即集中布置的 PLC 系统适于并联一点接地方式，各装置的柜体中心接地点以单独的接地线引向接地极。如果装置间距较大，应采用串联一点接地方式。即用一根大截面铜母线（或绝缘电缆）连接各装置的柜体中心接地点，然后将接地母线直接连接接地极。接地线采用截面大于 22mm^2 的铜导线，总母线使用截面大于 60mm^2 的铜排。接地极的接地电阻小于 2Ω，接地极最好埋在距建筑物 10～15m 远处，而且 PLC 系统接地点必须与强电设备接地点相距 10m 以上。信号源接地时，屏蔽层应在信号侧接地；不接地时，应在 PLC 侧接地；信号线中间有接头时，屏蔽层应牢固连接，并进行绝缘处理，一定要避免多点接地；多个测点信号的屏蔽双绞线与多芯对绞总屏蔽电缆连接时，各屏蔽层应相互连接好，并经绝缘处理，选择适当的接地处单点接地。

4. PLC 自身的改进

1）PLC PCB 的抗干扰措施　选用脉动小，稳定性好的直流电源，连接导线用铜导线，以减小电压降；选用性能好的芯片，如满足抗冲击、振动、温度变化等特殊要求；对不使用的集成电路端子应妥善处理，通常接地或接高电平，使其处于某种稳定状态。在设计 PCB 时，尽量避免平行布线，在有互感的线路中间要置一根地线，起隔离作用；每块 PCB 的入口处安装一个数十 pF 的小体积、大容量的钽电容作滤波器。PCB 的电源地线最好设计成网状结构，以减少芯片所在支路的地线瞬时干扰；电源正、负极的布线应尽量靠近。

2）整机的抗干扰措施　在生产现场安装的 PLC 应用金属盒屏蔽安装，并妥善接地。置于操作台上的 PLC 要固定在铜板上，并用绝缘层与操作台隔离，铜板应可靠接地。

5. 软件抗干扰措施

在 PLC 控制系统中，除采用硬件措施提高系统的抗干扰能力外，在软件设计中还可以采用数字滤波和软件容错等重要的经济、有效方法，进一步提高系统的可靠性。

1）提高 I/O 信号的可靠性　开关型传感器信号采用"去抖动"措施。当按钮作为输入信号时，不可避免会产生抖动；输入信号是继电器时，有时会产生瞬间跳动，将会引起系统误动。

去抖动的梯型图如图 8-32 所示。定时时间根据触点抖动情况和系统要求的响应速度而定，以保证触点稳定断开（闭合）才执行。程序中，只有 X400 闭合时间超过定时器 T451 的定时时长，Y430 才能输出，由此可以有效地消除抖动干扰。

对于较低信噪比的模拟信号，常因现场瞬时干扰而产生较大波动。若直接使用这些瞬时采样值进行计算控制，则给系统的可靠运行带来隐患。为此，在软件设计方面常常采用数字滤波技术，现场的模拟量信号经 A/D 转换后变为离散的数字量信号，然后将这些数据存入 PLC 中，利用数字滤波程序对其进行处理，滤除噪声信号，获得所需的有用信号进行系统控制。其原理如图 8-33 所示。工程上的数字滤波方法很多，如平均值滤波法、中间值滤波法、惯性滤波法等。

图 8-32　去抖动程序　　　　　　　　　图 8-33　数字滤波过程

除此之外，还可以采用指令冗余措施，在尽可能短的周期内将数据重复输出，受干扰影响的设备在还没有来得及响应时正确的信息又来到了，这样就可以及时防止误动作的产生。

2）信息的恢复与保护　偶发性故障条件出现不破坏 PLC 内部的信息，一旦故障条件消失即可恢复正常，继续完成原来的工作。所以，PLC 在检测到故障条件时，立即把现状态存入存储器，软件配合对存储器进行封闭，禁止对存储器进行任何操作，以防存储器信息被"冲掉"。这样，一旦检测到外界环境正常后，便可恢复到故障发生前的状态，继续原来的程序工作。

3）设置互锁功能　在系统功能表上，有时并不出现互锁功能的具体描述，但为了提示系统的可靠性，在硬件设计和编程中必须加以考虑，并应互相配合，因为单纯在 PLC 内部逻辑上的互锁，往往在外电路发生故障时失去了作用。例如，对电动机正、反转接触器互锁，仅在梯形图中用软件来实现是不够的，因为大功率电动机有时会出现因接触器主触点"烧死"而在线圈断电后主电路仍不断开的故障。这时，PLC 输出继电器为断电状态，常闭触点闭合，如给出反转控制命令，则反转接触器就会通电而造成三相电源短路事故。

解决这一问题的办法是将两个接触器的常闭辅助触点互相串接在对方的线圈控制回路中，这样就可起到较完善的保护作用，如图 8-34 所示。

（a）　　　　　　　　　　　　　　　　　　　（b）

图 8-34　互锁功能示意图

在图 8-34（a）中，SB1 为电动机正转起动按钮，SB2 为反转起动按钮，将控制 X401 的常闭触点与正转输出继电器 Y430 的线圈串联，将正转起动按钮的 X400 的常闭触点与控制反转的 Y431 的线圈串联，以保证 Y430 和 Y431 不会同时为"1"状态。在图 8-34（b）中，因为复合按钮的常闭触点总是先断开，常开触点才闭合，经过一段延迟，而接触器的辅助触点也是常开触点先断开，然后常闭触点才闭合，反转接触器线圈才能得电，因而不会发生瞬间短路故障。

6. 故障检测程序的设计

PLC 本身的可靠性和可维修性是非常高的，在 CPU 监控程序或操作系统中有较完整的自诊断程序，出现故障很快就能发现和解决。然而 PLC 外接的 I/O 元器件，如限位开关、电磁阀、接触器等引起的故障就显得非常突出。如限位开关故障造成的机械顶死、接触器主触点"烧死"造成线圈断电后电动机运转不停等故障，又因为这些元器件出现故障时 PLC 不会自动停机，所以常常造成严重后果后才会被发现，这时往往会造成较大的经济损失，而查找故障原因也费时费力。为了避免上述情况的发生，可通过软件程序设计加强 PLC 控制系统故障检测的范围和能力，以提高整个系统的可靠性。常用的方法有以下两种。

1) 时间故障检测法　无"看门狗"指令的 PLC 可设计"超节拍保护"程序,如图 8-35 所示。控制系统工作循环中,各工步的运行有严格的时间规定,以这些时间为参数,在要检测的工步动作开始的同时启动一个定时器。定时器的时间设定值比正常情况下该动作要持续的时间长 25%。当某工步动作时间超过规定时间,并达到对应的定时器预置时间仍未转入下一个工步动作时,定时器发出故障信号,停止正常工作循环程序,启动报警及显示程序。

图 8-35　超节拍保护程序举例

在图 8-35 中,X000 为工步动作启动信号,X001 为动作完成信号,Y000 为报警或停机信号。当 X000 = 0 时,工步动作启动,定时器 T0 开始计时。如果在规定时间内监控对象未发出动作完成信号,则判断为故障,接通 Y000 发出报警信号;若在规定时间内完成动作,则 X001 切断 M0,将定时器清零,为下一次循环作好准备。

2) 逻辑错误检测法　在 PLC 控制系统正常的情况下,各 I/O 信号和中间记忆装置之间存在着逻辑关系,一旦出现异常逻辑关系,必定是控制系统出现了故障。因此,可以事先编好一些常见故障的异常逻辑程序,并将其加进用户程序中。当这种逻辑关系实现状态为"1"时,就必然出现了相应的设备故障,即可将异常逻辑关系的状态输出作为故障信号,用于实现报警、停机等控制。

7. 数据和程序的保护

大部分 PLC 控制系统都采用锂电池支持的 RAM 来存储用户的应用程序。这种电池是不可充电的,其寿命一般约为 5 年,用完后应用程序将全部丢失。因此,较可靠的办法是把调试成功的程序用 ROM 写入器固化到 EPROM 中去。应用程序的备份(如光盘或 EPROM 等)必须小心保护。

8. 软件容错

为提高系统运行的可靠性,使 PLC 在信号出错情况下能及时发现错误,并能排除错误的影响而继续工作,在程序编制中可采用下述软件容错技术。

【程序复执技术】在程序执行过程中,一旦发现现场故障或错误,就重新执行被干扰的先行指令若干次,若复执成功,说明为干扰,否则输出软件失败 Fault 或报警。

【对死循环作处理】死循环主要通过程序判断出是由主要故障造成的还是由次要故障造成的,然后分别做出停机和相应子程序处理。

【软件延时】对重要的开关量输入信号或易形成抖动的检测或控制回路,可采用软件延时 20ms,对同一信号多次读取结果一致才确认有效,这样可消除偶发干扰的影响。

8.5　静电预防

在我们生活的周围环境和身体上都带有不同程度的静电,当静电积累到一定程度,就会发生放电。静电对电子元器件的影响主要表现在吸附尘埃、降低绝缘,放电产生焦耳热效应、电磁场干扰等，从而造成电子元器件的损坏。仅美国每年因静电对电子工业造成的损失就高达数百亿美元。又由于静电对电子产品的损害具有隐蔽性、潜在性、随机性和复杂性等，所以必须给予重视。

1. 静电的危害

静电的危害方式主要有以下 3 种类型。

【火灾或爆炸】 引起火灾和爆炸是静电最大的危害。虽然静电电量不大，但因其电压很高而容易发生放电，产生静电火花。在具有可燃液体的作业场所，如油品装运场所等，可能由静电火花引起火灾；在具有爆炸性粉尘或爆炸性气体、蒸气的场所，如煤粉、面粉、铝粉、氢气等，可能由静电火花引起爆炸。

【电击】 静电造成的电击可能发生在人体接近带静电物质时，也可能发生在带静电荷的人体接近接地体时，此刻人体所带静电可高达上万伏。静电电击的严重程度与带静电体储存的能量有关，能量越大，电击越严重；带静电体的电容越大或电压越高，则电击程度越严重。在生产工艺过程中产生的静电能量很小，所以由此引起的电击不会直接使人致命，但人体可能因电击坠落、摔倒，引起二次事故。此外，电击还能引起工作人员精神紧张，影响工作。

【妨碍生产】 静电会妨碍生产或降低产品质量。在纺织行业，静电使纤维缠结，吸附尘土，降低纺织品质量；在印刷行业，静电使纸线不齐，不能分开，影响印刷速度和印刷质量；在感光胶片行业，静电火花使胶片感光，降低胶片质量；在粉体加工行业，静电使粉体吸附于设备上，影响粉体的过滤和输送；静电还可能引起电子元器件的误动作；干扰无线电通信等。

2. 防静电措施

静电引起爆炸和火灾的必要条件是：
☺ 静电的存在；
☺ 静电已达到放电的程度；
☺ 危险场所的存在；
☺ 可燃性物质的引燃能量很大或浓度已达到爆炸的极限。

因此，必须针对上述的基本条件采取减少静电的产生，引导和消散静电的存在，防止静电放电，控制可燃物质危险性混合物的浓度等有效的措施，以防止静电危害的发生。清除静电危害的措施大致有接地法、泄漏法、中和法、工艺控制法。

1）接地法 接地是消除静电危害的最简单的方法。接地主要用于消除导电体上的静电，不宜用来消除绝缘体上的静电。如果是绝缘体上带有静电，将绝缘体直接接地反而容易发生火花放电。在有火灾和爆炸危险的场所，为了避免静电火花造成事故，应采取下列接地措施。

☺ 凡用来加工、贮存、运输各种易燃液体、气体和粉体的设备、贮存池、贮存缸，以及产品输送设备、封闭的运输装置、排/注设备、混合器、过滤器、干燥器、升华器、吸附器等都必须接地。如果袋形过滤器由纺织品类似物品制成，可以用金属丝穿缝并予以接地。

☺ 厂区及车间的氧气、乙炔等管道必须连接成一个连续的整体，并予以接地。其他所有能产生静电的管道和设备，如空气压缩机、通风装置和空气管道，特别是局部排风的空气管道，都必须连接成连续整体，并予以接地。如果管道由非导电材料制成，应在管外或管内绕以金属丝，并将金属丝接地。非导电管道上的金属接头也必须接地。

☺ 注油漏斗、浮动缸顶、工作站台等辅助设备或工具均应接地。

☺ 汽车油槽应带金属链条，链条的上端和油槽车底盘相连，另一端与大地接触。

☺ 某些危险性较大的场所，为了使转轴可靠接地，可采用导电性润滑油或采用滑环、碳刷接地的方法。静电接地装置应当连接牢靠，并有足够的机械强度，可以同其他目的的接地用一套接地装置。

2）泄漏法　采取增湿措施和采用抗静电添加剂，促使静电电荷从绝缘体上自行消散，这种方法称为泄漏法。

【增湿】增湿就是提高空气的湿度。湿度对于静电泄漏的影响很大。湿度增加，绝缘体表面电阻大大降低，导电性增强，加速静电泄放。空气相对湿度如果保持在约 70% RH，可以防止静电的大量积累。

【加抗静电添加剂】抗静电添加剂是特制的辅助剂，有的添加剂加入产生静电的绝缘材料后，能增加材料的吸湿性或离子性，从而增强其导电性能，加速静电泄放；有的添加剂本身具有较好的导电性。

【采用导电材料】对于易产生静电的机械零件尽可能采用导电材料来制作。在绝缘材料制成的容器内层，衬以导电层或金属网，并予以接地；采用导电橡胶代替普通橡胶等，都会加速静电电荷的泄放。

3）中和法　中和法是消除静电危害的重要措施。静电中和法是在静电电荷密集的地方设法产生带电离子，将该处静电电荷中和掉。静电中和法可用于消除绝缘体上的静电。可运用感应中和器、高压中和器、放射线中和器等装置消除静电危害。

4）工艺控制法　前面说到的增湿就是一种从工艺上消除静电危险的措施。不过，增湿不是控制静电的产生，而是加速静电电荷的泄放，避免静电电荷积累到危险程度。在工艺上，还可以采用适当措施，限制静电的产生，控制静电电荷的积累。例如，用齿轮传动代替带传动，减少摩擦；降低液体、气体或粉尘物质的流速，限制静电的产生；保持传动带的正常拉力，防止打滑；灌注液体的管道通到容器底部或紧贴侧壁，避免液体冲击和飞溅等。还有不属于以上 4 项措施的其他措施，如为了防止人体带上静电造成的危害，工作人员可以穿抗静电工作服和工作鞋，采取通风、除尘等措施也有利于防止静电的危害。

8.6　节省 I/O 点数的方法

PLC 的每个 I/O 点的平均价格高达数十元，因此在保证功能的前提下，适当减少 I/O 点是降低系统硬件费用的主要方法。

8.6.1　节省输入点数的方法

一般认为输入点数是按系统输入信号的数量来确定的。但在实际应用中，通过以下措施可达到节省 PLC 输入点数的目的。

1. 分组输入

如图 8-36 所示，系统有"手动"和"自动"两种工作方式。用 X000 来识别使用"自动"还是"手动"操作信号，"手动"时的输入信号为 SB0 ~ SB3，"自动"时的输入信号为 S0 ~ S3，如果按正常的设计思路，那么需要 X000 ~ X007 一共 8 个输入点，若按图 8-36 中所示的方法来设计，则只需 X001 ~ X004 共 4 个输入点。图中的二极管用于切断寄生电路。如果图中没有二极管，系统处于自动状态，SB0、SB1、S0 闭合，S1 断开，这时电流从 COM 端子流出，经 SB0、SB1、S0 形成寄生回路流入 X000 端子，使输入位 X002 错误地变为 ON。各开关串联了二极管后，切断了寄生回路，避免了错误的产生。但使用该方法应考虑输入信号的强弱问题。

2. 输入触点的合并

将某些功能相同的开关量输入设备合并输入（常闭触点串联输入、常开触点并联输入）。一些保护电路和报警电路常常采用此法。

如果外部某些输入信号总是以某种"与或非"组合的整体形式出现在梯形图中，可以将它们对应的某些触点在 PLC 外部串并联后作为一个整体输入 PLC，只占 PLC 的一个输入点。

例如，某负载可在多处启动和停止，可以将多个启动信号并联，将多个停止信号串联，分别送给 PLC 的两个输入点，如图 8-37 所示。与每一个启动信号和停止信号占用一个输入点的方法相比，不仅节约了输入点，还简化了梯形图电路。

图 8-36　分组输入

图 8-37　输入触点的合并

8.6.2　节省输出点数的方法

1. 分组输出

如图 8-38 所示，当两组负载不同时工作时，可通过外部转换开关或受 PLC 控制的电器触点进行切换，使 PLC 的一个输出点可以控制两个不同时工作的负载。

图 8-38 分组输出

2. 并联输出

通断状态完全相同的负载，可以并联后共用 PLC 的一个输出点（要考虑 PLC 输出点的负载驱动能力）。例如，PLC 控制的交通信号灯，对应方向（东与西对应、南与北对应）的灯通/断规律完全相同，将对应的灯并联后可以节省 50% 的输出点。

 思考与练习

（1）PLC 控制系统设计的内容有哪些？
（2）PLC 控制系统设计时遵循的步骤有哪些？
（3）如何选择 PLC 的机型？
（4）如何选择 PLC 的 I/O 端子？
（5）PLC 软件系统的设计方法有哪几种？
（6）在有强烈干扰的环境下，应采取什么样的可靠性措施？
（7）电缆的屏蔽层应该怎样接地？
（8）I/O 配线应该如何处理才能达到抗干扰的目的？
（9）供电系统如何提高可靠性？
（10）冗余系统有几种类型？

第9章　三菱 FX2N 系列 PLC 应用实例

本章主要介绍三菱 FX2N 系列 PLC 在实际工业控制中的应用，结合工程实例讲述进行硬件、软件设计的方法步骤，以及注意事项。读者通过本章的学习，应掌握 PLC 控制系统的设计方法及应用知识。

9.1　滚砂机控制系统

在铸造生产过程中，高温铁水注入砂型后，经过一定时间的冷却，随后的工序便是落砂清理。中型及大型铸件多用落砂机进行落砂，其动力源多是交流电动机。交流电动机带负载起动性能不好，而滚砂机设备是一台要求满负载起动的设备。随着现代高科技的发展，交流电动机的调速控制很容易用变频调速控制来实现。

9.1.1　系统需求分析

本系统控制的重点便是变频加速起动与市电运行的切换控制系统。滚砂机采用变频调速设备，起动要求从零平稳加速到额定转速时间约为 30s，然后在额定转速下持续旋转 1200s 后停止，等待下一次起动。考虑到铸造工作的生产周期，变频加速器只有很短的时间在工作，而其他时间闲置，一台电动机用一台变频器来控制太浪费。可以进一步优化控制系统，集中管理，利用 PLC 编程来实现一台变频器轮流切换来负责 10 台设备的起动工作，经济、可靠、方案优化。

利用变频器的自身信号控制实现起动时，从 0Hz 开始用一段时间加速到 50Hz。当频率到达 50Hz 并延时一段时间后，再将该电动机改接在市电供电电源上。变频器停止对此电动机的工作，等待下一个用户。变频器的切换、10 台设备的等待排序等功能用 PLC 来实现，所以可以节约能源。

9.1.2　硬件设计

1. 电动机的选择

由于滚砂机的工作环境非常恶劣，而且需要采用变频调速控制，根据系统实际情况，选用结构简单、性能可靠的三相笼式异步电动机。

一般来说，电动机的同步转速越高，磁极对数越少，外轮廓尺寸越小，价格越低；反之，转速越低，外轮廓尺寸越大，价格越高。当工作机转速高时，选用高速电动机比较经济，但若工作机转速较低也选用高速电动机，则这时总传动比增大，会导致传动装置的结构复杂，造价也高。所以在确定电动机转速时，应全面分析，权衡选用。在本设计中，根据清砂机的需求，还要综合考虑所要清理的铸件的一些机械性能等要求，同步速选择为 1500r/min，功率选择为 55kW。

2. 变频器选择

滚砂机系统的特点是惯性大，起动困难，要求变频加速，从 0Hz 加速到 50Hz 停止，采用基频以下调速，属于恒转矩调速。

在选择变频器时，一定要考虑变频器所控制的电动机的负载特性。鉴于恒转矩要求，选择变频器有两种情况：一是采用普通功能性变频器，为实现恒转矩调速，常采用加大电动机和变频器容量的办法，以提高低速转矩；二是采用具有转矩控制功能的高功能型变频器，以实现恒转矩负载下的调速运行。第二种方式变频器低速转矩大，静态机械特性硬度大，不怕冲击负载。但从性价比角度来看，第一种方式更经济，本设计选择第一种调速方式，选用三菱 A-540 变频器。

3. PLC 选择

根据系统工作原理，得到 PLC I/O 分配表，见表 9-1。

表 9-1　滚砂机控制系统 PLC I/O 分配表

输　入　端		输　出　端	
停止按钮 SB11	X0	滚砂机 1 起动	Y1
起动按钮 SB12	X1	滚砂机 1 运行	Y2
停止按钮 SB21	X2	滚砂机 2 起动	Y3
起动按钮 SB22	X3	滚砂机 2 运行	Y4
停止按钮 SB31	X4	滚砂机 3 起动	Y5
起动按钮 SB32	X5	滚砂机 3 运行	Y6
停止按钮 SB41	X6	滚砂机 4 起动	Y7
起动按钮 SB42	X7	滚砂机 4 运行	Y10
停止按钮 SB51	X10	滚砂机 5 起动	Y11
起动按钮 SB52	X11	滚砂机 5 运行	Y12
停止按钮 SB61	X12	滚砂机 6 起动	Y13
起动按钮 SB62	X13	滚砂机 6 运行	Y14
停止按钮 SB71	X14	滚砂机 7 起动	Y15
起动按钮 SB72	X15	滚砂机 7 运行	Y16
停止按钮 SB81	X16	滚砂机 8 起动	Y17
起动按钮 SB82	X17	滚砂机 8 运行	Y20
停止按钮 SB91	X20	滚砂机 9 起动	Y21
起动按钮 SB92	X21	滚砂机 9 运行	Y22
停止按钮 SBA1	X22	滚砂机 10 起动	Y23
起动按钮 SBA2	X23	滚砂机 10 运行	Y24
急停按钮 SB0	X24	正转运行	Y0
按钮 SB2	X25		
变频器 RUN	X26		
变频器 SU	X27		

输入端 X1 为第一台滚砂机要求升速起动的信号，X0 为第一台滚砂机的停止信号；依此类推，X3、X5、X7、X11、X13、X15、X17、X21、X23 分别为第 2~10 台滚砂机要求升速起动的信号；X2、X4、X6、X10、X12、X14、X16、X20、X22 分别为第 2~10 台滚砂机的停止信号；当变频器输出频率为起动频率以上时，变频器的 RUN 端子有信号输出，因此 X24 为变频器正在使用的信号。

变频器 SU 端子是变频器的输出信号，其输出条件是输出频率达到设定频率的 10% 时，有信号输出。将设定频率定为 50Hz，利用 X25 信号作为变频升速起动与市电全速运行的切换信号。

    输出端 Y0 接到变频器的正转起动信号输入端 STF，因此 Y0 作为变频器的正转输出的控制信号；Y1、Y3、Y5、Y7、Y11、Y13、Y15、Y17、Y21、Y23 分别接交流接触器 KM1A ~ KM10A，而交流接触器 KM1A ~ KM10A 控制的是电动机与变频器的接通与分断，因此 PLC 输出点 Y1、Y3、Y5、Y7、Y11、Y13、Y15、Y17、Y21、Y23 为变频升速起动的控制，Y 端子有输出，升速起动开始；Y 端子无输出，升速起动停止。同理，Y2、Y4、Y6、Y10、Y12、Y14、Y16、Y20、Y22、Y24 为市电全速运行的控制。

    由此可以得到 PLC 接线原理图，如图 9-1 所示。

输入		输出	
停止按钮 SB11	X0	Y0	正转运行
起动按钮 SB12	X1	Y1	滚砂机 1 起动
停止按钮 SB21	X2	Y2	滚砂机 1 运行
起动按钮 SB22	X3	Y3	滚砂机 2 起动
停止按钮 SB31	X4	Y4	滚砂机 2 运行
起动按钮 SB32	X5	Y5	滚砂机 3 起动
停止按钮 SB41	X6	Y6	滚砂机 3 运行
起动按钮 SB42	X7	Y7	滚砂机 4 起动
停止按钮 SB51	X10	Y10	滚砂机 4 运行
起动按钮 SB52	X11	Y11	滚砂机 5 起动
停止按钮 SB61	X12	Y12	滚砂机 5 运行
起动按钮 SB62	X13	Y13	滚砂机 6 起动
停止按钮 SB71	X14	Y14	滚砂机 6 运行
起动按钮 SB72	X15	Y15	滚砂机 7 起动
停止按钮 SB81	X16	Y16	滚砂机 7 运行
起动按钮 SB82	X17	Y17	滚砂机 8 起动
停止按钮 SB91	X20	Y20	滚砂机 8 运行
起动按钮 SB92	X21	Y21	滚砂机 9 起动
停止按钮 SBA1	X22	Y22	滚砂机 9 运行
起动按钮 SBA2	X23	Y23	滚砂机 10 起动
急停按钮 SB0	X24	Y24	滚砂机 10 运行
按钮 SB2	X25	Y25	
变频器 RUN	X26	Y26	
变频器 SU	X27	Y27	

图 9-1   PLC 接线原理图

9.1.3 软件设计

    设计要求是，实现交流电动机的变频器驱动，在一定时间内其转速从零平稳加速到额定转速，然后自动切断变频器，交流电动机切换到市电运行。设计注意事项如下所述。

1. 变频器的输出端不能接入市电

图 9-2   注意事项 1

    这就要求 Y1 与 Y2、Y3 与 Y4、Y5 与 Y6、Y7 与 Y10、Y11 与 Y12、Y13 与 Y14、Y15 与 Y16、Y17 与 Y20、Y21 与 Y22、Y23 与 Y24 不能同时有输出，它们之间必须有电气互锁。这可以在梯形图中串入对方的常闭触点来实现，如图 9-2 所示。

2. 顺序动作

    先接变频器的输出，等加速完毕后切断，才能接市电。梯形图中需要顺序起动来实现，但不能同时动作，需要辅助继电器 M 来实现，M 只保持一个周期，如图 9-3 所示。

```
4   X001  X026  X024  X027  Y002  Y000
    ─┤├──┤/├──┤├──┤/├──┤/├──┤├──────────────( Y001 )
    Y001
    ─┤├─

2   Y001  Y002
    ─┤├──┤/├────────────────────────────────────( M0 )
    M0
    ─┤├─

6   M0    Y001  X000  X024
    ─┤├──┤/├──┤├──┤/├────────────────────────( Y002 )
    Y002
    ─┤├─
```

图 9-3   注意事项 2

完整程序如图 9-4 至 9-8 所示。

图 9-4 滚砂机程序 1

图 9-5 滚砂机程序 2

```
110  ──┤X013├──┤/Y014├──────────────────────────────────────────( M106 )
        │
     ──┤M106├──

114  ──┤X013├──┤/X026├──┬──┤/X024├──┤/X027├──┤/Y014├──┤Y000├──────( Y013 )
        │               │
     ──┤Y013├───────────┘

122  ──┤Y013├──┤/Y014├──────────────────────────────────────────( M10 )
        │
     ──┤M10├──

126  ──┤M10├──┤/Y013├──┤/X012├──┤/X024├─────────────────────────( Y014 )
        │
     ──┤Y014├──

132  ──┤X015├──┤/Y016├──────────────────────────────────────────( M107 )
        │
     ──┤M107├──

136  ──┤X015├──┤/X026├──┬──┤/X024├──┤/X027├──┤/X016├──┤Y000├──────( Y015 )
        │               │
     ──┤Y015├───────────┘

144  ──┤Y015├──┤/Y016├──────────────────────────────────────────( M12 )
        │
     ──┤M12├──

148  ──┤M12├──┤/Y015├──┤/X014├──┤/X024├─────────────────────────( Y106 )
        │
     ──┤Y016├──

154  ──┤X017├──┤/Y020├──────────────────────────────────────────( M108 )
        │
     ──┤M108├──

158  ──┤X017├──┤/X026├──┬──┤/X024├──┤/X027├──┤/Y020├──┤Y000├──────( Y017 )
        │               │
     ──┤Y017├───────────┘
```

图 9-6　滚砂机程序 3

图 9-7 滚砂机程序 4

图 9-8 滚砂机程序 5

程序分析部分由读者自行完成。

9.2 FX2N PLC 在给煤机输煤系统中的应用

给煤机输煤系统是火力发电厂生产过程中一个必不可少的环节。我国以火力发电为主，大量的火力发电厂存在着设备老化、运行稳定性差、故障频发等众多问题。因此需要更新设备，改造系统，减少故障，提高系统的安全可靠性，以应对日益紧张的电力供应局面。本节是利用三菱公司的 FX 系列 PLC 对原有给煤系统进行改造，改造后的系统提高了安全可靠性，增强了事件追忆能力，改善了计量精度，减少了煤的浪费。

9.2.1 系统需求分析

给煤机系统的主要功能就是根据发电功率的要求来调整燃烧所需要的煤量。给煤机主要由电动机和传送带组成，从煤仓振动筛落至给煤机传送带上的煤通过传送带输送至下一环节，再至炉中。系统关键之处在于准确地测量出单位时间的给煤量，从而判断是否需要进行调整。

给煤机系统原理图如图 9-9 所示。系统将两路称重传感器测得的重量信号转化为实际煤量，比较两路重量信号大小判断称重传感器是否失效，如果未失效，实际重量即为两路之和；如果失效，则报警，此时实际重量等于密度与容积之积，为经验值。实际重量与传送带速度的乘积即为实际给煤率，然后根据请求给煤率和实际给煤率的偏差，采用常规 PID 控制调节给煤机电动机转速，并粗调振动筛振动速度，实现系统给煤量的调节，也实现了发电功率的调节。

该控制系统主要由 PLC、GOT、变频器、重量检测机构、给煤机电动机、转速检测机构及各种执行机构等组成，控制系统组成结构图如图 9-10 所示。

图 9-9　给煤机系统原理图　　　　　　　图 9-10　给煤机组成结构图

系统的工作方式有如下 3 种：

【流量 PID 调节方式】根据请求给煤量与实际给煤量的偏差进行 PID 调节。

【速度 PID 调节方式】根据设定速度与实际测量速度的偏差进行 PID 调节。该方式作为校验系统转速变频控制功能是否正常的一种方式。

【校验方式】在触摸屏或就地控制板上按"停止"按钮，给煤机停止工作，在此方式下进行皮带秤的校验工作，分为静态校验和动态校验。在动态校验时，传送带以低速恒速运转。

9.2.2　系统硬件设计

给煤机的流量 PID 调节方式是根据实际给煤量和设定给煤量的偏差进行 PID 调节的。实际给煤量的计算精度将直接影响到给煤机控制系统的调节精度，系统称重传感器的称重有效范围是两托辊之间的距离 100cm，如果不加处理就进行累加，必然会出现重复累加。所以必须先把 100cm 长度内的重量转化为单位长度的重量，然后再乘以实际传送带速度，即得到实际给煤率（kg/min），再与请求给煤率相减进行 PID 调节。

其中存在的问题是，称重传感器测得的信号要经过变换输出 4～20mA 的标准电流信号才能被模拟量输入模块 FX2N-4AD 所接受并进行 A/D 转换，这就存在两个量程变换问题，一个是称重量 0～150kg 变换为 4～20mA 电流，另一个是 4～20mA 电流转化为 0～1000 的数字值。由于 4～20mA 是个中间量，所以这个过程可以看做一个量程变换，并且作为线性关系来处理，即 0～150kg 转化为 0～1000 的数字值，可见分辨率为 0.15kg，两个称重传感器型号相同，采用相同的线性变换，所以其数值可以直接相加。

众所周知，PLC 和变频器均有 PID 调节功能，通过以上的说明可以看出，在进行 PID 运算前，还要经过一系列的数值处理，如两个称重传感器要进行称重比较，以便判断传感器失效与否，还要进行数值相加，量程变换等；速度传感器也有脉冲与转速的变换问题，特别是电动机与牵引滚筒之间加了减速器后更要进行换算，并且这两个量（重量和速度）还要进行相乘，以便得到实际给煤率。所有这些前期的准备运算是变频器所不能完成的。另外，本系统有两种 PID 调节模式，即流量 PID 调节和速度 PID 调节。前者需要称重测量信号和速度测量信号，而后者只需速度测量信号，且两者的参数不同，这一点也是变频器的 PID 调节功能无法实现的，所以本系统采用 PLC 的 PID 功能。

1. PID 参数的确定

PID 采用自整定模式，其参数设置见表 9-2。

表 9-2　PID 参数表

参　　　数		触摸屏设置
采样时间	S3	2000ms
输入滤波	S3＋2	70%
微分增益	S3＋5	0%
输出值上限	S3＋22	4000
输出值下限	S3＋23	0
输入变化量报警	S3＋1 bit1	0（无）
输出变化量报警	S3＋1 bit2	0（无）
输出值上下限设定	S3＋1 bit5	1（有效）
输出值	D	3600

2. 称重传感器

称重传感器采用蚌埠金诺传感器仪表厂的 JHBL—I 型悬臂式系列荷重传感器。该传感器采用了箔式应变片贴在合金钢制做的弹性体上，具有精度高、密封能力好的特点，可用于电子皮带秤、计算机配料系统等。该厂生产的 QBS—10 型变送器输出形式有 0～5V、0～10V、4～20mA、0～10mA 等。其技术参数见表 9-3。

表 9-3　称重传感器技术参数

量程/kg	5、10、20、30、50、100、200、500
灵敏度/（mV/V）	2±0.1
综合精度（线性、滞后、重复性）	±0.02%F·S
蠕变	±0.05%F·S/30min
零点温度系数	±0.02%F·S/10℃
输出温度系数	±0.02%F·S/10℃
输入阻抗/Ω	385±10
绝缘电阻/MΩ	≥5000

续表

供桥电压	10V DC
工作温度范围/℃	−20 ~ +70
允许过负荷	150% F·S
灵敏度/（mV/V）	2 ±0.1
密封等级	IP67
材质	合金钢

选用的称重传感器量程是 100kg，变送器输出为 4~20mA 电流。

3. 转速传感器

转速传感器是利用钢铁材料（或其他导磁材料）制做的齿轮转动，产生磁通量的变化，通过固态磁性传感元件获得信号，可测量齿轮的转动，其特点如下所述。

☺ 分辨率高，频响宽，可靠性高；

☺ 内置放大整形电路，输出为幅度稳定的方波信号，能实现远距离传输；

☺ 测量转速范围宽（0.3Hz~10kHz），优于霍尔传感器；

☺ 测量间距大（0.2~2.5mm）；抗振性能强。

本系统采用的是深圳商斯达实业公司的 S20 型齿轮转速传感器，其技术参数见表 9-4。

表 9-4 转速传感器技术指标

供电电压	+5V、+12V、+24V	使用温度/℃	−40 ~ +150（军品） −20 ~ +80（民品）
输出信号	高电平：≥4V（供电电压 +5V）；≥10V（供电电压 +12V）；≥10V（供电电压 +24V）；低电平：<0.3V，方波	响应频率	0.3Hz~10kHz 转速（r/min）=60×频率
分辨膜数	>0.5	使用湿度	<95% RH
输出电流	<30mA	保护形式	有限性和短路保护
触发形式	钢铁齿轮，或其他软磁材料	绝缘电阻	>50MΩ
输出方式	NPN	外壳材料	金属镀镍
应用距离	（0.2~2.5mm）正比与齿高、高速和极低速时距离应近		

4. 电源部分

系统中的齿轮脉冲传感器采用 24V 电源，可以借用 PLC 上的 24V 电源，而称重传感器采用 10V 的工作电压，所以需制作一个 10V 直流电源，如图 9-11 所示。

三端整流稳压器 78M10 的最大输出电流是 500mA，完全能满足要求。图 9-11 中的二极管 VD 的作用是为了保护 78M10 的输出极，防止在输入端断电后容性负载向输出端放电。两小电容起滤波作用，改善输出电压的波纹特性。

图 9-11 电源原理图

5. PLC 选择

本系统选用三菱 FX2N-16MR-001 基本模块（I/O 点数均为 8 点，继电器输出方式），外加 FX2N-2DA（12 位 2 通道，电压输出：0～10V 或 0～5V，电流输出：+4～20mA）模拟量输出模块，FX2N-4AD 模拟量输入模块（12 位 4 通道，电压输入：直流 ±10V；电流输入：直流 -20～+20mA 或 4～20mA）。变频器采用三菱 FR-E540-5.5k-CH，其输入电压为三相 380～415V、50/60Hz，允许频率变动范围为 5%，输出电压为 380V、50/60Hz，额定容量为 9.1kVA，额定电流为 12A。额定过负荷电流为 150%/60s，200%/0.5s。要求电源设备功率为 12kVA 以上。该变频器采用强制风冷方式。

本系统采用一台变频器带动两台电动机，一台为传送带牵引电动机，另一台为振动筛用电动机。传送带牵引电动机采用六极三相异步电动机，功率是 3kW，额定转速是 960r/min，通过两级减速将转矩传给牵引滚筒，减速器的总传动比为 15。振动筛电动机采用四极三相异步电动机，额定功率为 2.2kW，额定转速是 1420r/min，通过减速器的变速，实现振动落煤量的粗调，调节传送带的速度约为 30m/min，此时变频器输出频率约为 35Hz。

6. PLC I/O 口分配表

PLC I/O 口分配表见表 9-5。

表 9-5 系统 I/O 口分配表

输 入 点		输 出 点	
X0	测速传感器输出端	Y0	变频器的起动信号 STF
X1	外部停止按钮	Y1	振动筛电动机接触器 KM1
X2	传送带电动机的热继电器 FR1	Y2	传送带电动机过载报警灯 HL1
X3	振动筛电动机的热继电器 FR2	Y3	振动筛电动机过载报警灯 HL2
		Y4	其他报警灯 HL3

因为本系统采用一台变频器控制两台电动机的方式，所以变频器的过电流保护功能不能起到应有的作用，要另加热继电器来保护电动机及变频器。另外，也因为上述原因，当选择不同的工作方式时会出现问题，如动态校验模式时，不能落煤，即振动筛电动机不转，只有

传送带电动机以恒低速度运转，这就要求加入一个接触器（KM1）来切断变频器与振动筛电动机间的主电路。考虑到切换时的电弧和某种原因造成的振荡，引起高电压或漏电流而损坏变频器，在程序中可以考虑延时的方法来加以避免。

7. PLC 的内部数据寄存器和部分辅助继电器的分配

PLC 的内部数据寄存器和部分辅助继电器的分配见表 9-6。

表 9-6　PLC 的内部数据寄存器和部分辅助继电器的分配表

寄存器编号	功　能	寄存器编号	功　能	寄存器编号	功　能
D10	存储计数脉冲	D25	总重量（kg）	D2	重叠画面序号 2
D11	当前值	D26	kg/cm	D3	存储画面序号
D12	剩余时间	D27		D4	存储 D3 画面序号
D13	P/min（脉冲/分钟）	D28	kg/min	D5	存储重叠画面序号
D14		D29		D6	数据文件指定
D15	r/min	D30	kg/min（整）	D7	完成部件的 ID 号
D16		D40	cm/min（整）		
D17	cm/min	D50	PID 输出值		
D18		D200	流量 PID 目标值		
D20	称重信号 1	D300	速度 PID 目标值		
D21	称重信号 2	D210～D235	流量 PID 参数		
D22	两重量之差值	D250～D275	速度 PID 参数		
D23	两重量之和值	D0	当前显示画面序号		
D24	总重量（kg）	D1	重叠画面序号 1		

另外需注意，GOT 控制元素中的位元素占用 PLC 的辅助继电器（M）的 7 个点。默认初始设置为 M0～M6，所以在程序中要避免使用这 7 个点。这 7 个点的功能见表 9-7。

表 9-7　M0～M6 功能说明

辅助继电器	控 制 内 容
M0	位元素 OFF→ON 后，清除报警记录
M1	报警记录分配的元素置 ON 时置 ON
M2	指定时间到后 ON，显示画面的背景灯熄灭
M3	位元素 OFF→ON 后，清除采样状态下采样的数据
M4	在采样状态下采样时置 ON
M5	作为数据设定完成的标志置 ON
M6	GOT 电池电量不足时置 ON

8. 变频器设置

有关参数设置见表 9-8。

表 9-8 变频器参数设置

参 数 号	设 定 值	设 置 说 明
Pr. 1	50	输出最高频率为 50Hz
Pr. 2	0	输出频率的下限为 0Hz
Pr. 7	3s	加速时间为 3s
Pr. 8	3s	减速时间为 3s
Pr. 9	12A	电子过电流保护为 12A
Pr. 38	50	频率设定电压增益频率为 50Hz（输入 10V 时频率为 50Hz）
Pr. 73	1	频率设定为 0~10V
Pr. 78	1	反转禁止
Pr. 79	2	外部操作模式

其余参数均保持出厂设置，输入信号也保持为漏型逻辑。

在校验时，由于本系统中变频器频率设定采用 0~10V 电压，所以只用到 Pr. 902（频率设定电压偏置）和 Pr. 903（频率设定电压增益）两个参数。其具体接线图如图 9-12 所示。

图 9-12 PLC 与变频器接线原理图

9.2.3 系统软件设计

给煤机控制方式有流量 PID 调节、转速 PID 调节、给煤机皮带秤校验等 3 种方式。根据生产工艺要求，考虑操作方便及安全可靠性，采用模块化程序设计，系统结构图如图 9-13 所示。

图 9-13　程序设计流程图

1. 特殊模块程序

参考程序如图 9-14 所示，开机后先做特殊模块的识别，FX2N－4AD 的识别码是 2010。如果出错，则程序停止执行，并且报警灯 HL3 点亮，触摸屏弹出报警画面 7，画面中显示"AD 模块识别错误!!!"信息。如果识别正常，则设置 A/D 模块的通道模式及采样平均次数。H3311 说明通道 1 和 2 输入模式为 4～20mA 电流输入；通道 3 和 4 关闭，采样 4 次取平均数。程序中的 M204 是为触摸屏的报警输出显示之用。

```
      M8002
   0 ──┤├──────────────────────[ FROM  K0    K30   D100   K1 ]
                                         FX2N-4AD 识别
                                ─────────[ CMP   K2010 D100   M30 ]
      M31                                 FX2N-4AD 识别
   17 ──┤├──────────────────────[ TOP   K0    K0    H3311  K1 ]
                                ─────────[ TOP   K0    K1    K4     K2 ]
                                         FX2N-4AD 确认和状态设置
      M30
   36 ──┤├──────────────────────────────────────────( Y004 )
      M32
   38 ──┤├──────┬───────────────────────────────────[ CJ    P3 ]
               │
               └───────────────────────────────────( M204 )
```

图 9-14　特殊模块编程

2. 主程序

用 SPD 指令计转速脉冲数，通过计算得到传送带的线速度（牵引滚筒的直径是 20cm，减速器高低两级齿数比分别是 77/22，81/18，转速传感器安装在高速级的大齿轮上方）。最终的线速度值放到 D19 中暂存。

程序采用模块化设计，分为主程序和 3 个子程序，程序指针分别为 P0、P1 和 P2。调用程序的触摸键分别是 M10、M11 和 M12。另外，急停按键也可以调用校验子程序（见程序步 105 ~ 112)。子程序调用完毕后，用 SRET 指令返回主程序，如果 X2、X3、M200、M201 置 1，则有对应的报警灯点亮，触摸屏显示报警信息，其中 M202、M203 是为触摸屏报警显示之用。其参考程序如图 9-15 所示。

图 9-15　主程序部分

3. 调用流量 PID 模式程序

流量 PID 调节子程序指针为 P0。因为称重传感器的失效与否是通过两个传感器数值的比较来判断的，即如果两传感器称重数值相差较大，说明有一个失效。为了避免在开机运行之初，由于落煤不均匀（偏重于一边）造成两称重传感器的数值相差很大，导致 PLC 错误地判断称重传感器失效。所以在运行刚开始时有 5min 的延时，在 5min 内，变频器以约 5Hz 的频率输出，传送带电动机和振动筛电动机均以低速运转，5s 后，才取两称重传感器的数值。在程序中设置为两数相差 100（量程的 1/10 = 10kg）以上时，就认为传感器失效，此时，如果实际情况不允许停机检修，则要用经验值来估算重量。由于本题采用一个变频器控制两台电动机的方式，落煤仓采用振动筛振动落煤方式，所以振动频率的高低会对落煤量有较大影响（虽然不是线性关系），程序中采用了与振动频率有关的估算值，共分 6 个范围。在实际中可以根据经验来设置，并且分类越细，越接近实际值。如果称重传感器工作正常，则实际煤重为两称重传感器检测结果之和。通过前面介绍的累加方式并与传送带线速度相乘来得到每分钟的给煤量。此给煤率与设定值进行比较，通过 PID 运算处理输出一个数值到 D/A 模块，转化为 0～10V 的模拟量给变频器频率设定端子 2 和 5，实现自动跟踪调节。注意 PID 参数的输入要在使用 PID 功能前完成，程序中是用了 D210～D234 共 25 个数据寄存器。其中指令 MOV H30 D211 是将参数中的 S3 + 1 的第 4 位设定为 1（自整定开始）、第 5 位设定为 1（输出上下限设定有效）。程序中的 D51 也是为了触摸屏的显示之用，触摸屏用一个数值显示元件读取 D51 的数值来显示此时变频器的输出频率。其参考程序如图 9-16 所示。

4. 速度 PID 调节子程序

速度 PID 调节子程序的指针号是 P1。这种 PID 功能只是为了校验变频器的转速控制功能，不需要称重信号，不需要落煤。所以在此工作模式下，必须切断振动筛电动机的电源。并且系统的响应特性也会发生改变，PID 参数要另外设置，程序中是用了 D250～D274 共 25 个数据寄存器来放置参数。指令 MOV H30 D251 的功能如上面的 MOV H30 D211。PID 输出寄存器仍然使用了 D50 和 D51。在此模式下，触摸屏显示画面 3 "速度监控"，在画面中触摸键可以设定速度，PLC 根据设定速度值与实际测量的速度值之差，通过 PID 处理输出到 D50 中，并将 D50 的数值送到模拟量输出模块，转化为 0～10V 的模拟量给变频器频率设定端子 2 和 5，实现速度的自动跟踪调节。

两个 PID 调节的目标值都是存放在断电保持数据寄存器中（D200 和 D300）。参数的设定也是存放在断电保持型数据寄存器中（D200 及以后的数据寄存器均为断电保持型）。其参考程序如图 9-17 所示。

5. 校验模式子程序

校验模式子程序的指针号是 P2。在此工作状态下，用户可以选择两种校验模式，即静态校验和动态校验，也可以选择不校验而直接停机。这种选择是通过触摸屏上的 3 个触摸键即对应程序中的 M40、M41、M42 来完成的。

当按下触摸键 3（M40）时，程序直接跳转到子程序结束，画面也相应切换到画面 1，并且在画面 1 中显示 "现在处于停止状态"。静态校验是在传送带不动的情况下，用标准挂码来校验称重传感器的准确度。动态校验是在传送带电动机以恒低速运转时，用链码来模拟煤的输送，通过程序的运算和触摸屏的显示，来调节和校准传送带的送煤精度。链码是通过专用装置进行收/发的。

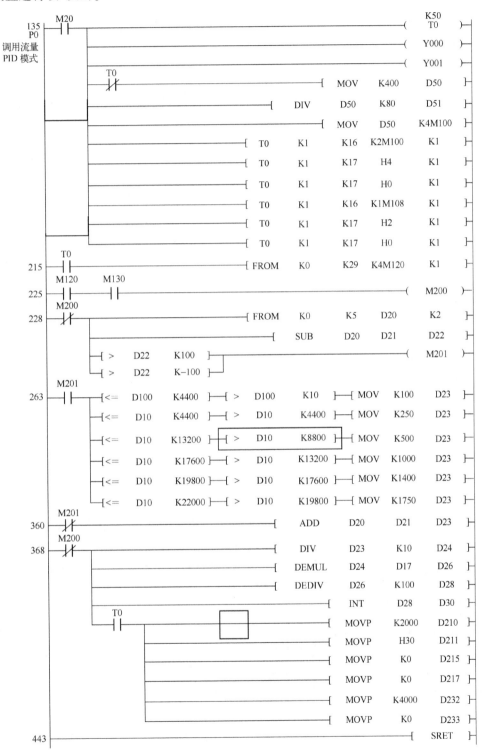

图 9-16　调节流量 PID 模式程序

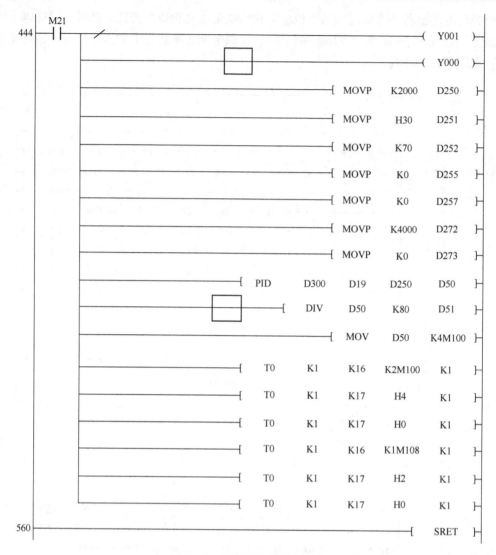

图 9-17　速度 PID 调节子程序

送煤精度主要由称量精度、速度控制精度和运算精度来决定。称量精度的校准是通过静态校验来完成的，主要调节称重传感器及模拟量输入模块的通道增益和偏移；速度控制精度的校准是由速度 PID 调节模式来完成的，过程中需要调节模拟量输出模块的通道增益和偏移，以及变频器的参数 Pr.902（频率设定电压偏移）和 Pr.903（频率设定电压增益）；而运算精度则主要由前面所介绍的累加方法和数值的保留精度来保证。

为什么电动机要以低速运转来校验呢？这是基于传送带速度低时，传送带秤的称量过程越接近于静态；传送带速度低，传送带张力比较小，而传送带张力是称重过程的主要干扰力，干扰因而减少；传送带速度低，同样输送量情况下物料层厚度加大，则单位长度传送带上的负荷（kg/m）增加，因为加在秤架上的称重托辊及传送带的一部分重量是固定的，所以传送带秤称重过程中负荷与总重比值增大。

为了减少程序步数，该子程序采用了分支汇总的编程模式，模拟量 I/O 模块的读取和写入均排在静态校验和动态校验指令后进行。程序中的 D44～D47 与流量 PID 调节模式中的

D24～D28 的功能是一样的，都是作数据的处理结果暂存之用。D51 的功能也同上，为了触摸屏显示用。其参考程序如图 9-18 所示。

图 9-18　校验模式子程序

由此可以得到完整的程序。触摸屏程序略。

9.3　FX2N PLC 在气动机械手中的应用

工业机械手是近代自动控制领域中出现的一项新技术，并已成为现代机械制造生产系统中的一个重要组成部分。这种新技术发展很快，逐渐成为一门新兴的学科——机械手工程。机械手涉及力学、机械学、电气液压技术、自动控制技术、传感器技术和计算机技术等科学领域，是一门跨学科综合技术。

9.3.1　系统需求分析

工业机械手由执行机构、驱动机构和控制机构 3 部分组成。常见的工业机械手根据手臂的动作形态，按坐标形式大致可以分为以下 4 种。

☺ 直角坐标型机械手。
☺ 圆柱坐标型机械手。
☺ 球坐标（极坐标）型机械手。
☺ 多关节型机械手。

传送带 A　　　　　　　　　传送带 B

图 9-19　机械手搬运物品示意图

其中，圆柱坐标型机械手结构简单、紧凑，定位精度较高，占地面积小，因此本设计采用圆柱坐标型机械手。图 9-19 所示的是机械手搬运物品示意图。图中，机械手的任务是将传送带 A 上的物品搬运到传送带 B。

在圆柱坐标式机械手的基本方案选定后，本设计用 3 个自由度就能完成所要求的机械手搬运作业，即手臂伸缩、手臂回转、手臂升降 3 个主要运动。手臂、立柱、手腕的运动均计为工业机械手的自由度，而手指的夹放动作不能改变被夹取工件的方位，故不计为自由度。

本设计机械手主要由以下 3 个大部件组成。

【手部】采用一个直线气缸，通过机构运动实现手抓的夹/放动作。

【臂部】采用一个直线气缸来实现手臂伸/缩运动。

【机身】采用一个直线气缸和一个回转气缸来实现手臂升降和回转。

机械手动作流程如图 9-20 所示。

机械手从原点开始动作，接到动作命令后，机械手主臂开始下降并张开夹爪。下降到下极限位置后，下降动作停止。然后主臂开始伸出，到达工件的夹取位置时，夹取工件。夹住工件后，主臂开始上升，升到上极限位置时，上升动作结束。然后主臂右转，转到右极限位置时，右转动作停止。然后开始下降，当下降到下极限位置时，夹爪放开

图 9-20　机械手动作流程示意图

工件, 把工件放到了传送带 B 上。然后缩回主臂, 缩到极限位置时, 开始左转, 当转到极限位置时, 主臂又开始伸出去抓取工件, 进入下一个循环。

9.3.2　系统硬件设计

由机械手动作流程可知, 系统共需要 21 个输入点和 9 个输出点。因此, 选择三菱 FX2N - 48M 型 PLC, 并由此可得到系统的 I/O 分配表, 见表 9-9。

表 9-9　机械手系统 I/O 分配表

名　称	代号	输入	名　称	代号	输入	名　称	代号	输出
下限行程	SQ1	X0	单步左移	SB4	X13	电磁阀下降	1DT	Y1
上限行程	SQ2	X1	单步右移	SB5	X14	电磁阀伸臂	2DT	Y2
右限行程	SQ3	X2	夹紧	SB6	X15	电磁阀右摆	4DT	Y3
左限行程	SQ4	X3	放松	SB7	X16	电磁阀张爪	5DT	Y4
缩限开关	SQ5	X4	单步伸臂	SB8	X17	传送带 A	MA	Y5
伸限开关	SQ6	X5	开始	SB9	X20	传送带 B	MB	Y6
光电开关	SQ7	X6	单步手动	SB10	X21	电磁阀伸臂	3DT	Y7
自动循环	SB9	X7	回原点	SB11	X22	报警器		Y10
停止	SB1	X10	工件检测	SQ5	X23	原点指示	EL	Y11
单步上升	SB2	X11	单步缩臂	SB10	X24			
单步下降	SB3	X12						

由此得到 PLC 系统外部接线原理图, 如图 9-21 所示。

图 9-21　机械手系统 PLC 接线原理图

9.3.3　系统软件设计

操作系统包括回原点程序、手动单步操作程序和自动连续操作程序，如图 9-22 所示。

把旋钮置于回原点程序模式，X22 接通，按下"开始"按钮，当满足 X1、X3、X4 闭合，并且 Y4 使夹爪闭合时，Y11 就会驱动指示灯亮。再把旋钮置于手动，则 X21 接通，其常闭触头打开，程序不跳转（CJ 为跳转指令，如果 X21 闭合，则 CJ 驱动，跳到指针 P 所指 P0 处），执行手动程序。之后，由于 X7 常闭触点闭合，当执行 CJ 指令时，跳转到 P1 所指的结束位置。如果旋钮置于自动位置（即 X22 常闭触点闭合、X7 常闭触点打开）则程序执行时跳过手动程序，直接执行自动循环程序。

1. 回原点程序

回原位程序如图 9-23 所示。用 S10 ~ S19 作为回零操作元件。应注意，当 S10 ~ S19 用做回零操作时，最后状态中在自我复位前，应使特殊继电器 M8043 置 1。

图 9-22　机械手控制基本程序　　　　　　　图 9-23　回原点程序

把旋钮置于回原点程序模式，X22 接通，按下"开始"按钮，不管程序运行到哪，不管机械手现在在什么位置，机械手都会夹爪夹合；主臂如果处于伸出状态就会缩回；若主臂在下方，则主臂会上升至上极限位置；若主臂在传送带 B 上方时，主臂会左转到左极限位置。各部分都会回到原点位置。

当机械手到达左极限时，左限位磁性开关闭合；到达上极限时，上限位磁性开关闭合；主臂缩回时，缩限磁性开关闭合；夹爪闭合后，控制面板上的原点指示灯亮，则说明机械手各部分已经完全回到原点位置。

2. 单步操作程序设计

单步操作程序如图 9-24 所示。这个子程序应用了主控指令编程，使得 X21 同时控制多个输出触点，节省了存储器的存储空间。图中，主臂的上升、下降都必须是在主臂缩回的状态下才能动作；主臂的伸出、缩回都有联锁和限位保护。

3. 自动运行程序设计

自动循环操作状态转移如图 9-25 所示。

图 9-24　单步操作程序　　　　图 9-25　自动运行程序

当机械手处于原位时，才能运行自动循环程序，机械手才能按预定程序自动执行各动作。

当旋钮旋到自动循环模式位置且机械手在原点位置时，按"开始"按钮，X20 接通，状态转移到 S20，机械手开始动作，Y5/Y6 分别驱动传送带 A/B 转动（当夹取工件的位置已有工件时，传送带 A 不转动）。Y1 驱动主臂下降；Y4 驱动夹爪张开；准备夹取工件；当到达下限位使磁性开关 X0 接通，当工件在夹取位置时，状态转移到 S21，而 S20 自动复位。S21 驱动 Y2 置位，驱动主臂向工件方向伸出；当夹爪到达工件时，接近开关 X23 接通，状态转移到 S22，主臂伸出停止且夹爪夹取工件；延时 0.5s 使夹取动作充分完成，0.5s 后 T1 接通。

若夹爪的伸出致使工件从传送带上偏离夹取位置或从传送带上落下，主臂夹爪上的接近开关没有测到工件，主臂仍在伸出，到达极限位置时，磁性限位开关 X5 闭合，状态转移到 S50，伸出停止，主臂开始缩回，并且计数器计数 1 次，当夹爪上的接近开关由于没有测到工件，主臂伸出到极限位置 3 次，即计数器计数 3 次时，报警器报警，警告工作人员有异常情况，使工作人员及时发现问题，及时解决避免发生工作事故，从而保护人身安全，保证生产正常进行。

当主臂由于夹爪上的接近开关没有测到工件而缩回后，再次检测夹取位置是否有工件，若有工件，状态转回到 S21；若没有，则转回状态 S50。

当夹爪正常夹到到工件工件后，0.5s 后 T1 接通，状态转移到 S23 主臂开始上升，到主臂上升到极限位置时，上限磁性开关闭合；0.5s 后 T2 接通；状态转移到 S24，立柱开始右转并带动主臂右转，到达右限位置时，右限磁性开关闭合，0.5s 后 T3 接通；状态转移到 S25，主臂开始下降，到达下限位置时，下限磁性开关闭合；状态转移到 S26，夹爪松开，放开工件，将工件放到传送带上，被传送到下一工序。0.5s 后 T4 闭合。

状态转移到 S27，主臂开始缩回，到达极限位置时，缩限磁性开关 X4 闭合；状态转移到 S28，回缩结束。0.5s 后 T5 接通；状态转移到 S29，主臂开始左转，到达左极限时，左转

动作结束。左限磁性开关闭合，当夹取工件位置有工件时（即 X6 动作时），状态转回到
S21，主臂再次伸出，去夹取工件，进入下一循环。

　　按下"停止"按钮 X10 后，中间继电器 M101 保持接通状态，程序运行到一循环结束位
置，及完成状态 S29 后，由于 M101 闭合，状态直接转到状态 S30。程序运行回原点，到原
点后，控制面板上的原点指示灯亮，指示机械手已到原点，停止程序在状态 S1。机械手也
不动作，除非操作人员按下"开始"按钮。

　　完整程序如图 9-26 至图 9-29 所示。

图 9-26　机械手控制完整程序 1

图 9-27　机械手控制完整程序 2

图 9-28 机械手控制完整程序 3

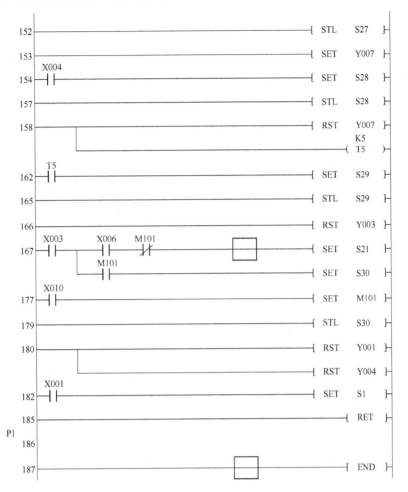

图 9-29　机械手控制完整程序 4

9.4　FX2N PLC 在饮料灌装机中的应用

改革开放以来，自动灌装机广泛应用于化妆品、药品、食品饮料、奶制品、化学品及家用品等多个行业。基于 PLC 的自动灌装机因其性能优良、运行可靠，在改造旧设备、生产线以及替代进口产品方面得到了广泛应用。

9.4.1　系统需求分析

1. 饮料灌装机的运动要求

饮料瓶随传送带运动到灌装位置时，自动停止，并注入饮料，注完定量饮料后，自动停止注入；饮料瓶随传送带运动一个间距后停止，被放上盖子；再随传送带运动一个间距，压好盖子；当灌好的饮料瓶达到指定数目时，蜂鸣器发出包装信号。灌装机工作示意图如图 9-30 所示。

图 9-30　灌装机工作示意图

2. 传送带要求

传送带输送机可输送的物料种类繁多，既可输送各种散料，也可输送各种纸箱、包装袋等单件质量不大的件货，用途广泛。结构形式多样，有槽型传送带机、平型传送带机、爬坡传送带机、侧倾传送带机、转弯传送带机等多种形式，传送带上还可增设推板、侧挡板、裙边等附件，能满足各种工艺要求。

9.4.2　系统硬件设计

1. 传感器选择

光电传感器是采用光电元件作为检测元件的传感器。它首先将被测量物的变化转换成光信号的变化，然后借助光电元件进一步将光信号转换成电信号。光电传感器一般由光源、光学通路和光电元件 3 部分组成。光电检测方法具有精度高、反应快、非接触等优点，而且可测参数多，传感器的结构简单，形式灵活多样，因此光电式传感器在检测和控制中应用非常广泛。

本设计采用的是遮断型的光电开关 HG－GF41－ZNKB，如图 9-31 所示。

2. 行程开关选择

行程开关又称限位开关或位置开关。它是一种根据运动部件的行程位置而切换电路工作状态的控制电器。行程开关的动作原理与控制按钮相似，在机床设备中，事先将行程开关根据工艺要求安装在一定的行程位置上，运行中，装在部件上的撞块压下行程开关顶杆，使行程开关的触点动作而实现电路的切换，达到控制运动部件行程位置的目的。

本设计选用 LX10－31/32 型号的行程开关。

3. PLC 型号选择

灌装机工作流程如图 9-32 所示。

图 9-31　光电传感器示意图

图 9-32　灌装机工作流程示意图

根据系统分析可以列出 PLC 的 I/O 分配表，见表 9-10。

表 9-10 灌装机控制系统 PLC I/O 分配表

输　　入		输　　出	
硬件	端口	硬件	端口
停止按钮 SB1	X0	传送带运动	Y0
起动按钮	X1	灌装口下移	Y1
传感器	X2	灌装	Y2
行程开关	X3	灌装口上移	Y3
行程开关	X4	机械手下降	Y4
行程开关	X5	夹紧	Y5
行程开关	X6	机械手上升	Y6
行程开关	X7	机械手右行	Y7
行程开关	X10	松开	Y5
传感器	X11	机械手左移	Y10
传感器	X12	压头下移	Y11
行程开关	X13	压头压紧	Y12
行程开关	X14	压头上移	Y13
传感器	X15	蜂鸣器报警	Y14

由此可以确定选择 FX2N - 64M 型 PLC。

9.4.3 系统软件设计

根据设计要求，饮料瓶随传送带运动到灌装位置时，自动停止，并注入饮料，注完定量饮料后，自动停止注入，饮料瓶随传送带运动到下一指定位置时停止，机械手放上盖子，再到下一位置时压紧盖子，再随传送带运动，当灌好的饮料瓶达到指定数目时，蜂鸣器自动报警提醒包装人员进行包装。下面按照功能要求逐一设计。

1. 灌装

根据图 9-32，当饮料瓶随传送带运动到指位置 1 时停止，光电传感器 X2 检测到饮料瓶的存在，发出可以灌装信号，灌装机的灌装口下移，到指定位置，行程开关 X3 发出停止信号，灌装口停止下移，开始灌装，同时计时器开始计时，预定时间后，饮料灌装完毕，计时器的延时断开按钮断开，停止灌装，延时闭合按钮闭合，灌装口上移；到指定位置 3 时，行程开关 X4 发出停止信号，灌装口停止上移，传送带带着饮料瓶重新开始运动，如图 9-33 所示。

传感器 X2 用于检查饮料瓶是否到位，行程开关 X3 用于确定灌装口下移的位置，以及发出开始灌装的命令，行程开关 X4 用于确定饮料灌装完毕后，灌装口上移的位置。

2. 放盖

灌入饮料的饮料瓶随传送带移动一个间距后停止，传感器 X11 检测到饮料瓶的存在，发出放盖信号，机械手下移到指定位置触动行程开关 X5，机械手停止下移，取盖夹紧，定时器延时 10s 后机械手上升，到指定位置触动行程开关 X6，机械手停止上升开始右行，到指定位置触动行程开关 X7，机械手停止右行开始下降，下降到指定位置，机械手触动行程开关 X5，机械手松开放盖，定时器延时 10s 后，机械手上升→左行→回到原点。其程序如图 9-34 所示。

图 9-33　灌装部分程序　　　　图 9-34　放盖部分程序

传感器 X11 用于检查饮料瓶是否到位，行程开关 X5 用于确定机械手下移的位置，行程开关 X6 用于确定机械手上升的位置，行程开关 X7 用于确定机械手右行的位置，行程开关 X10 用于确定机械手左行的位置。定时器 T1 和 T2 是为了保证机械手能可靠地夹紧或放开瓶盖。

3. 压盖

放好盖的饮料瓶随传送带移动一个间距后，自动停止。传感器 X12 检测到饮料瓶的存在，压盖装置的压头下移，到指定位置时触动行程开关 X13，压头停止下移，压头保持位置并压紧瓶盖，同时计时器开始计时，2s 后压头回到原位，如图 9-35 所示。

传感器 X12 用于检查放好盖的饮料瓶是否到位，行程开关 X13 用于确定压头下移到设定位置。压头停止下移后，用计时来控制压头，2s 后才开始复位，主要是为了确保饮料瓶压盖合格。行程开关 X14 用于限定压头的初始位置。

4. 计数

为了方便包装，该生产线设计了自动报警装置。当进入包装区的饮料瓶达到规定数目时（一般为 12 瓶），蜂鸣器自动报警，如图 9-36 所示。

传感器 X15 用于提供计数输入信号，每走过一瓶饮料，计数器自动加一，当达到规定数目时，蜂鸣器报警提醒包装人员包装，同时计数器复位。

传感器 X15 采用红外线遮断型光电传感器。

5. 完整程序

将上述功能部分的程序综合起来，最终得到完整的控制程序，如图 9-37 所示。

图 9-35 压盖部分程序

图 9-36 计数部分程序

图 9-37 灌装机完整控制程序

9.5 FX2N PLC 在电梯控制系统中的应用

随着国民经济的发展，高层建筑数量越来越多，电梯作为必不可少的高层建筑配套设施而得到了广泛的应用。各个厂家都开发了相应的 PLC 控制系统，其工作原理基本相同。本节以三菱系统为例，介绍 5 层电梯的控制系统。多层电梯控制原理相同，读者可以根据需要自行扩展。

9.5.1 系统需求分析

PLC 电梯控制系统和其他类型的电梯控制系统一样，主要由信号控制系统和拖动控制系统两部分组成。图 9-38 所示为电梯 PLC 控制系统的基本结构图，主要硬件包括 PLC 主机及扩展、机械系统、轿厢操纵盘、厅外呼梯盘、指层器、门机、调速装置与主拖动系统等。系统控制核心为 PLC 主机，操纵盘、呼梯盘、井道及安全保护等信号通过 PLC 输入接口送入 PLC，通过程序控制向拖动系统发出信号。

图 9-38　电梯 PLC 控制系统的基本结构图

1. 电梯的主要组成部分

☺ 曳引部分通常由曳引机和曳引钢丝绳组成。电动机带动曳引机旋转，使轿厢上下运动。

☺ 轿厢由轿架、轿底、轿壁和轿门组成；厅门一般有封闭式、中分式、双折式、双折中分式和直分式等。

☺ 电器设备及控制装置由曳引机、选层器传动及控制柜、轿厢操纵盘、呼梯按钮和厅站指示器组成。

☺ 其他装置。

2. 电梯的安全保护装置

【电磁制动器】装于曳引机轴上，一般采用直流电磁制动器，起动时通电松闸，停层后断电制动。

【强迫减速开关】分别装于井道的顶部和底部，当轿厢驶过端站换速点却未减速时，轿厢上的撞块就触动此开关，通过电器传动控制装置，使电动机强迫减速。

【限位开关】当轿厢经过端站平层位置后，若仍未停车，此限位开关立即动作，切断电源并制动，强迫停车。

【行程极限保护开关】当限位开关不起作用，轿厢经过端站时，此开关动作。

【急停按钮】装于轿厢操纵盘上，发生异常情况时，按此按钮可切断电源，电磁制动器制动，电梯紧急停车。

【厅门开关】每个厅门都装有门锁开关，仅当厅门关上时，才允许电梯起动；在运行中，若出现厅门开关断开，电梯立即停车。

【关门安全开关】常见的是装于轿厢门边的安全触板，在关门过程中，如果安全触板碰到乘客时，发出信号，门电动机停止关门，反向开门，延时重新关门。此外还有红外线开关等。

【超载开关】当超载时，轿底下降开关动作，电梯不能关门和运行。

【其他开关】如安全窗开关、钢带轮的断带报警开关等。

电梯信号控制基本由 PLC 软件来实现。电梯 PLC 信号控制系统如图 9-39 所示。输入到 PLC 的控制信号有运行方式选择（如自动、检修、消防运行方式等）、运行控制、轿厢内指令、层站召唤、安全保护信息、旋转编码器光电脉冲、开关门及限位信号、门区和平层信号等。

图 9-39　电梯 PLC 信号控制系统图

3. 电梯控制系统实现的功能

一台电梯控制能够实现的基本功能如下所述。

☺ 一台电动机控制上升和下降。

☺ 各层设上/下呼叫开关（最顶层与起始层只设一个）。

☺ 电梯到位后具有手动或自动开门、关门功能。

☺ 电梯内设有层楼指令键、开/关门按键、警铃、风扇及照明按键。

☺ 电梯内、外设有方向指示灯及电梯当前层号指示灯。

☺ 待客自动开门：当电梯在某层停梯待客时，按下层外召唤按钮，应能自动开门迎客。

☺ 自动关门与提早关门：在一般情况下，电梯停站 4~6s 应能自动关门；在延时时间内，若按下关门按钮，门将不经延时提前实现关门动作。

☺ 按钮开门：在开关过程中或门关闭后电梯起动前，按下操纵盘上开门按钮，门将打开。

☺ 内指令记忆：当轿厢内操纵盘上有多个选层指令时，电梯应能按顺序自动停靠，自动确定运行方向。

☺ 自动定向：当轿厢内操纵盘上选层指令相对与电梯位置具有不同方向时，电梯应能按先入为主的原则，自动确定运行方向。

☺ 呼梯记忆与顺向截停：电梯在运行中应能记忆层外的呼梯信号，对符合运行方向的召唤，应能自动逐一停靠应答。

☺ 自动换向：当电梯完成全部顺向指令后，应能自动换向，应答相反方向的信号。

☺ 自动关门待客：当完成全部轿厢内指令，又无层外呼梯信号时，电梯应自动关门，并在设定时间内自动关闭轿厢内照明。

☺ 自动返基站：当电梯设有基站时，电梯在完成全部指令后，自动驶回基站，停机待客。

4. 电梯操作方式

常见的电梯操作方式有如下两种。

☺ 单轿厢下集选：控制室登记所有轿厢内和厅门外的下行召唤，轿厢上行时只答应轿厢内的召唤，直至最高层；然后自动改变运行方向为下行，应答厅门外的下行召唤。

☺ 单轿厢全集选：控制室登记所有厅门外和轿厢内的召唤，上行时顺序应答轿厢内和厅门外的上行召唤，直至最高层；然后自动反向应答下行召唤和轿厢内的召唤。

本设计采用全集选操作方式。

5. 减速及平层控制

电梯的工作特点是频繁起/制动，为了提高工作效率、改善舒适感，要求电梯能平滑减速至速度为零时，准确平层，即"无速停车抱闸"，不要出现爬行现象或低速抱闸，即直接停止，要做到这一点关键是准确发出减速信号，在接近层楼面时，按距离精确地自动矫正速度给定曲线。本设计采用旋转编码器检测轿厢位置，只要电梯一运行，计数器就可以精确地确定走过的距离，达到与减速点相应的预制数时，即可发出减速命令。不论哪种方式产生的减速命令，由于负载变化、电网波动、钢丝绳打滑等，都会使减速过程不符合平层技术要求，为此一般在离每层楼的基准位置 100～200mm 处需设置一个平层矫正器，以确保平层的长期准确性。

9.5.2　系统硬件设计

1. 轿厢楼层位置检测方法

在工程中，进行轿厢楼层检测的主要方法有如下 3 种。

【用干簧管磁感应器或其他位置开关】这种方法直观、简单，但由于每层需使用一个磁感应器，当楼层较高时，会占用 PLC 太多的输入点。因为本设计中楼宇只有 5 层，故本设计采用此法。

【利用稳态磁保开关】这种方法需对磁保开关的不同状态进行编码，在各种编码方式中，适合电梯控制的只有格雷变形码，但它是无权代码，进行运算时需采用 PLC 指令译码，比较麻烦，软件译码也使程序变的庞大。

【利用旋转编码器】目前，PLC 一般都有高速脉冲输入端或专用计数单元，计数准确，使用方便，因而在电梯 PLC 控制系统中，可用编码器测取电梯运行过程中的准确位置，编码器可直接与 PLC 高速脉冲输入端相连，电源也可利用 PLC 内置 24V DC 电源，硬件连接可谓简单、方便，高层电梯中可以采用这种方法。

2. 门电机选择

电梯门有层门和轿门之分，两门的开启是同步进行的，电动机实现开关门的动作，用一台小电动机驱动即可。门电动机是开/关门的动力源，通常采用直流电动机。门电气拖动线路通常由门电动机、开门继电器、关门继电器触点及电阻分压线路等部分组成。采用他励方式，并用变压调速方式方法来控制开/关门的速度，即控制门电动机转速 n（r/min）。

3. 门安全装置选择

层门和轿门的开启是同步进行的，为保证乘客的安全，电梯门的入口处必须有安全保护装置。在门上或门框上装有机械的或电子的门探测器，当门探测器发现门区有障碍物时，便发出信号给控制部分停止关门、重新开门，待障碍消除后，方可关门。通常有光电式保护装置、超声波保护装置和防夹条等。本设计采用光电式保护装置。

将光电装置安装在门上，使光线水平地通过门口，当乘客或物品遮断光线时，就能使门重新打开。光幕，即红外线微扫描探测装置，作为一种光电产品，可以代替机械式安全触板，或者将光幕与触板合成为具有双重保护功能的二合一光幕，这已成为电梯业界广泛采用的电梯门保护装置。

4. PLC 的 I/O 点数

首先要根据电梯的层数、梯型、控制方式、应用场所，来确定 PLC 的输入信号与输出信号的数量。

电梯作为一种多层次、长距离运行的大型设备，在井道、厅外及轿厢内有大量的信号要送入 PLC。现以 5 层 5 站电梯为例来介绍其现场信号。

☺轿厢内输入信号按钮 1AN~5AN，共 5 个，用于司机下达各层轿厢内指令。

☺厅门外召唤按钮 1ASZ~4ASZ、2AXZ~5AXZ，共 8 个，用于厅外乘客发出召唤信号。

☺楼层感应干簧管 1G~5G，共 5 个，安装在井道中每层平层位置附近，在轿厢上安装有隔磁钢板，当电梯上行或下行，隔磁钢板进入干簧管内时，干簧管中的触点动作发出控制信号，如图 9-40 所示。干簧管的作用有两个方面：一是发出电梯减速信号；二是发出楼层指示信号。

图 9-40 楼层感应干簧管示意图

☺ 平层感应干簧管有 SPG、XPG、MQG，共 3 个，安装在轿厢顶部，在井道相应位置上装有隔磁钢板，当钢板同时位于 SPG、XPG 和 MQG 之间时，电梯正好处于平层位置。

☺ 厅门开关 1TMK～5TMK，轿门开关 JMK，共 6 个，分别安装在厅门、轿门上。当它们全部闭合时，说明所有门都已关好，电梯允许运行；若上述开关有任何一个没有闭合，说明有的门是打开的，这时不允许电梯运行。

☺ 开门按钮 AKM，关门按钮 AGM，用于司机手动开、关控制。

☺ 强迫换速开关 SHK、XHK，共 2 个。SHK 和 XHK 分别装在井道中对应最高层（5 层）和最低层（1 层）的相应位置。如果电梯运行到最高层或最低层时，正常的换速控制没有起作用，则碰撞这两个开关使电梯强迫减速。

☺ 接触器 SC、XC、KC、MC、KJC、1MJC、2MJC，共 7 个。

☺ 楼层指示灯 1ZD～5ZD 共 5 个；自动开关门控制信号，共 2 个。厅门外呼梯信号指示灯 1SZD～4SCD、2XZD～5XZD，共 8 个。

由此可以得到 PLC I/O 分配表，见表 9-11。

表 9-11　电梯系统 PLC I/O 分配表

输　入		输　出	
5 层下召唤按钮 5AXZ	X1	5 层位置显示灯 5ZD	Y0
4 层下召唤按钮 4AXZ	X2	4 层位置显示灯 4ZD	Y1
3 层下召唤按钮 3AXZ	X3	3 层位置显示灯 3ZD	Y2
2 层下召唤按钮 2AXZ	X4	2 层位置显示灯 2ZD	Y3
上平层感应干簧管 XPG	X5	1 层位置显示灯 1ZD	Y4
下平层感应干簧管 SPG	X6	1 层上召唤指示灯 1SZD	Y5
门区感应干簧管 MQG	X7	2 层上召唤指示灯 2SZD	Y6
门连锁回路	X10	3 层上召唤指示灯 3SZD	Y7
5 层感应干簧管 5G	X11	4 层上召唤指示灯 4SZD	Y10
4 层感应干簧管 4G	X12	2 层下召唤指示灯 2XZD	Y11
3 层感应干簧管 3G	X13	3 层下召唤指示灯 3XZD	Y12
2 层感应干簧管 2G	X14	4 层下召唤指示灯 4XZD	Y13
1 层感应干簧管 1G	X15	5 层下召唤指示灯 5XZD	Y14
5 层轿内指令按钮 5AN	X16	自动开门输出信号	Y15
4 层轿内指令按钮 4AN	X17	按钮开门输出信号	Y16
3 层轿内指令按钮 3AN	X20	上行接触器 SC	Y17
2 层轿内指令按钮 2AN	X21	下行接触器 XC	Y20
1 层轿内指令按钮 1AN	X22	快速接触器 KC	Y21
4 层上召唤按钮 4ASZ	X23	快加速接触器 KJC	Y22
3 层上召唤按钮 3ASZ	X24	第一慢加速接触器 1MJC	Y23
2 层上召唤按钮 2ASZ	X25	第二慢加速接触器 2MJC	Y24
1 层上召唤按钮 1ASZ	X26		
下强迫换速开关 XHK	X27		
上强迫换速开关 SHK	X30		
开门按钮 AKM	X31		
关门按钮 AGM	X32		

系统接线图如图 9-41 所示。

图 9-41　PLC 接线原理图

9.5.3　系统软件设计

硬件设计选择完成后，就可以进行软件的设计了。由于电梯控制系统要求实现的控制功能比较多，因而梯形图比较长。下面按不同功能分别分析其梯形图。

1. 楼层信号控制环节

根据控制要求，楼层信号控制梯形图如图 9-42 所示。楼层信号应连续变化，即电梯运行到使下一层楼层感应器动作前的任何位置，应一直显示上一层的楼层数。例如，电梯原在 1 层，X15 为 ON、Y4 为 ON，由 I/O 接线图知指示灯 1ZD 亮，显示"1"。当电梯离开 1 层向上运行时，由于 1G 为 OFF，使 X15 为 OFF，但 Y4 通过自锁维持 ON 状态，故 1ZD 一直亮。当达到 2 层 2G 处时，由于 X14 为 ON，使 Y3 为 ON（2ZD 亮），Y3 常闭触点使 Y4 为 OFF，即

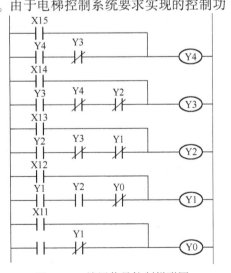

图 9-42　楼层信号控制梯形图

此时指示灯"2"亮，同时"1"熄灭。在其他各层时，情况与此相同，不再一一分析。

2. 轿厢内指令信号控制环节

轿厢内指令信号控制环节梯形图如图 9-43 所示。该环节可以实现轿厢内指令的登记及消除。中间继电器 M112 ~ M116 中的一个或多个为 ON 时，表示相应楼层的轿厢内指令被登记，反之则表示相应指令信号被消除。

本梯形图对 M112 ~ M116 均采用 S/R 指令编程。从图中可见，各层的轿厢内指令登记和消除方式都是一样的，现设电梯在 1 层处于停止状态，Y17（SC）为 OFF；Y20（XC）为 OFF，司机按下 2AN、4AN，则 X21 为 ON；X17 为 ON，从而使 M115 为 ON；M113 为 ON，即 2 层和 4 层的轿厢内指令被登记。当电梯上行到达 2 层的楼层感应器 2G 处时，由楼层信号控制环节知 Y3 为 ON，于是 M115 为 OFF，即 2 层的轿厢内指令被清除，表明该指令已被执行完毕。而 M113 由于其复位端的条件不具备，所以 4 层轿厢内指令仍然保留下来，只有当电梯到达 4 层时，该信号才被消除。

3. 厅门外召唤信号控制环节

厅门外召唤控制环节梯形图如图 9-44 所示。它实现厅门外召唤指令的登记及消除。它的编程形式与轿厢内指令环节基本相似，其功能如下。

图 9-43 轿厢内指令信号控制环节梯形图

图 9-44 厅门外召唤控制环节梯形图

设电梯在 1 层，2 层和 4 层厅门外乘客欲乘梯上行，故分别按下 2ASZ、4ASZ，同时 2 层还有乘客欲下行，按下 2AXZ。于是图 9-39 中 X23 为 ON；X4 为 ON；输出继电器 Y6 为 ON；Y10 为 ON；分别使呼梯信号灯 2SZD、4SZD、2XZD 亮。司机接到指示信号后操作电梯上行，故 M130 为 ON。当电梯到达 2 层停靠时 Y3 为 ON，故 Y6 为 OFF，2SZD 灯熄灭。由于 4 层上召唤信号 Y10 仍然处于登记状态，故上行控制信号 M130 此时并不释放（具体在选向环节中分析）。因此，电梯虽然目前在 2 层，但该层下行召唤信号 Y11 仍然不能清除，灯 2XZD 仍然亮。只有当电梯执行完全部上行任务返回到 2 层时，由于 M131 为 ON、Y3 为 OFF，下召唤信号 Y11 才被清除。这就实现了只清除与电梯运动方向一致的召唤信号这一控制要求。

4. 自动选向控制环节

选向就是电梯根据司机下达的轿厢内指令自动地选择合理的运行方向。自动选向控制环节梯形图如图 9-45 所示。图中内部继电器 M130、M131 分别称为上、下方向控制中间继电器，它们直接决定着方向输出继电器 Y17/Y20 的 "ON" 或 "OFF" 状态，从而控制继电器 SC/XC，即决定着电梯的运行方向，下面分析其选向原理。

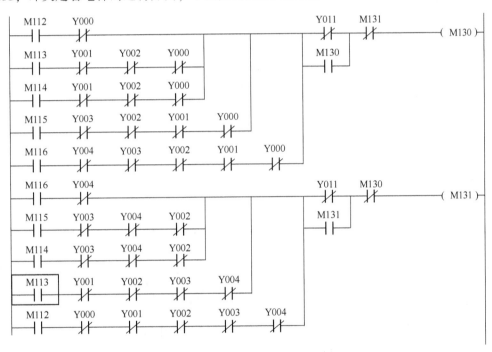

图 9-45　自动选向控制环节梯形图

设电梯位于 1 层，轿厢内乘客欲前往 3 层和 5 层，故司机按下 3AN、5AN，X20 为 ON、X16 为 ON，由轿厢内指令环节知 M114 为 ON、M112 为 ON。又因为电梯位于 1 层，由楼层信号环节 Y4 为 ON，图 9-41 中其动断触点打开，于是已闭合的 M114 和 M112 只能使上行控制继电器 M130 为 ON，而不会使 M131 回路接通，即电梯自动选择了上行方向。

接着电梯上行到 3 层停下来，Y2 为 ON，轿内指令 M114 为 OFF，但 M112 仍然登记。这时 M130 保持 ON 状态，即仍然维持着上行方向。只有电梯达到 5 层，Y0 为 ON，才使 M130 为 OFF，这时电梯已执行完全部上行命令。

5. 起动换速控制环节

电梯起动时快速绕组接通，通过串入和切除电抗器改善起动舒适感。

电梯运行到达目的层站的换速点时，应将高速绕组断开，同时接通低速绕组，使电梯慢速运行。换速点就是楼层感应干簧管所安置的位置。

起动控制梯形图如图 9-46 所示。换速控制梯形图如图 9-47 所示。

图 9-46　起动控制梯形图

图 9-47　换速控制梯形图

在图 9-46 和图 9-47 中，当电梯选择了运行方向后，M130（M131）为 ON，Y017（Y20）为 ON，司机操纵使轿、厅门关闭，若各层门均关好，则 X010 为 ON，于是运行中间继电器 M143 为 ON，有下述过程。

M143 为 ON→Y21 为 ON（KC 接通快速绕组）→T0 开始计时，T0 为 ON→Y023 为 ON（KJC 动作，切除起动电抗器 XQ）。

显然，在 T0 延时的过程中，电动机是串入 XQ 进行降压起动的。

当电梯运行到有轿厢内指令的那一层换速点时，由图 9-48 可知，换速中间继电器 M134 为 ON，发出换速信号。例如，有 3 层轿厢内指令登记，Y002 为 ON，只有当电梯运行到 3 层时，M114 为 ON，这时 M134 为 ON 发出换速命令，于是有下述换速过程。

M134 为 ON→M143 为 OFF→Y021 为 OFF（快速绕组回路断开）

Y022 为 ON（MC 动作，使慢速绕组回路接通）→T1 开始定时，T1 为 ON→Y024 为 ON（1MJC 动作，切除电阻 R）→T452 开始定时，T452 为 ON→Y025 为 ON（2MJC 动作，切除电抗器 XJ）。

图 9-48 换速信号产生

除此之外，还有两种情况会使电梯强迫换速，一是端站强迫换速，如电梯上行（M130 为 ON）到最高层还没有正常换速，会碰撞上限位开关 SHK，则 X030 为 ON，于是 M143 为 OFF，电梯换速；二是电梯在运行中由于故障等原因失去方向控制信号，即 M130 为 OFF，M131 为 OFF。但由于自锁作用 T0 为 ON，T1 为 ON 时，也会因 M143 为 OFF 使电梯换速。

另外，在图 9-48 中，为了避免换速继电器 M134 在一次换速后一直为 ON，故用 X017 和 Y020 动作触点串联后作为 M134 的复位条件，电梯一旦停止，M134 就复位，为电梯下次运行做好准备。

6. 平层控制环节

平层控制环节梯形图如图 9-49 所示。

图 9-49 平层控制环节梯形图

其中，X005、X006、X007 分别为上平层信号、下平层信号和门区信号。平层原理为：如果电梯换速后欲在某层停靠时，上行超过了平层位置，则 SPG 离开隔磁板，使 X006 为

OFF，M140 为 OFF，则 Y020 由 Y021、M140、M143 的动断触点和 M142 常开触点接通。电梯在接触器 XC 作用下反向运动，直至隔磁板重新进入 SPG，使 M140 为 ON。当电梯位于平层位置时，M140、M141 和 M142 均为 ON，Y017、Y020 均变为 OFF，即电动机脱离三相电源并施以抱闸制动。

7. 开/关门控制

电梯在某层平层后自动关门，司机按下开/关门按钮应能对开/关门进行手动操纵。相应的梯形图如图 9-50 所示。

图 9-50　开/关门控制梯形图

图 9-50 中，M136 是平层信号中间继电器，当电梯完全平层时，M136 为 ON，紧接着 Y017 为 OFF、Y020 为 OFF，其动断触点复位，于是 Y015 为 ON。由 PLC 接线图 9-41 可知 Y015 为 ON 意味着 27 号线与 01 号线接通，因此，开门继电器 KMJ 得电，电梯自动开门。X031 是开门按钮输入，用于当门关好后重新使其打开；X032 是关门按钮输入，当司机按下 AGM 时，X032 为 ON，Y016 为 ON。

以上 7 个部分介绍可实现各主要功能控制的梯形图原理，将这些梯形图环节合并起来，就构成了电梯 PLC 控制梯形图程序的主要部分。除此之外，完整的梯形图中还应该包括检修、消防、有/无司机转换的功能环节。其余部分由读者根据实际情况酌情设计。

9.6　电镀流水线控制系统设计

中央控制全自动电镀流水线采用的是直线式电镀自动线，即把各工艺槽排成一条直线，在它的上方用带有特殊吊钩的电动桥式起重机（又称行车）来传送工件。由于车速得以提高，缩短了完成一个作业循环的运行时间，提高了吊运工作效率。

9.6.1　系统需求分析

1. 机械结构

电镀专用行车采用远距离控制，起吊重量 500kg 以下，起重物品是有待进行电镀或表面处理的各种产品零件。根据电镀加工工艺的要求，电镀专用行车的动作流程如图 9-51 所示，图中分别为去油槽、清洗槽、酸洗槽、清洗槽、预镀铜槽、清洗槽、镀铜槽、清洗槽、镀镍（铬）槽、清洗槽、原位槽。实际生产中电镀槽的数量由电镀工艺要求决定，电镀的种类越多，槽的数量越多。

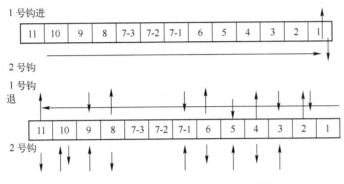

图 9-51　电镀专用行车的动作流程图

1）去油工位　具有电热升温的碱性洗涤液，用于去除工件表面的油污。大约需要浸泡 5min（安装有可控温度的加热器）。

2）清洗工位　清水洗涤，清洗工件表面从上一个工位带来的残留液体。不需要浸泡，在此工位清洗一下即可。

3）酸洗工位　液体用稀硫酸调制而成，用于去除工件表面的锈迹。大约需要浸泡 5min。

4）清洗工位　清水洗涤，清洗工件表面从上一个工位带来的残留液体。不需要浸泡，在此工位清洗一下即可。

5）预镀铜工位　盛有硫酸铜液体的工位镀槽，在该工位要对工件进行预镀铜处理，大约需要浸泡 5min。

6）清洗工位　清水洗涤，清洗工件表面从上一个工位带来的残留液体。不需要浸泡，在此工位清洗一下即可。

7）镀铜（亮镀铜）工位　盛有硫酸铜液体的工位镀槽，具有铜极板，由电镀电源供电，电压/电流连续可调，在该工位要对工件进行亮镀铜处理。大约需要浸泡 15min。并且具有可调温度的加热器。由于该工位时间较长（是其他工位的 3 倍），所以该工位平均分为 3 个相同的部分 7—1、7—2 和 7—3。

8）清洗工位　清水洗涤，清洗工件表面从上一个工位带来的残留液体。不需要浸泡，在此工位清洗一下即可。

9）镀镍（铬）工位　液体用稀硫酸调制而成，具有镍（铬）极板，由电镀电源供电，电压/电流连续可调，并且具有可调温度的加热器。

10）清洗工位　清水洗涤，清洗工件表面从上一个工位带来的残留液体。不需要浸泡，在此工位清洗一下即可。

11）原位　用于装卸挂件。

行车结构图如图 9-52 所示。

电镀行车的电动机与吊钩电动机装在一个密封的有机玻璃盒子内，在盒子下方有 4 个小轮来支撑行车的水平运动。图中只绘制了 1 号吊钩的运动结构图，1 号吊钩在滑轮机构下

图 9-52　电镀专用行车的结构图

方，通过一系列传动来拉动钢丝绳从而实现升降控制。2 号吊钩的运动结构图与 1 号吊钩的正好对称，其运动原理也是一样的，因此略过。在行车箱一旁安装有两个铁片，用于在工位处接触行程开关，使行车停止来完成此工位的工艺。

2. 工作过程

整个过程要用变频调速器来实现起动时的平稳加速。一台行车沿导轨行走，带动 1 号、2 号两个吊钩来实现动作。有三台电动机，即行车电动机、1 号吊钩电动机、2 号吊钩电动机。

1）行车归位　按下启动按钮，无论行车在任何位置都要进行空钩动作，将两吊钩放置最低位置，行车回到原位停止。

2）行车送件　2 号吊钩挂上挂件后，系统启动，2 号吊钩上升到达上限位，行车快速向 1 工位前进，中途不停止；当 1 号吊钩到达 1 工位时，行车停止，1 号吊钩上升，将 1 工位的工件取出；当 1 号吊钩到达上限位时，停止上升，行车继续前进。

3）2 号钩放料　当 2 号吊钩到达 1 工位时，行车停止，2 号吊钩下降，将工件放入 1 工位。当 2 号吊钩到达下降限位时，行车反向行走→准备单循环。

4）2 工位清洗　当 1 号吊钩再次到达 2 工位时，行车停止，1 号吊钩下降（到达下限位）→上升（到达上限位），行车继续后退。

5）3 工位取件　当 2 号吊钩到达 3 工位时，行车停止，2 号吊钩上升，将工件取出；当 2 号吊钩到达上升限位时，行车继续后退。

6）3 工位放件　当 1 号吊钩到达 3 工位时，行车停止，1 号吊钩下降，将工件放入 3 工位。当 1 号吊钩到达下降限位时，行车继续后退。

7）4 工位清洗　当 2 号吊钩到达 4 工位时，行车停止，2 号吊钩下降，将工件放入 4 工位。当 2 号吊钩到达下降限位时，行车继续后退。

8）4 工位取件　当 1 号吊钩到达 4 工位时，行车停止，1 号吊钩上升，将工件取出；当 1 号吊钩到达上升限位时，行车继续后退。

9）5 工位取件　当 2 号吊钩到达 5 工位时，行车停止，2 号吊钩上升，将工件取出；当

2 号吊钩到达上升限位时，行车继续后退。

10）5 工位放件　当 1 号吊钩到达 5 工位时，行车停止，1 号吊钩下降，将工件放入 5 工位；当 1 号吊钩到达下降限位时，行车继续后退。

11）6 工位清洗　当 2 号吊钩到达 6 工位时，行车停止，2 号吊钩下降，将工件放入 6 工位；当 2 号吊钩到达下降限位时，行车继续后退。

12）6 工位取件　当 1 号吊钩到达 6 工位时，行车停止，1 号吊钩上升，将工件取出；当 1 号吊钩到达上升限位时，行车继续后退。

13）7 工位取件　当 2 号吊钩到达 7—1 工位时，行车停止，2 号吊钩上升，将工件取出；当 2 号吊钩到达上升限位时，行车继续后退（下一次循环要取出 7—2 工位中工件，再下一次循环要取出 7—3 工位中工件，再下一次循环要取出 7—1 工位中工件）。

14）7 工位放件　当 1 号吊钩到达 7—1 工位时，行车停止，1 号吊钩下降，将工件放入 7—1 工位；当 1 号吊钩到达下降限位时，行车继续后退（下一次循环要放回 7—2，再下一次循环要放回 7—3，再下一次循环要放回 7—1）。

15）8 工位清洗　当 2 号吊钩到达 8 工位时，行车停止，2 号吊钩下降，将工件放入 8 工位；当 2 号吊钩到达下降限位时，行车继续后退。

16）8 工位取件　当 1 号吊钩到达 8 工位时，行车停止，1 号吊钩上升，将工件取出；当 1 号吊钩到达上升限位时，行车继续后退。

17）9 工位取件　当 2 号吊钩到达 9 工位时，行车停止，2 号吊钩上升，将工件取出；当 2 号吊钩到达上升限位时，行车继续后退。

18）9 工位放件　当 1 号吊钩到达 9 工位时，行车停止，1 号吊钩下降，将工件放入 9 工位；当 1 号吊钩到达下降限位时，行车继续后退。

19）10 工位清洗　当 2 号吊钩到达 10 工位时，行车停止，2 号吊钩下降（到达下限位）→上升（到达上限位），行车继续后退。

20）11 工位原位装卸挂件　当 2 号吊钩到达 11 工位时，行车停止，2 号吊钩下降（到达下限位），卸下成品，装上被镀品。该动作时间依据实际情况而定，一般为 30s，30s 后（或重新启动后）系统执行该项目的第 3 个步骤→进入循环。

21）停止　按下停止按钮，系统完成一次小循环回到原位。等待下一个循环，具有记忆性，接上一步骤开始。

9.6.2　系统硬件设计

1. 电动机拖动设计

行车的前后运动由三相交流异步电动机拖动，根据电镀行车的起吊质量，选用一台电动机进行拖动，用变频调速器来实现起动时的平稳加速。

主电路拖动控制系统如图 9-53 所示。其中，行车的前进和后退用与变频器连接的电动机 M_1 来控制，两对吊钩的上升和下降控制分别通过两台电动机 M_2 和 M_3 的正、反转来控制。

用变频器直接控制电动机 M_1 来实现行车的平稳前进和后退，以及平稳的起动和停止；接触器 KM_1 和 KM_2 控制 1 号吊钩电动机 M_2 的正、反转，实现吊钩的上升与下降；接触器 KM_3 和 KM_4 控制 2 号吊钩电动机 M_3 的正、反转，实现吊钩的上升和下降。

图 9-53   主电路拖动控制系统

2. 恒温电路

在全自动电镀流水线中，电镀与去油工位都需要在特定的温度下来实现工位所要完成的工艺，这就需要一个恒温电路来控制这些工位完成特定工艺所需要的条件。需要加热的工位主要有 3 个：去油工位，需要加热到 60℃；镀铜工位，盛有硫酸铜液体的工位镀槽，具有铜极板，由电镀电源供电，电压/电流连续可调，在该工位要对工件进行亮镀铜处理；镀镍（铬）工位，即盛有稀硫酸的工位镀槽，具有镍（铬）极板，要求供电电压/电流连续可调，在该工位对工件进行镀镍处理。

在恒温电镀中，根据温度控制的要求，在实现恒温的要求上，用 3 个可调温度的加热器来实现加热温度的控制与调节。其电路图如图 9-54 所示。

图 9-54   恒温电路图

图 9-54 中，RDO 为热电阻感温元件，JRC 为电加热槽，ZK 为转换开关，DJB 为温度调节器。

感温元件（如温包、电接点玻璃水银温度计及铂电阻温度计等）在溶液温度达到或低于整定值时，仪表自动发出指令，经中间继电器控制主回路接触器，使之断开或闭合，从而使加热器切断或接通电源，达到自动控制溶液温度的目的。

3. 速度跟踪电路

在本设计中，全自动电镀流水线中的主要运行设备就是行车，通过行车的进、退来实现电镀工艺。所以，这里的速度跟踪电路主要是指对行车的速度跟踪。为了实现此功能，在行车电动机的输出轮端装有磁阻式转速传感器，然后经过测量转换电路，将输出量转换为电量信号，在通过反馈控制系统将此电量反馈到执行机构上，从而完成对行车电动机的速度跟踪。其控制系统原理图如图 9-55 所示。

图 9-55　跟踪电路控制系统

4. PLC 选型及地址分配

在本设计中，要求 PLC 控制系统具有可靠性好、安全性高、可控性好、性价比高等特点，机型的选择主要是考虑在功能上满足系统的要求。

根据该专用行车的控制要求，其 I/O 及控制信号共有 28 个，其中输入信号 21 个，输出信号 7 个。实际使用时，系统的输入都为开关控制量，加上 10% ~ 15% 的裕量就可以了，要求 I/O 点为 40 ~ 48 点。因为所要实现的功能多，程序的步骤也会有所增加，这就要求系统有较短的响应速度，并无其他特殊控制模块的需要，拟采用三菱公司 FX2N - 40MR 型 PLC。

【输入设备】2 个控制开关，19 个接近开关。

【输出设备】4 个交流接触器，2 个变频器方向控制信号。

由此得到 I/O 分配表，见表 9-12。

得到系统接线原理图，如图 9-56 所示。

表 9-12　电镀流水线 I/O 分配表

动　作	输入设备	输入点编号
启动按钮	SB1	X0
停止/复位按钮	SB2	X1
1 工位接近开关	SJ1	X3
2 工位接近开关	SJ2	X4
3 工位接近开关	SJ3	X5
4 工位接近开关	SJ4	X6
5 工位接近开关	SJ5	X7
6 工位接近开关	SJ6	X10
7 - 1 工位接近开关	SJ7	X11
7 - 2 工位接近开关	SJ8	X12
7 - 3 工位接近开关	SJ9	X13

续表

动　作	输入设备	输入点编号
8 工位接近开关	SJ10	X14
9 工位接近开关	SJ11	X15
10 工位接近开关	SJ12	X16
11 工位接近开关	SJ13	X17
1 号吊钩上升限位接近开关	SJ14	X20
1 号吊钩下降限位接近开关	SJ15	X21
2 号吊钩上升限位接近开关	SJ16	X22
2 号吊钩下降限位接近开关	SJ17	X23
行车后退限位接近开关	SJ18	X24
行车前进限位接近开关	SJ19	X25
1 号吊钩电动机正转（工件上）	KM1	Y0
1 号吊钩电动机反转（工件下）	KM2	Y1
2 号吊钩电动机正转（工件上）	KM3	Y2
2 号吊钩电动机反转（工件下）	KM4	Y3
接变频器行车电动机正转（行车前进）	UFWD	Y6
接变频器行车电动机反转（行车后退）	UREV	Y5

图 9-56　电镀流水线接线原理图

9.6.3　系统软件设计

电镀生产线采用专用行车，行车架上装有可升降的吊钩，行车和吊钩各由一台电动机拖动，行车的进/退和吊钩的升/降均由相应的限位开关 SJ 定位，编制程序如下。

☺ 行车在停止状态下，将工件放在原位（11 工位）处，按下启动按钮 SB1，X0 闭合，中间继电器 M6 得电，使 Y6 得电，从而行车前进。

☺ 当行车前进到 11 工位时，X17 常闭触点断开，常开触点闭合，T2 清零，行车停止前进，Y2 得电，2 号吊钩上升，上升到上限位时，接近开关 X22 动作，上升停止，计数器 C1 得电，行车继续前进。

☺ 当行车前进到右限位时，X25 动作，计数器 C1 清零，C0、C29～C31 得电，行车前进停止，Y5 动作，行车开始后退，同时 C0 动作，M0 得电动作，其中 C29 ~ C31 是分别控制吊钩在 7 - 1、7 - 2、7 - 3 时的升降动作。

☺ 当行车 1 号吊钩后退到 1 工位时，接近开关 X3 动作，M30 得电动作，行车停止后退；同时 C0 清零，Y0 得电动作，1 号吊钩上升，上升到上限位时，接近开关 X20 动作，上升停止，M2 得电动作，Y5 得电，行车继续后退。

☺ 当行车 2 号吊钩后退到 1 工位时，C2 动作，M4 动作，M31 得电动作，行车停止后退，同时 Y3 得电动作，2 号吊钩下降，将工件放到 1 工位槽，下降到下限位时，X23 动作，M31 失电，行车继续后退。

☺ 当行车 1 号吊钩后退到 2 工位时，接近开关 X4 动作，M30 得电动作，行车停止后退，C2 清零，Y1 得电动作，1 号吊钩下降，将工件放到清水槽中，下降到下限位 X21 动作时，T0 得电，1s 后 Y0 得电动作，1 号吊钩上升，将工件取出，上升到上限位时，X20 动作，同时 M2 得电，M30 失电，行车继续后退。

☺ 当行车 1 号吊钩后退到 3 工位时，接近开关 X5 动作，M30 得电动作，行车停止后退；T0 清零，计数器 C3 清零，同时 Y1 得电动作，1 号吊钩下降，将工件放到酸洗槽中，下降到下限位时，X21 动作，停止下降；M3 得电动作，M30 失电，行车继续后退。

☺ 当行车 2 号吊钩后退到 3 工位时，计数器 C4 动作，M31 得电动作，行车停止后退；同时 Y2 得电动作，2 号吊钩上升，将工件取出，上升到上限位时，X22 动作，停止上升；M5 得电动作，M31 失电，行车继续后退。

☺ 当行车 1 号吊钩后退到 4 工位时，接近开关 X6 动作，M30 得电动作，行车停止后退；计数器 C4 清零，同时 Y0 得电动作，1 号吊钩上升，将工件取出，上升到上限位时，X20 动作，停止上升；M2 得电动作，M30 失电，行车继续后退。

☺ 当行车 2 号吊钩后退到 4 工位时，计数器 C5 动作，M31 得电动作，行车停止后退；同时 Y3 得电动作，2 号吊钩下降，将工件放到清水槽，下降到下限位时，X23 动作，停止下降；M4 得电动作，M31 失电，行车继续后退。

☺ 当行车 1 号吊钩后退到 5 工位时，接近开关 X7 动作，M30 得电动作，行车停止后退；计数器 C5 清零，同时 Y1 得电动作，1 号吊钩下降，将工件放到预镀铜槽中，下降到下限位时，X21 动作，停止下降；M3 得电动作，M30 失电，行车继续后退。

☺ 当行车 2 号吊钩后退到 5 工位时，计数器 C6 动作，M31 得电动作，行车停止后退；同时 Y2 得电动作，2 号吊钩上升，将工件取出，上升到上限位时，X22 动作，停止上升；M5 得电动作，M31 失电，行车继续后退。

☺ 当行车 1 号吊钩后退到 6 工位时，接近开关 X10 动作，M30 得电动作，行车停止后退；计数器 C6 清零，同时 Y0 得电动作，1 号吊钩上升，将工件取出，上升到上限位时，X20 动作，停止上升；M2 得电动作，M30 失电，行车继续后退。

☺ 当行车 2 号吊钩后退到 6 工位时，计数器 C7 动作，M31 得电动作，行车停止后退；同时 Y3 得电动作，2 号吊钩下降，将工件放到清水槽，下降到下限位时，X23 动作，停止下降；M4 得电动作，M31 失电，行车继续后退。

☺ 当 C29 得电动作，行车 1 号吊钩后退到 7 - 1 工位时，接近开关 X11 动作，M30 得电动作，行车停止后退；计数器 C7 清零，同时 Y1 得电动作，1 号吊钩下降，将工件放到镀铜槽中，下降到下限位时，X21 动作，停止下降；M3 得电动作，M30 失电，行车继续后退。

☺ 当行车 2 号吊钩后退到 7 – 1 工位时，计数器 C8 动作，M31 得电动作，行车停止后退；同时 Y2 得电动作，2 号吊钩上升，将工件取出，上升到上限位时，X22 动作，停止上升；M5 得电动作，M31 失电，行车继续后退。

☺ 当行车 1 号吊钩后退到 8 工位时，接近开关 X14 动作，M30 得电动作，行车停止后退；计数器 C8 清零，同时 Y0 得电动作，1 号吊钩上升，将工件取出，上升到上限位时，X20 动作，停止上升；M2 得电动作，M30 失电，行车继续后退。

☺ 当行车 2 号吊钩后退到 8 工位时，计数器 C11 动作，M31 得电动作，行车停止后退；同时 Y3 得电动作，2 号吊钩下降，将工件放到清水槽，下降到下限位时，X23 动作，停止下降；M4 得电动作，M31 失电，行车继续后退。

☺ 当行车 1 号吊钩后退到 9 工位时，接近开关 X15 动作，M30 得电动作，行车停止后退；计数器 C11 清零，同时 Y1 得电动作，1 号吊钩下降，将工件放到镀镍（铬）槽中，下降到下限位时，X21 动作，停止下降；M3 得电动作，M30 失电，行车继续后退。

☺ 当行车 2 号吊钩后退到 9 工位时，计数器 C12 动作，M31 得电动作，行车停止后退；同时 Y2 得电动作，2 号吊钩上升，将工件取出，上升到上限位时，X22 动作，停止上升；M5 得电动作，M31 失电，行车继续后退。

☺ 当行车 2 号吊钩后退到 10 工位时，接近开关 X16 动作，直到计数器 C13 动作，M31 得电动作，行车停止后退；Y3 得电动作，2 号吊钩下降，将工件放到清水槽中，下降到下限位时，X23 动作，停止下降；T1 得电，1s 后 T1 得电动作，Y2 得电动作，2 号吊钩上升，将工件取出，上升到上限位时，X22 动作，停止上升；同时，M5 得电动作，M33 得电动作，M31 失电，行车继续后退。

☺ 当行车 2 号吊钩后退到 11 工位时，T1 清零，C13 清零，计数器 C14 动作，M31 得电动作，行车停止后退；同时 Y3 得电动作，2 号吊钩下降，将工件放入清水槽中，下降到下限位时，X23 动作，停止下降；M4 得电动作，M31 失电，行车继续后退。

☺ 当行车后退到左限位处，接近开关 X24 动作，Y5 失电，行车停止后退，C14 和 C1 清零，M0 失电，T2 得电开始计时，将已经加工好的工件取出来，再将需要加工的工件再次放到原位槽，20s 后 T2 通电，Y6 得电，行车继续前进，开始循环。

☺ 按下停止/复位按钮，M1 得电动作，行车停止前进，当行车没有碰到任何接近开关时，行车继续后退，直到碰到任何一个接近开关时，1 号吊钩和 2 号吊钩都下降，然后行车后退到左限位处，后退停止，一切都停止。直到按下起动按钮 X0，设备才能再次运行。

梯形图如图 9-57 至 9 -60 所示。

图 9-57 电镀流水线程序 1

图 9-58 电镀流水线程序 2

图 9-59 电镀流水线程序 3

图 9-59　电镀流水线程序 3（续）

图 9-60　电镀流水线程序 4

9.7 某机车厂抬车机控制系统设计

某机车厂准备改造原有的抬车机系统，4台一组，要求每组抬车机运动速度为2.4mm/s；运动过程中，4台机器高度误差不得超过3mm；最大抬升高度1700mm；每台最大起重质量为20t。考虑到成本问题，放弃伺服电机方案，采用普通三相交流笼型异步电动机作为拖动电机。经过计算，最终选用2.2kW4极电机，转速约为1400rad/min，配以1∶120的减速箱，丝杠螺距为12mm。

由于运动精度要求较高，普通三相交流笼型异步电动机本身存在较大的转速误差，无法满足控制要求。因此必须实时检测、调整电机的运行速度，从而形成闭环控制，这样才能满足控制要求。为此，特加工了4个码数为144的码盘作为速度检测元件安装在丝杠上，这样丝杠每旋转一圈，通过光电开关产生144个脉冲信号，只要4个码盘的脉冲信号数量误差不超过144/4个，抬车机的高度误差就不会超过3mm。

控制过程中，需要通过脉冲数量反映出的转速差值实时调整电动机的转速，最方便实现的调速方案是采用变频器调速。由于变频器的外部信号端口只能接收电压或电流等模拟量，因此需要利用D/A转换模块将脉冲数量变换成电压或电流信号。

出于成本考虑，将4台抬车机电动机中的1号电动机作为基准电动机，采用工频定频控制，其余3台采用变频器控制。由于需要3路模拟信号输出，因此选用三菱FX2N–4DA模块。

由于起重吨位较大，出于生产安全考虑，加装了一些保护报警措施，由此得到抬车机控制系统I/O分配表，见表9–13。

表9–13 抬车机控制系统 I/O 分配表

输入地址	代　号	动作功能	输出地址	代　号	动作功能
X1	SQ1–6	1号码盘	Y4	HL5	1号故障报警
X2	SQ2–6	2号码盘	Y5	HL6	2号故障报警
X3	SQ3–6	3号码盘	Y6	HL7	3号故障报警
X4	SQ4–6	4号码盘	Y7	HL8	4号故障报警
X10	SB0	复位	Y10	KM1	1 正转上升
X13	SQ1–1	1 上限位	Y11	KM2	1 反转下降
X14	SQ1–2	1 下限位	Y20	U2–STF	2 正转上升
X17	SQ1–5	1 防倾斜	Y21	U2–STR	2 反转下降
X23	SQ2–1	2 上限位	Y30	U3–STF	3 正转上升
X24	SQ2–2	2 下限位	Y31	U3–STR	3 反转下降
X27	SQ2–5	2 防倾斜	Y40	U4–STF	4 正转上升
X33	SQ3–1	3 上限位	Y41	U4–STR	4 反转下降
X34	SQ3–2	3 下限位			
X37	SQ3–5	3 防倾斜			
X43	SQ4–1	4 上限位			
X44	SQ4–2	4 下限位			
X47	SQ4–5	4 防倾斜			

输入地址	代 号	动作功能	输出地址	代 号	动作功能
x20	SB1	上升起动			
x30	SB2	下降起动			

控制程序如图 9-61 至图 9-64 所示。

图 9-61 所示为报警监视程序，分别监视抬车机的上/下限位、抬臂倾斜、同步误差超限等故障，并分别报警。

图 9-61　抬车机控制程序 1

　　图 9-62 所示为 FX2N-4DA 模块设置部分，将输出设置成电流输出，并且修正增益值，具体设置参考相关内容，在此不再赘述。程序中 D24、D34、D44 分别存放输出模拟电压值对应的数值。

图 9-62　抬车机控制程序 2

图 9-63 所示为计数运算部分。通过 PLC 的 X1～X4 输入口分别输入 4 台电动机码盘的计数值。由于计数频率较高，普通计数器可能出现计数错误的现象，因此选用 C236～C239 四个高速计数器分别记录 4 台电动机的码盘数目。然后以第 1 台电动机的计数值 C236 作为基准，将记录的其余 3 台电动机的数值进行减法处理，得到实时的转速差值，然后送到模拟量转换数据存贮器与预设值进行叠加，最后将计算后的数值通过 D/A 口输出到变频器的外部控制端子，从而调节电动机的转速。

最后这一部分为变频器运行方向控制，读者可以参考相应的变频器说明书。

图 9-63　抬车机控制程序 3

图 9-64 抬车机控制程序 4

9.8 某黄酒厂搅拌冷却设备运动控制

某黄酒厂搅拌冷却设备运动示意图如图 9-65 所示，冷却罐半径为 1246mm，参照机床 X

图 9-65 搅拌冷却设备运动示意图

- Y 工作台的运动方式设置了 0~29 共计 30 个坐标点，利用两台步进电动机分别控制 X - Y 工作台的运动，从而使搅拌冷却器按照预设的轨迹运动。

丝杠为右旋，因此电动机顺时针转动时，冷却管沿着坐标轴正向移动。因此，安装电动机时，电动机与丝杠移动的方向就是沿着坐标的正向方向。

按照增量的编程方法确定轨迹。所谓增量的编程方法，就是根据前一个点的位置来确定下一个点的位置，以此确定步进电动机旋转方向及旋转的角度。这种方式有累计误差，所以设计时每个循环回到零位时，设置有 X、Y 轴的复位开关，也就是说，最后一步是按照复位开关的位置来确定步进电动机的工作状态。由此得到步进电动机运动轨迹表，见表 9-14。

表 9-14　步进电动机运动轨迹表

序　号	X 向步进电动机		Y 向步进电动机	
	转向	增量 ΔX/mm	转向	增量 ΔY/mm
0~1	顺时针	15.84	顺时针	150.74
1~2	顺时针	46.84	顺时针	144.15
2~3	顺时针	75.78	顺时针	131.26
3~4	顺时针	101.42	顺时针	112.64
4~5	顺时针	122.62	顺时针	89.09
5~6	顺时针	138.46	顺时针	61.65
6~7	顺时针	148.25	顺时针	31.52
7~8	顺时针	151.57	停止	0
8~9	顺时针	148.25	逆时针	-31.52
9~10	顺时针	138.46	逆时针	-61.65
10~11	顺时针	122.62	逆时针	-89.09
11~12	顺时针	101.42	逆时针	-112.64
12~13	顺时针	75.78	逆时针	-131.26
13~14	顺时针	46.84	逆时针	-144.15
14~15	顺时针	15.84	逆时针	-150.74
15~16	逆时针	-15.84	逆时针	-150.74
16~17	逆时针	-46.84	逆时针	-144.15
17~18	逆时针	-75.78	逆时针	-131.26
18~19	逆时针	-101.42	逆时针	-112.64
19~20	逆时针	-122.62	逆时针	-89.09
20~21	逆时针	-138.46	逆时针	-61.65
21~22	逆时针	-148.25	逆时针	-31.52
22~23	逆时针	-151.57	停止	0
23~24	逆时针	-148.25	顺时针	31.52

续表

序 号	X 向步进电动机		Y 向步进电动机	
	转向	增量 ΔX/mm	转向	增量 ΔY/mm
24 ~ 25	逆时针	- 138.46	顺时针	61.65
25 ~ 26	逆时针	- 122.62	顺时针	89.09
26 ~ 27	逆时针	- 101.42	顺时针	112.64
27 ~ 28	逆时针	- 75.78	顺时针	131.26
28 ~ 29	逆时针	- 46.84	顺时针	144.15
29 ~ 0	逆时针	- 15.84	顺时针	150.74

运动轨迹线顺序为：0→1→2→3→4→5→6→7→8→9→10→11→12→13→14→15→16→17→18→19→20→21→22→23→24→25→26→27→28→29→0→15→15→0，依次循环。考虑到步进电动机会出现丢步的问题，在程序里时 29 ~ 0 这一步的设定值（D578、D658）大于表 9-3 中的数值，依靠零点限位控制运动步长。

丝杠的螺距为 5mm，步进电动机步距角为 0.72°，因此可以计算出步进电动机每运动一步，丝杠运动 0.01mm。步进电动机运动参数放置在数据寄存器 D520 ~ D672。

考虑到实际工作中需要手动调节搅拌器的位置，特设置了 4 个按钮分别手动调整 X、Y 轴的运动。

由此得到 I/O 分配表，见表 9-15。

表 9-15 搅拌冷却设备程序 I/O 分配表

X0	起动	Y0	X 轴脉冲
X1	停止	Y1	Y 轴脉冲
X2	手动调整允许（自锁按钮）	Y2	X 轴方向（off 反转）
X4	手动 X 轴 +	Y3	Y 轴方向（off 反转）
X5	手动 X 轴 -		
X6	手动 Y 轴 +		
X7	手动 Y 轴 -		
X10	X 轴零点		
X11	Y 轴零点		

控制程序如图 9-66 至 9-68 所示。

使用 PLSR 指令控制步进电动机的工作脉冲时需要注意，在 FX2N 系列 PLC 中，PLSR 指令只能针对 Y0、Y1 输出，而且最多只能有两条同时执行，而本程序中需要用到自动、手动共 4 条指令，因此利用步进顺控指令的选择性分支编程，保证同一时刻最多只有两条指令执行，否则会出现运算错误。

```
0    C0                                                    ──[ RST    C0 ]
     ┤├

3    X002                              ┌────┐
     ┤├                                │    │              ──────────( Y006 )
                                       └────┘

5    M8002                                                 ──[ SET    S0 ]
     ┤├

8                                                          ──[ STL    S0 ]

9    X000    X010    X011                                  ──[ SET    S20 ]
     ┤├      ┤├      ┤├

14   X002                                                 ──[ SET    S23 ]
     ┤↑├

18                                                         ──[ STL    S23 ]

19   X005    X010    X002
     ┤├      ┤/├──────┤├──────[DPLSR   K3000    K60000    K300    Y000 ]
     X004                │
     ┤├──────────────────┘

40   X004                                                 ──[ RST    Y002 ]
     ┤├

42   X005                                                 ──[ SET    Y002 ]
     ┤├

44   X006    X011    X002
     ┤├──┬───┤/├──────┤├──────[DPLSR   K3000    K60000    K300    Y001 ]
     X007│   Y003  │
     ┤├──┴───┤├─────┘

67   X007                                                 ──────────( Y003 )
     ┤├

69   X010    X011    X002
     ┤├      ┤├──────┤/├───┐                               ──────────( S0 )
     X027               │
     ┤├─────────────────┤
     X025               │
     ┤├─────────────────┘
```

图 9-66　搅拌冷却设备控制程序 1

　　步进电动机高速起动需要延时起动，在本程序中选择延时时间为 300ms，时间选择不宜太短，否则会引起步进电动机无法起动产生啸叫的现象。另外需要注意，PLSR 指令的最小执行脉冲数和起动延时时间有关，延时时间越长，最小执行脉冲数越大，否则会出现指令不输出的现象。

　　步进电动机不宜应用在高频场合，一般建议运行速度低于 600rad/min，否则极易出现丢步的问题。

　　D8140 ~ D8143 分别存放了两条 PLSR 指令输出的脉冲数。由于步进电动机响应速度低于 PLC 的运行速度，因此可能会出现实际工作时步进电动机多转数个脉冲的现象。

图 9-67　搅拌冷却设备控制程序 2

图 9-68　搅拌冷却设备控制程序 3

 思考与练习

（1）车库门控制设计：设计一个汽车库自动门控制系统。具体的控制要求是，当汽车到达车库门前，超声波开关接收到车来的信号，开门上升；当升到顶点碰到上限开关时，门停止上升；当汽车驶入车库后，光电开关发出信号，门电动机反转，门下降，当下降碰到下限开关后，门电动机停止。试绘制出 I/O 设备与 PLC 的接线图，设计出梯形图程序，并加以调试。

（2）自动售汽水机控制：设计要求如下所述。

☺ 此售货机可投入 1 元或 2 元硬币，投币口为 LS1、LS2；

☺ 当投入的硬币总值大于等于 6 元时，汽水指示灯 L1 亮，此时按下汽水按钮 SB，则汽水口 L2 出汽水 12s 后自动停止。

☺ 不找钱，不结余，下次投币又重新开始。

试绘制出 PLC 的 I/O 口硬件连接图并进行连接；绘制出状态转移图或梯形图。

（3）物流检测系统：如图 9-69 所示的是一个物流检测系统示意图。图中，3 个光电传感器为 BL1、BL2 和 BL3。BL1 检测有无次品到来，有次品到则 "ON"。BL2 检测凸轮的突起，凸轮每转一圈，则发一个移位脉冲（因为物品的间隔是一定的，故每转一圈就有一个物品的到来，所以 BL2 实际上是一个检测物品到来的传感器）。BL3 检测有无次品落下。手动复位按钮 SB1 在图中未画出。当次品移到第 4 位时，电磁阀 YV 打开，使次品落到次品箱。若无次品，则正品移到正品箱。于是完成了正品和次品分开的任务。试设计控制程序。

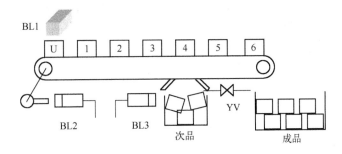

图 9-69　物流检测系统

（4）自动钻床控制系统：控制要求如下所述。

☺ 按下"起动"按钮，系统进入起动状态。

☺ 当光电传感器检测到有工件时，工作台开始旋转，此时由计数器控制其旋转角度（计数器计满 2 个数）。

☺ 工作台旋转到位后，夹紧装置开始夹工件，一直到夹紧限位开关闭合为止。

☺ 工件夹紧后，主轴电动机开始向下运动，一直运动到工作位置（由下限位开关控制）。

☺ 主轴电动机到位后，开始进行加工，此时用定时 5s 来描述。

☺ 5s 后，主轴电动机回退，夹紧电动机后退（分别由后限位开关和上限位开关来控制）。

☺ 接着工作台继续旋转由计数器控制其旋转角度（计数器计满 2 个）。

☺ 旋转电动机到位后，开始卸工件，由计数器控制（计数器计满 5 个）。

☺ 卸工件装置回到初始位置。

☺ 若再有工件到来，实现上述过程。

☺ 按下"停车"按钮，系统立即停车。

试设计程序完成上述控制要求。

第10章 三菱 PLC 的编程工具简介

PLC 程序的编制可以通过手持编程器、专用编程器或计算机来完成。手持编程器体积小，携带方便，在现场调试时更显其优越性，但在输入程序或分析程序时很不方便。专用编程器功能强，可视化程度高，使用也很方便，但其价格高，通用性差。近年来，计算机技术发展迅速，利用计算机进行 PLC 编程、通信更加方便，因此利用计算机进行 PLC 编程已成为一种趋势。

三菱开发的手持编程器主流型号为 FX-20P-E，PLC 编程软件为 GX DEVELOPER。本章主要介绍如何使用手持编程器和编程软件进行程序设计。

 ## 10.1 手持编程器简介

FX-20P-E 型手持式编程器（简称 HPP）是实现 PLC 人机对话的重要外围设备，通过编程电缆可将它与三菱 FX 系列 PLC 相连，用来给 PLC 写入、读出、插入和删除程序，以及监视 PLC 的工作状态等。FX-20P-E 简易编程器可以用于 FX 系列、FX2、FX0、FX0N、FX2C、FX2N 系列 PLC，也可以通过 FX-20P-E-FKIT 转换器用于 F1 和 F2 系列的 PLC。

FX-20P-E 型手持式编程器如图 10-1 所示。它是一种智能简易型编程器，既可以联机编程，也可以脱机编程。在线编程也称为联机编程，编程器和 PLC 直接相连，并对 PLC 用户程序存储器进行直接操作；在离线编程方式下，编制的程序先写入编程器内部的 RAM，再成批地传送到 PLC 的存储器，也可以在编程器和 ROM 写入器之间进行程序传送。本机显示窗口可同时显示 4 条基本指令。它的功能如下所述。

☺ 读（Read）—从 PLC 中读出已经存在的程序；

☺ 写（Write）—向 PLC 中写入程序，或者修改程序；

☺ 插入（Insert）—插入和增加程序；

☺ 删除（Delete）—从 PLC 程序中删除指令；

☺ 监控（Monitor）—监视 PLC 的控制操作和状态；

☺ 检测（Test）—改变当前状态或监视器件的值；

☺ 其他（Others）—如屏幕菜单、监视或修改程序状态、程序检查、内存传送、修改参数、清除、音响控制。

FX-20P-E 型手持式编程器主要包括以下部件。

☺ FX-20P-E 型编程器

☺ FX-20P-CAB0 型电缆，用于对三菱的 FX0 以上系列 PLC 编程。

☺ FX-20P-RWM 型 ROM 写入器模块。

☺ FX-20P-ADP 型电源适配器。

☺ FX-20P-CAB 型电缆，用于对三菱的其他 FX 系列 PLC 编程。

☺ FX-20P-FKIT 型接口，用于对三菱的 F1、F2 系列 PLC 编程。

图 10-1　FX – 20P – E 型手持式编程器

其中，编程器和电缆是必须的，其他部件是选配件。编程器右侧上方有一个插座，将 FX – 20P – CAB0 电缆的一端输入该插座内，电缆的另一端插到 FX0 系列 PLC 的 RS—422 编程器插座内。

FX – 20P – E 型编程器的顶部有一个插座，可以连接 FX – 20P – RWM 型 ROM 型写入器，编程器底部插有系统程序存储器卡盒，需要将编程器的系统程序更新时，只要更换系统程序存储器即可。

在 FX – 20P – E 型编程器与 PLC 不相连的情况下（脱机或离线方式），需要用编程器编制用户程序时，可以使用 FX – 20P – ADP 型电源适配器对编程器供电。

FX – 20P – E 型编程器内附有 8KB 的 RAM 空间，在脱机方式时用来保存用户程序。编程器内附有高性能的电容器，通电 1h 后，在该电容器的支持下，RAM 内的信息可以保留三天。

FX – 20P – E 型编程器的面板的上方是一个 4 行、每行 16 个字符的液晶显示器。它的下面共有 35 个键，最上面一行和最右边一列为 11 个功能键，其余的 24 个键为指令键和数字键。

1. 液晶显示屏

FX – 20P – E 简易编程器的液晶显示屏只能同时显示 4 行、每行 16 个字符，其显示画面如图 10-2 所示。

2. 功能键

11 个功能键在编程时的功能如下所述

图 10-2　液晶显示屏

☺ RD/WR：读出/写入键。是双功能键，按第 1 下选择读出方式，在液晶显示屏的左
上角显示是 "R"；按第 2 下选择写入方式，在液晶显示屏的左上角显示是 "W"；按
第 3 下又回到读出方式。编程器当时的工作状态显示在液晶显示屏的左上角。

☺ INS/DEL：插入/删除键。是双功能键，按第 1 下选择插入方式，在液晶显示屏的左
上角显示是 "I"；按第 2 下选择删除方式，在液晶显示屏的左上角显示是 "D"；按
第 3 下又回到插入方式。编程器当时的工作状态显示在液晶显示屏的左上角。

☺ MNT/TEST：监视/测试键。是双功能键，按第 1 下选择监视方式，在液晶显示屏的
左上角显示是 "M"；按第 2 下选择测试方式，在液晶显示屏的左上角显示是 "T"；
按第 3 下又回到监视方式。编程器当时的工作状态显示在液晶显示屏的左上角。

☺ GO：执行键。用于对指令的确认和执行命令，在输入某指令后，再按 GO 键，编程
器就将该指令写入 PLC 的用户程序存储器，该键还可用于选择工作方式。

☺ CLEAR：清除键。在未按 GO 键前，按 CLEAR 键，则刚刚输入的操作码或操作数被
清除。另外，该键还用于清除屏幕上的错误内容或恢复原来的画面。

☺ SP：空格键。输入多参数的指令时，用于指定操作数或常数。在监视工作方式下，
若要监视位编程元件，先按 SP 键，再送该编程元件和元件号。

☺ STEP：步序键。如果需要显示某步的指令，先按 STEP 键，再送步序号。

☺ ↑、↓：光标键。用此键移动光标和提示符，指定当前软元件的前一个或后一个
元件，作上、下移动。

☺ HELP：帮助键。按 FNC 键后再按 HELP 键，屏幕上显示应用指令的分类菜单，再
按相应的数字键，就会显示出该类指令的全部指令名称。在监视方式下按 HELP 键，
可用于编程元件内的数据在十进制和十六进制数之间进行切换。

☺ OTHER 键："其他"键。无论什么时候按下它，立即进入菜单选择方式。

3. 指令键、元件符号键和数字键

它们都是双功能键，键的上部分是指令助记符，键的下部分是数字或软元件符号，何种

功能有效，是在当前操作状态下由功能自动定义的。下面的双重元件符号 Z/V、K/H 和 P/I 交替起作用，反复按键时相互切换。

 ## 10.2　手持式编程器操作方法

做为现场使用的编程工具，手持编程器在一些无法使用 PC 编程的场合得到了广泛的应用，尤其是对于现场工程技术人员，手持编程器更是必不可少的工具。

10.2.1　工作方式选择

FX－20P－E 型编程器具有在线（ONLINE，或称联机）编程和离线（OFFLINE，或称脱机）编程两种工作方式。在线编程时，编程器与 PLC 直接相连，编程器直接对 PLC 的用户程序存储器进行读/写操作。若 PLC 内装有 EEPROM 卡盒，则程序写入该卡盒；若没有 EEPROM 卡盒，则程序写入 PLC 内的 RAM 中。离线编程时，编制的程序首先写入编程器内的 RAM 中，以后再成批地传送 PLC 的存储器。

FX－20P－E 型编程器上电后，其液晶屏幕上显示的内容如图 10-3 所示。

其中闪烁的符号"■"指明编程器所处的工作方式。用 ↑ 或 ↓ 键将"■"移动到选中的方式上，然后按 GO 键，就进入所选定的编程方式。

在联机方式下，用户可用编程器直接对 PLC 的用户程序存储器进行读/写操作。在执行写操作时，若 PLC 内没有安装 EEPROM 存储器卡盒，则程序写入 PLC 的 RAM 存储器内；反之则写入 EEPROM 中。此时，EEPROM 存储器的写保护开关必须处于"OFF"位置。只有用 FX－20P－RWM 型 ROM 写入器才能将用户程序写入 EPROM。

若按 OTHER 键，则进入工作方式选定的操作。此时，FX－20P－E 型手持编程器的液晶屏幕显示的内容如图 10-4 所示。

```
PROGRAM  MODE
■ONLINE  (PC)
 OFFLINE(HPP)
```

图 10-3　在线、离线工作方式选择

```
ONLINE  MODE  FX
■1.OFFLINE  MODE
  2.PROGRAM  CHECK
  3.DATA  TRANSFER
```

图 10-4　工作方式选定

闪烁的符号"■"表示编程器所选的工作方式，按 ↑ 或 ↓ 键，将"■"上移或下移到所需的位置，再按 GO 键，就进入了选定的工作方式。在联机编程方式下，可供选择的工作方式共有如下 7 种。

☺ OFFLINE MODE（脱机方式）：进入脱机编程方式。

☺ PROGRAM CHECK：程序检查，若没有错误，显示"NO ERROR"（没有错误）；若有错误，则显示出错误指令的步序号及出错代码。

☺ DATA TRANSFER：数据传送，若 PLC 内安装有存储器卡盒，在 PLC 的 RAM 和外装的存储器之间进行程序和参数的传送。反之，则显示"NO MEM CASSETTE"（没有存储器卡盒），不进行传送。

☺ PARAMETER：对 PLC 的用户程序存储器容量进行设置，还可以对各种具有断电保持功能的编程元件的范围及文件寄存器的数量进行设置。

☺ XYM、NO、CONV：修改 X、Y、M 的元件号。

☺ BUZZER LEVEL：蜂鸣器的音量调节。

☺ LATCH CLEAR：复位有断电保持功能的编程元件。对文件寄存器的复位与其使用的存储器类别有关，只能对 RAM 和写保护开关处于 OFF 位置的 EEPROM 中的文件寄存器复位。

1. 脱机编程方式

脱机方式编制的程序存放在手持式编程内部的 RAM 中；联机方式编制的程序存放在 PLC 内的 RAM 中，编程器内部 RAM 中的程序不变。编程器内部 RAM 中写入的程序可成批地传送到 PLC 的内部 RAM 中，也可成批地传送到装在 PLC 上的存储器卡盒中。往 ROM 写入应当在脱机方式下进行。

手持式编程器内 RAM 的程序用超级电容器作断电保护，充电 1h，可保持 3 天以上。因此，可将在实验室里脱机生成的装在编程器 RAM 内的程序传送给安装在现场的 PLC。

通过如下两种方法可以进行脱机编程。

☺ FX－20P－E 型手持式编程器上电后，按 ↓ 键，将闪烁的符号"■"移动到"OFF-LINE（HPP）"位置上，然后再按 GO 键，就进入脱机编程方式。

☺ FX－20P－E 型手持式编程器处于 ONLINE（联机）编程方式时，按 OTHER 键，进入工作方式选择，此时闪烁的符号"■"处于"OFFLINE MODE"的位置上，接着按 GO 键，就进入脱机编程方式。

FX－20P－E 型手持式编程器处于脱机编程方法时，所编制的用户程序存入编程器内的 RAM 中，与 PLC 内的用户程序存储器及 PLC 的运行方式都没有关系。除联机编程方式中的 M 和 T 两种工作方式不能使用外，其余的工作方式（R、W、I、D）及操作步骤均适用于脱机编程。按 OTHER 键后，即进入工作方式选择的操作。此时，液晶屏幕显示的内容如图 10-5 所示。

脱机编程方式，可用光标键选择 PLC 的型号，如图 10-6（a）所示。FX2N、FX2NC、FX1N 和 FX1S 之外的其他系列的 PLC 应选择"FX，FX0"。选择好后，按 GO 键，出现如图 10-6（b）所示的确认画面，如果使用的 PLC 的型号有变化，按 GO 键。要复位参数或返回起始状态时，按 CLEAR 键。

```
OFFLINE MODE FX
■1.ONLINE MODE
  2.PROGRAM CHECK
  3.HPP<->FX
```

图 10-5　屏幕显示

```
SELECT PC TYPE
■FX,FX0
 FX2N,FX1N,FX1S
```
（a）

```
PC TYPE CHANGED
UPDATE PARAMS
 OK→[GO]
 NO→[CLEAR]
```
（b）

图 10-6　屏幕显示

在脱机编程方式下，可供选择的工作方式有如下 7 种。

☺ ONLINE　MODE；

☺ PROGRAM　CHECK；

☺ HPP 〈—〉FX；

☺ PARAMETER；

☺ XYM、NO、CONV；

☺ BUZZER　LEVEL；

☺ MODULE。

选择"HPP 〈—〉FX"时，若 PLC 内没有安装存储器卡盒，屏幕显示的内容如图 10-7 所示。按 ↑ 或 ↓ 键将"■"移到需要的位置上，再按 GO 键，就执行响应的操作。其中"→"表示将编程器的 RAM 中的用户程序传送到 PLC 内的用户程序存储器中去，这时 PLC 必须处于 STOP 状态；"←"表示将 PLC 内存储器中的用户程序读入编程器内的 RAM 中；"："表示将编程器内 RAM 中的用户程序与 PLC 的存储器中的用户程序进行比较。PLC 处于 STOP 或 RUN 状态都可以进行后两种操作。

若 PLC 内装了 RAM、EEPROM 或 EPROM 扩展存储器卡盒，屏幕显示的内容如图 10-8 所示。图 10-8 所示为 RAM 扩展存储器，不能将 RAM 中的用户程序传送到 PLC 内的 EPROM 中去。

图 10-7　未安装存储器卡盒屏幕显示

图 10-8　安装存储器卡盒屏幕显示

2. 联机编程方式

选择"ONLINE MODE"时，编程器进入联机编程方式。其操作与联机编程方式下相同，在此不再赘述。

10. 2. 2　基本编程操作

1. 用户程序存储器初始化

在写入程序前，一般需要将存储器中原有的内容全部清除，再按 RD/WR 键，使编程器（写）处于 W 工作方式。清除操作可按照按以下顺序按键：

$$\boxed{NOP} \rightarrow \boxed{A} \rightarrow \boxed{GO} \rightarrow \boxed{GO}$$

2. 指令的读出

1）根据步序号读出指令　基本操作如图 10-9 所示。先按 RD/WR 键，使编程器处于 R（读）工作方式，如果要读出步序号为 105 的指令，再按下列顺序操作，该指令就显示在屏幕上。

$$\boxed{STEP} \rightarrow \boxed{1} \rightarrow \boxed{0} \rightarrow \boxed{5} \rightarrow \boxed{GO}$$

若还需要显示该指令之前或之后的其他指令，可以按 ↑ 、 ↓ 或 GO 键。按 ↑ 、 ↓ 键可以显示上一条或下一条指令。按 GO 键可以显示下面 4 条指令。

图 10-9　根据步序号读出的基本操作

2）根据指令读出　基本操作如图 10-10 或图 10-11 所示。先按 RD/WR 键，使编程器处于 R（读）工作方式，然后按照所示操作步骤依次按相应的键，该指令就显示在屏幕上。

图 10-10　根据指令读出的基本操作

图 10-11　应用指令的读出

例如，指定指令 LD　X020，从 PLC 中读出该指令。

按 RD/WR 键，使编程器处于读（R）工作方式，然后按以下的顺序按键：

$$LD \rightarrow X \rightarrow 2 \rightarrow 0 \rightarrow GO$$

按 GO 键后，屏幕上显示出指定的指令和步序号，再按 GO 键，屏幕上显示出下一条相同的指令及其步序号。如果用户程序中没有该指令，在屏幕的最后一行显示 "NOT FOUND"（未找到）。按 ↑ 或 ↓ 键可读出上一条或下一条指令，按 CLEAR 键，则屏幕显示出原来的内容。

例如，读出数据传送指令（D）MOV（P）D10 D14 。

MOV 指令的应用指令代码为 12，先按 RD/WR 键，使编程器处于 R（读）工作方式，然后按下列顺序按键：

$$FUN \rightarrow D \rightarrow 1 \rightarrow 2 \rightarrow P \rightarrow GO$$

3）根据元件读出指令　其基本操作如图 10-12 所示。先按 RD/WR，使编程器处于 R（读）工作方式，在读（R）工作方式下读出含有 Y1 的指令的基本操作步骤如下：

$$SP \rightarrow Y \rightarrow 1 \rightarrow GO$$

这种方法只限于基本逻辑指令，不能用于应用指令。

图 10-12　根据元件读出的基本操作

4）根据指针查找其所在的步序号　根据指针查找其所在的步序号基本操作如图 10-13 所示。在 R（读）工作方式下读出 8 号指针的操作步骤如下：

$$\boxed{P} \to \boxed{8} \to \boxed{GO}$$

屏幕上将显示指针 P8 及其步序号。读出中断程序指针时，应连续按两次 $\boxed{P/I}$ 键。

图 10-13　根据指针读出的基本操作

3. 指令的写入

按 $\boxed{RD/WR}$ 键，使编程器处于 W（写）工作方式，然后根据该指令所在的步序号，按 $\boxed{STEP}$ 键后，输入相应的步序号，接着按 $\boxed{GO}$ 键，当 "▶" 移动到指定的步序号时，可以开始写入指令。如果需要修改刚写入的指令，在未按 $\boxed{GO}$ 键前，按 $\boxed{CLEAR}$ 键，则刚刚输入的操作码或操作数被清除。若已按 $\boxed{GO}$ 键，可按 $\boxed{\uparrow}$ 键，回到刚写入的指令，然后再作修改。

1）写入基本逻辑指令　写入指令 LD X010 时，先使编程器处于 W（写）工作方式，将光标 "▶" 移动到指定的步序号位置，然后按以下顺序按键：

$$\boxed{LD} \to \boxed{X} \to \boxed{1} \to \boxed{0} \to \boxed{GO}$$

写入 LDP、ANP、ORP 指令时，在按对应指令键后，还要按 $\boxed{P/I}$ 键；写入 LDF、ANF、ORF 指令时，在按对应指令键后，还要按 $\boxed{F}$ 键；写入 INV 指令时，按 $\boxed{NOP}$、$\boxed{P/I}$ 和 $\boxed{GO}$ 键。

2）写入应用指令　基本操作如图 10-14 所示。按 $\boxed{RD/WR}$ 键，使编程器处于 W（写）工作方式，将光标 "▶" 移动到指定的步序号位置，然后按 $\boxed{FNC}$ 键，接着按该应用指令的指令代码对应的数字键，然后按 $\boxed{SP}$ 键，再按相应的操作数。如果操作数不止一个，每次输入操作数前，先按一下 $\boxed{SP}$ 键，输入所有的操作数后，再按 $\boxed{GO}$ 键，该指令就被写入 PLC 的存储器内。如果操作数为双字，按 $\boxed{FNC}$ 键后，再按 $\boxed{D}$ 键；如果是脉冲上升沿执行方式，在输入编程代码的数字键后，接着再按 $\boxed{P}$ 键。

图 10-14　应用指令的写入基本操作

例如，写入数据传送指令 MOV　D10　D14。MOV 指令的应用指令编号为 12，写入的操作步骤如下所述：

$$\boxed{FUN} \to \boxed{1} \to \boxed{2} \to \boxed{SP} \to \boxed{D} \to \boxed{1} \to \boxed{0} \to \boxed{SP} \to \boxed{D} \to \boxed{1} \to \boxed{4} \to \boxed{GO}$$

写入数据传送指令（D）MOV（P）D10 D14 的操作步骤如下所述：

$$\boxed{FUN} \to \boxed{D} \to \boxed{1} \to \boxed{2} \to \boxed{P} \to \boxed{SP} \to \boxed{D} \to \boxed{1} \to \boxed{0} \to \boxed{SP} \to \boxed{D} \to \boxed{1} \to \boxed{4} \to \boxed{GO}$$

3）指针的写入 写入指针的基本操作如图 10-15 所示。若写入中断用的指针，应连续按两次 $\boxed{P/I}$ 键。

写入功能

图 10-15 写入指针的基本操作

4）指令的修改 例如，将其步序号为 105 原有的指令 OUT T6 K150 改写为 OUT T6 K30。根据步序号读出原指令后，按 $\boxed{RD/WR}$ 键，使编程器处于 W（写）工作方式，然后按下列操作步骤按键：

$$\boxed{OUT} \to \boxed{T} \to \boxed{6} \to \boxed{SP} \to \boxed{K} \to \boxed{3} \to \boxed{0} \to \boxed{GO}$$

如果要修改应用指令中的操作数，读出该指令后，将光标"▶"移到欲修改的操作数所在的行，然后修改该行的参数。

4. 指令的插入

如果需要在某条指令前插入一条指令，按照前述指令读出的方式，先将某条指令显示在屏幕上，使光标"▶"指向该指令，然后按 $\boxed{INS/DEL}$ 键，使编程器处于 I（插入）工作方式，再按照指令写入的方法，将该指令写入，按 $\boxed{GO}$ 键后，写入的指令插入在原指令前，后面的指令依次向后推移。

例如，要在 180 步前插入指令 AND M3，在 I 工作方式下首先读出 180 步的指令，然后使光标"▶"指向 180 步，按以下顺序按键：

$$\boxed{INS} \to \boxed{AND} \to \boxed{M} \to \boxed{3} \to \boxed{GO}$$

5. 指令的删除

1）逐条指令的删除 如果需要将某条指令或某个指针删除，按照指令读出的方法，先将该指令或指针显示在屏幕上，令光标"▶"指向该指令，然后按 $\boxed{INS/DEL}$ 键，使编程器处于 D（删除）工作方式，再按功能键 $\boxed{GO}$，该指令或指针即被删除。

2）NOP 指令的成批删除 按 $\boxed{INS/DEL}$ 键，使编程器处于 D（删除）工作方式，依次按 $\boxed{NOP}$ 键和 $\boxed{GO}$ 键，执行完毕后，用户程序中的 NOP 指令被全部删除。

3）指定范围内的指令删除 按 $\boxed{INS/DEL}$ 键，使编程器处于 D（删除）工作方式，接着按下列操作步骤依次按相应的键，该范围内的程序就被删除：

$$\boxed{STEP} \to \boxed{起始步序号} \to \boxed{SP} \to \boxed{STEP} \to \boxed{终止步序号} \to \boxed{GO}$$

10.2.3　对 PLC 编程元件和基本指令通/断状态的监视

监视功能是通过编程器对各个位编程元件的状态和各个字编程元件内的数据监视和测试，监视功能可测试和确认联机方式下 PLC 编程元件的动作和控制状态，包括对基本逻辑运算指令通/断状态的监视。

1. 对位元件的监视

其基本操作如图 10-16 所示，FX2N、FX2NC 有多个变址寄存器 Z0 ~ Z7 和 V0 ~ V7。以监视辅助继电器 M135 的状态为例，先按 MNT/TEST 键，使编程器处于 M（监视）工作方式，然后按下列的操作步骤按键：

$$SP \rightarrow M \rightarrow 1 \rightarrow 3 \rightarrow 5 \rightarrow GO$$

图 10-16　元件监视的基本操作

屏幕上就会显示出 M135 的状态，如图 10-17 所示。如果在编程元件左侧有字符"■"，表示该编程元件处于 ON 状态；如果没有字符"■"，表示它处于 OFF 状态。最多可监视 8 个元件。按 ↑ 或 ↓ 键，可以监视前面或后面的元件状态。

图 10-17　位编程元件的监视

2. 监视 16 位字元件（D、Z、V）内的数据

以监视数据寄存器 D10 内的数据为例，首先按 MNT/TEST 键，使编程器处于 M（监视）工作方式，接着按下面的顺序按键：

$$SP \rightarrow D \rightarrow 1 \rightarrow 0 \rightarrow GO$$

屏幕上就会显示出数据寄存器 D10 内的数据。再按 ↓ 键，依次显示 D11、D12 和 D13 内的数据。此时显示的数据均以十进制数表示，若要以十六进制数表示，可按 HELP 键，重复按 HELP 键，显示的数据在十进制和十六进制数之间切换。

3. 监视 32 位字元件（D、Z、V）内的数据

以监视由数据寄存器 D0 和 D1 组成的 32 位数据寄存器内的数据为例，首先按 MNT/TEST 键，使编程器处于 M（监视）工作方式，再按下面的顺序按键：

$$SP \rightarrow D \rightarrow D \rightarrow 0 \rightarrow GO$$

屏幕上就会显示出由数据寄存器 D0 和 D1 组成的 32 位数据寄存器内的数据，如

图 10–18 所示。若要以十六进制数表示，可用 $\boxed{\text{HELP}}$ 键来切换。

4. 对定时器和 16 位计数器的监视

以监视定时器 C98 的运行情况为例，首先按 $\boxed{\text{MNT/TEST}}$ 键，使编程器处于 M（监视）工作方式，再按下面的顺序按键：

$$\boxed{\text{SP}}\rightarrow\boxed{\text{C}}\rightarrow\boxed{9}\rightarrow\boxed{8}\rightarrow\boxed{\text{GO}}$$

屏幕上显示的内容如图 10–19 所示。图中，第 3 行显示的数据 "K20" 是 C98 的当前计数值。第 4 行末尾显示的数据 "K100" 是 C98 的设定值。第 4 行中的字母 "P" 表示 C98 输出触点的状态，当其右侧显示 "■" 时，表示其常开触点闭合；反之则表示其常开触点断开。第 4 行中的字母 "R" 表示 C98 复位电路的状态，当其右侧显示 "■" 时，表示其复位电路闭合，复位位为 ON 状态；反之，则表示其复位电路断开，复位位为 OFF 状态。非积算定时器没有复位输入，图 10–19 中 T100 的 "R" 未用。

```
M D    1  D    0
        K 345732
▶D 121   D 120
        K 87437321
```

图 10–18　32 位元件的监视

```
M  T 100   K   100
   P  R    K   250
 ▶ C  98   K    20
   P■R     K   100
```

图 10–19　定时器计数器的监视

5. 对 32 位计数器的监视

以监视 32 位计数器 C210 的运行情况为例，首先按 $\boxed{\text{MNT/TEST}}$ 键，使编程器处于 M（监视）工作方式，再按下面的顺序按键：

$$\boxed{\text{SP}}\rightarrow\boxed{\text{C}}\rightarrow\boxed{2}\rightarrow\boxed{1}\rightarrow\boxed{0}\rightarrow\boxed{\text{GO}}$$

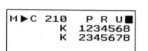

```
M▶C 210    P R U■
       K  1234568
       K  2345678
```

图 10–20　32 位计数器的监视

屏幕上显示的内容如图 10–20 所示。第 1 行的右侧显示 "■" 时，表示其计数方式为递增（UP），反之为递减计数方式。第 2 行显示的数据为当前计数值。第 3 行和第 4 行显示设定值，如果设定值为常数，直接显示在屏幕的第 3 行上；如果设定值存放在某数据寄存器内，第 3 行显示该数据寄存器的元件号，第 4 行才显示其设定值。按 $\boxed{\text{HELP}}$ 键，显示的数据在十进制数和十六进制数之间切换。

6. 通/断检查

在监视状态下，根据步序号或指令读出程序，可监视指令中元件触点的通/断和线圈的状态，其基本操作如图 10–21 所示。

图 10–21　通/断检查的基本操作

按 GO 键后显示 4 条指令，第 1 行是指令的操作码。若某一行的元件符号的左侧显示空格，表示该行指令对应的触点断开，对应的线圈"断电"；若该元件符号的左侧显示"■"，表示该行指令对应的触点接通，对应的线圈"通电"。若在 M 工作方式下，按以下顺序按键：

$$\boxed{STEP} \to \boxed{1} \to \boxed{2} \to \boxed{6} \to \boxed{GO}$$

屏幕上显示的内容如图 10-22 所示。根据各行是否显示"■"，就可以判断触点和线圈的状态。但是对定时器和计数器来说，若 T15 指令所在行显示"■"，仅表示定时器处于定时或计数工作状态（其线圈"通电"），并不表示其输出常开触点接通。

```
M ▶    126   X    013
       127  ■M    100
       128  ▼Y    005
       129   T     15
```
图 10-22　通/断检查

7. 状态继电器的监视

用指令或编程元件的测试功能使 M8047（STL 监视有效）为 ON，首先按 MNT/TEST 键，使编程器处于 M（监视）工作方式，再按 STL 键和 GO 键，可以监视最多 8 点为 ON 的状态继电器（S），它们按元件号从大到小的顺序排列。

10.2.4　对编程元件的测试

测试功能是指用编程器对位元件的强制置位或复位（ON/OFF）、对字操作元件内数据的修改，如对 T、C、D、Z、V 当前值的修改，对 T、C 设定值的修改和文件寄存器的写入等内容。

1. 位编程元件强制 ON/OFF

先按 MNT/TEST 键，使编程器处于 M（监视）工作方式，然后按照监视位编程元件的操作步骤，显示出需要强制 ON/OFF 的那个编程元件，接着再按 MNT/TEST 键，使编程器处于 T（测试）工作方式，确认"▶"指向需要强制 ON/OFF 的编程元件后，按 SET 键，即强制该位编程元件为 ON；按 RST 键，即强制该编程元件为 OFF。

图 10-23　强制 ON/OFF 波形

强制 ON/OFF 的时间与 PLC 的运行状态有关，也与位编程元件的类型有关。一般来说，当 PLC 处于 STOP 状态时，按 SET 键，除了输入继电器 X 接通的时间仅一个扫描周期外，其他位编程元件的 ON 状态一直持续到按下 RST 键为止，其波形示意图如图 10-23 所示。

【注意】每次只能对"▶"所指的那一个编程元件执行强制 ON/OFF。

但是，当 PLC 处于 RUN 状态时，除输入继电器 X 的执行情况与在 STOP 状态时的一样外，其他位编程元件的执行情况还与梯形图的逻辑运算结果有关。假设扫描用户程序的结果使输出继电器 Y0 为 ON，按 RST 键只能使 Y0 为 OFF 的时间维持一个扫描周期；反之，假

设扫描用户程序的结果使输出继电器 Y0 为 OFF，按 |SET| 键只能使 Y0 为 ON 的时间维持一个扫描周期。

2. 修改 T、C、D、Z、V 的当前值

在 M（监视）工作方式下，按照监视字编程元件的操作步骤，显示出需要修改的那个字编程元件，再按 |MNT/TEST| 键，使编程器处于测试（T）工作方式，修改 T、C、D、Z、V 的当前值的基本操作如图 10-24 所示。

图 10-24   修改字元件数据的基本操作

例如，将定时器 T6 的当前值修改为 K210 的操作如下所述：

监视 T6→|TEST|→|SP|→|K|→|2|→|1|→|0|→|GO|

常数 K 为十进制数设定，H 为十六进制数设定。输入十六进制数时应连续按两次 |K/H| 键。

3. 修改 T、C 设定值

先按 |MNT/TEST| 键，使编程元件处于 M（监视）工作方式，然后按照前述监视定时器和计数器的操作步骤，显示出待监视的定时器和计数器指令后，再按 |MNT/TEST| 键，使编程器处于 T（测试）工作方式，修改 T、C 设定值的基本操作如图 10-25 所示。将定时器 T4 的设定值修改为 K50 的操作为：

图 10-25   修改定时器、计数器设定值的基本操作

监视 T4→|TEST|→|SP|→|SP|→|K|→|5|→|0|→|GO|

第 1 次按 |SP| 键后，提示符"▶"出现在当前值前面，这时可以修改其当前值；第 2 次按 |SP| 键后，提示符"▶"出现在设定值前面，这时可以修改其设定值；输入新的设定值后，按 |GO| 键，设定值修改完毕。

将 T10 存放设定值的数据寄存器的元件号修改为 D20 的按键操作如下所述：

监视 T10→$\boxed{\text{TEST}}$→$\boxed{\text{SP}}$→$\boxed{\text{SP}}$→$\boxed{\text{D}}$→$\boxed{2}$→$\boxed{0}$→$\boxed{\text{GO}}$

另一种修改方法是先对 OUT T10（以修改 T10 的设定值为例）指令作通/断检查，然后按$\boxed{\downarrow}$键使"▶"指向设定值所在行，再按$\boxed{\text{MNT/TEST}}$键，使编程器处于 T（测试）工作方式，输入新的设定值后，按$\boxed{\text{GO}}$键，便完成了设定值的修改。

例如，将 105 步的 OUT T5 指令的设定值修改为 K35 的键操作如下所述：

监视 105 步的指令→$\boxed{\downarrow}$→$\boxed{\text{TEST}}$→$\boxed{\text{K}}$→$\boxed{3}$→$\boxed{5}$→$\boxed{\text{GO}}$

【实例 10-1】 使用手持编程器开发电动机正/反转起动程序。操作步骤如下所述。

按$\boxed{\text{RD/WR}}$键，使编程器处于 W（写）工作方式，将光标"▶"移动到指定的步序号位置，然后按以下顺序按键：

$\boxed{\text{LD}}$→$\boxed{\text{X}}$→$\boxed{0}$→$\boxed{\text{GO}}$

$\boxed{\text{OR}}$→$\boxed{\text{Y}}$→$\boxed{0}$→$\boxed{\text{GO}}$

$\boxed{\text{ANI}}$→$\boxed{\text{X}}$→$\boxed{2}$→$\boxed{\text{GO}}$

$\boxed{\text{ANI}}$→$\boxed{\text{Y}}$→$\boxed{1}$→$\boxed{\text{GO}}$

$\boxed{\text{OUT}}$→$\boxed{\text{Y}}$→$\boxed{0}$→$\boxed{\text{GO}}$

$\boxed{\text{LD}}$→$\boxed{\text{X}}$→$\boxed{1}$→$\boxed{\text{GO}}$

$\boxed{\text{OR}}$→$\boxed{\text{Y}}$→$\boxed{1}$→$\boxed{\text{GO}}$

$\boxed{\text{ANI}}$→$\boxed{\text{X}}$→$\boxed{2}$→$\boxed{\text{GO}}$

$\boxed{\text{ANI}}$→$\boxed{\text{Y}}$→$\boxed{0}$→$\boxed{\text{GO}}$

$\boxed{\text{OUT}}$→$\boxed{\text{Y}}$→$\boxed{1}$→$\boxed{\text{GO}}$

$\boxed{\text{END}}$

10.3　编程软件简介

三菱 GX – Developer 编程软件是应用于三菱系列 PLC 的中文编程软件，可在 Windows 9x 及以上操作系统中运行。

GX – Developer 的功能十分强大，集成了项目管理、程序输入、编译链接、模拟仿真和程序调试等功能，其主要功能如下所述。

☺ 在 GX – Developer 中，可通过线路符号、列表语言及 SFC 符号来创建 PLC 程序、建立注释数据及设置寄存器数据。

☺ 创建 PLC 程序，并将其存储为文件，用打印机打印。

☺ 该程序可在串行系统中与 PLC 进行通信、文件传送、操作监控及各种测试功能。

☺ 该程序可脱离 PLC 进行仿真调试。

10.3.1 软件安装

1. 系统配置

☺ 上位计算机：要求机型为 IBM PC/AT（兼容）；CPU 为 486 以上；内存为 8MB 或更高（推荐 16MB 以上）；显示器的分辨率为 800×600 点，16 色或更高。

☺ 接口单元：采用 FX – 232AWC 型 RS – 232/RS – 422 转换器（便携式）或 FX – 232AW 型 RS –232C/RS –422 转换器（内置式），及其他指定的转换器。

☺ 通信电缆：采用 FX –422CAB 型 RS –422 缆线或 FX –422CAB –150 型 RS –422 缆线，以及其他指定的缆线。

2. 编程软件的安装

运行安装盘中的 "SETUP. exe" 文件，按照提示进行操作即可完成 GX – Developer 的安装。安装结束后，将在桌面上建立一个和 "GX Developer" 相对应的图标，同时在桌面的 "开始 \ 程序" 中建立一个 "MELSOFT 应用程序" → "GX Developer" 选项。若需增加模拟仿真功能，在上述安装结束后，再运行安装盘中的 LLT 文件夹下的 "STEUP. exe" 文件，按照提示进行操作即可完成模拟仿真功能的安装。软件安装流程如图 10-26 所示。

图 10-26 软件安装流程

安装软件时需注意以下事项。

☺ 如果当前安装的 GPPW 已经用许可钥匙盘解密，在卸载前应插入许可盘，以加密旧的 GPPW。卸载与安装用的许可钥匙盘应相同。

☺ 如果当前安装的 LLT 已经用许可钥匙盘解密，在卸载前应插入许可盘，以加密旧的 LLT，卸载与安装用的许可钥匙盘应相同。

☺ 如果要求解密的对话框弹出，新版本的 GPPW 卸载后，应插入许可盘以解密 GPPW。

☺ 新版本的 LLT 卸载后，如果要求解密的对话框弹出，应插入许可盘以开启 LLT。

☺ 一定仔细保存许可钥匙盘，没有许可钥匙盘将无法进行重安装。

图 10-27　卸载软件步骤

10.3.2　软件卸载

如果不再使用编程软件，或者使用新版本的编程软件，需要将原有软件卸载，具体做法如图 10-27 所示。

【注意】

☺ 如果当前安装的 GPPW 用许可钥匙盘开启，卸载前需要插入许可盘以锁定 GPPW。卸载与安装用的许可钥匙盘应相同。

☺ 如果当前安装的 LLT 用许可钥匙盘开启，卸载前需要插入许可盘以锁定 LLT。卸载与安装用的许可钥匙盘应相同。

10.3.3　GX Developer 界面简介

GX Developer 将所有各种顺控程序参数及顺控程序中的注释声明注解，以工程的形式进行统一的管理。在 GX Developer 的工程界面里，不仅可以方便地编辑和表示顺控程序和参数等，而且可以设定使用的 PLC 类型。GX Developer 的工程界面主要由菜单栏、快捷按钮栏、工程栏、编辑区域 4 部分组成，如图 10-28 所示。

图 10-28　GX Developer 工程界面

1. 创建新工程

创建新工程的操作是，选择执行菜单命令"工程"→"创建新工程"菜单项，或者按组合键 Ctrl + N，在出现的"创建新工程"对话框中选择 PLC 类型，如选择"FX2 系列 PLC"后，单击按钮 确定，如图 10-29 所示。

2. 打开已存在的工程

如果需要读取已经存在的工程文件，可执行菜单命令"工程"→"打开工程"，或者使用组合键 Ctrl + O，弹出"打开工程"对话框，如图 10-30 所示。找到原来工程的存储位置，选中后打开即可。

图 10-29　创建新工程对话框

图 10-30　"打开工程"对话框

3. 保存、关闭工程

保存当前 PLC 程序、注释数据及其他在同一文件名下的数据的操作方法是，执行菜单命令"工程"→"保存工程"或按组合键 Ctrl + S。

关闭工程的作用是关闭当前编辑的程序，其操作方式为执行菜单命令"工程"→"关闭工程"。

当未设定工程名或数据正在编辑中时，关闭工程时会弹出一个询问的窗口，若希望保存当前工程，应单击按钮 是(Y)，否则应单击按钮 否(N)。

4. 梯形图程序和 SFC 程序相互转换

实践中，有时需要完成梯形图和 SFC 程序之间的相互转换，其具体操作是，执行菜单命令"工程"→"编辑数据"→"程序类型变更"，弹出"改变程序类型"对话框，如图 10-31 所示。

图 10-31　改变程序类型

☺ 梯形图逻辑：将现在表示的 SFC 程序变换成梯形图程序，变换后可以将程序作为梯形图进行编辑。

☺SFC：将现在表示的梯形图程序变换成 SFC 程序，变换后可以将程序作为 SFC 程序进行编辑。

5. 结束 GX Developer

编程结束后，如果需要关闭 GX Developer 软件，可以执行菜单命令"工程"→"结束 GX Developer"或者单击程序窗口右上角的按钮▣。

如果在没有设定工程名的情况时结束 GX Developer，会显示指定工程名的对话框。如果需要变更工程名，应单击按钮 是(Y) ；若不变更工程名应单击按钮 否(N) 。

10.4 GX Developer 基本应用

梯形图编程是应用最多的编程方式，本节将结合实例讲述梯形图编程的具体步骤。

10.4.1 创建梯形图程序

如果需要创建一个如图 10-32 所示的梯形图程序，其设计步骤如下所述。

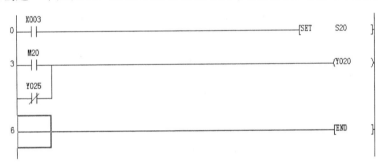

图 10-32 梯形图程序

（1）输入"LD X3"，输入时输入窗口同时打开，按 ENTER 键，程序中显示（X3），如图 10-33 所示。

图 10-33 创建梯形图步骤 1

（2）输入"SET M20"，按 ENTER 键，程序显示（SET M20），如图 10-34 所示。

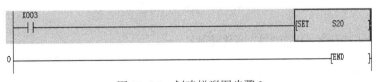

图 10-34 创建梯形图步骤 2

（3）输入"LD M20"，按 ENTER 键，程序显示（M20），如图 10-35 所示。

图 10-35　创建梯形图步骤 3

（4）输入"OUT Y20"，按 ENTER 键，程序显示（Y20），如图 10-36 所示。

图 10-36　创建梯形图步骤 4

（5）输入"ORI Y20 "，按 ENTER 键，程序显示（Y25），如图 10-37 所示。

图 10-37　创建梯形图步骤 5

（6）至此完成梯形图创建，如图 10-38 所示。

图 10-38　创建梯形图步骤 6

10.4.2　用工具按钮创建梯形图程序

本节介绍如何使用工具按钮创建梯形图程序。如果利用工具栏按钮创建图 10-39 所示的梯形图程序，可以按照以下步骤进行。

图 10-39　用工具按钮创建程序

（1）单击工具栏中的按钮打开程序，输入窗口被打开，输入"X3"。单击按钮 确定，显示程序（X3），如图 10-40 所示。

图 10-40　用工具按钮创建程序 1

（2）单击工具栏中的按钮，输入"SET M20"。单击按钮 确定，程序显示（SET M20），如图 10-41 所示。

图 10-41　用工具按钮创建程序 2

（3）单击工具栏中的按钮，输入"M20"。单击按钮 确定，如图 10-42 所示。

图 10-42　用工具按钮创建程序 3

（4）单击工具栏中的按钮，输入"Y25"。单击按钮 确定，如图 10-43 所示。

图 10-43　用工具按钮创建程序 4

（5）单击工具栏中的按钮😃，输入"Y20"。单击按钮**确定**，如图 10-44 所示。

图 10-44　工具按钮创建程序 5

（6）至此创建梯形图程序完成，如图 10-45 所示。

图 10-45　用工具按钮创建程序 6

10.4.3　转换已创建的梯形图程序

利用按钮或键盘输入创建了梯形图后，并没有完成程序设计。此时的梯形图仅是一个图形而已，若要变换成程序，需要进行转换处理。

（1）单击要进行线路转换的窗口使其激活，如图 10-46 所示。

图 10-46　转换程序操作 1

（2）单击工具栏中的按钮🔲，至此转换完成。可以看到窗口由灰色变成白色显示，如图 10-47所示。

图 10-47　转换程序操作 2

【说明】也可利用 F4 键进行转换。

10.4.4 修改梯形图程序部件

如果需要修改程序中的语句，如将 SET S20 改成 RST S20，如图 10-48 所示，可按照下述步骤进行。

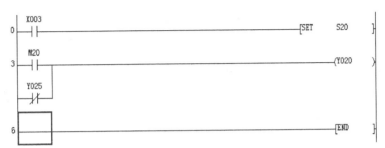

图 10-48 纠正梯形图 1

（1）首先确保在屏幕右下角显示"改写"。若显示"插入"，按 Insert 键改变显示模式为"改写"，如图 10-49 所示。

（2）双击编辑区域，显示程序输入窗口如图 10-50 所示。

图 10-49 纠正梯形图 2   图 10-50 纠正梯形图 3

（3）单击窗口，显示光标（│），编辑数据至 SET S20。将其修改成"RST S20"，编辑后单击按钮 确定，完成操作，如图 10-51 所示。

图 10-51 纠正梯形图 4

10.4.5 剪切和复制梯形图块

剪切和复制梯形图操作步骤分别如图 10-52 至图 10-54 所示，其中步骤 1 ~ 2 为剪切操作，步骤 3 ~ 6 为复制操作。

（1）单击要进行剪切和复制的梯形图块的步数，并按下鼠标左键不放，垂直拖曳鼠标，指定要剪切或复制的范围，指定区域将高亮显示，如图 10-52 所示。

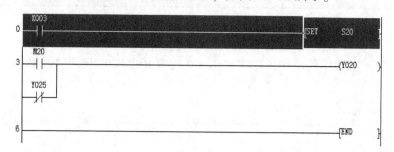

图 10-52　剪切操作步骤 1

（2）单击工具栏的剪切按钮，则指定区域的线路被剪切，剪切后剩余线路上移填充空白处，如图 10-53 所示。

图 10-53　剪切操作步骤 2

（3）单击工具栏中的复制按钮。
（4）单击需要粘贴的位置。
（5）单击工具栏中的粘贴按钮。
（6）复制的梯形图块被粘贴，如图 10-54 所示。

图 10-54　复制操作步骤

10.4.6　改变 PLC 类型

在实际工业生产中，有时会遇到设备硬件调整的情况。由于编制程序前已经选择了 PLC 的型号，因此在设备调整后，需要根据实际的设备情况改变 PLC 的类型。

1. 改变 PLC 类型的操作步骤

（1）执行菜单命令"工程"→"改变 PLC 类型"，弹出"改变 PLC 类型"对话框，如图 10-55 所示。在"PLC 系列"栏中选择要改变的 PLC 系列（本例选择"QCPU（Amode）"）。

（2）在"PLC 类型"栏中选择要改变的 PLC 类型（本例选择"Q02（H）- A"），单击按钮 确定 ，如图 10-56 所示。

图 10-55　改变 PLC 类型操作 1　　　图 10-56　改变 PLC 类型操作 2

显示确认改变的对话框，单击按钮 确认(C) 即可，如图 10-57 所示。

2. 改变 PLC 类型时的注意事项

☺ FX 系列 PLC 类型改变时，将显示"PLC 类型改变"对话框，如图 10-58 所示。当源 PLC 的设置值不被目的 PLC 接受时，将用目的 PLC 的初始值或最大值替代源设置。超出新 PLC 类型支持的大小的程序部分将被删去。

☺ 如果更换为 FX0 或 FX0s 系列 PLC，虽然分配 2000 步内存容量，但实际内存大小为 800 步，程序的其余部分将被删去。

☺ 即使源 PLC 程序包含新 PLC 类型中不具有的元素数量和应用程序指令，程序的内容也不能改变。

☺ PLC 类型改变前后，要确保把这些元素的数量和应用程序指令修改成适当的程序。若对没有修改的程序进行转换，将会发生程序错误。

图 10-57　改变 PLC 类型操作 3　　　图 10-58　改变 PLC 类型操作 4

10.4.7　参数设定

首先在数据类型一览中选择参数、PLC 参数，如图 10-59 所示。

图 10-59　FX 系列 PLC 参数设定 1

然后出现如图 10-60 所示的 "FX 参数设置" 对话框。

图 10-60　"FX 参数设置" 对话框

1) 存储器容量设置
☺ 内存容量：设定 PLC 的存储器容量。

☺ 注释容量：设定注释容量。

☺ 文件寄存器容量：设定文件寄存器容量。

☺ 程序容量：设定顺控程序容量。

2) 软元件　设定锁存范围。

3) PLC 名　给 PLC 程序设定名称。

4) I/O 分配　设定 I/O 继电器的起始/最终值。

5) PLC 系统（1）
☺ 没有电池状态：FX2N、FX2NC PLC 在无备用电池工作时的设定。

☺ 调制解调器：设定实行 FX2N、FX2NC PLC 远程存取时的调制解调器初期化命令。

☺ RUN 端子输入：FX2N、FX2NC PLC 的输入 X 作为外部 RUN/STOP 端子来使用时，设定其输入号码。

6) PLC 系统（2）
☺ 协议：设定通信协议。

☺ 数据长度：设定数据长度。

☺ 奇偶性：设定奇偶性。

☺ 停止位：设定停止位。

☺ 传送速度：设定传送速度。

☺ 页眉：设定页眉。

☺ 控制线：控制线有效时进行设定。

☺ H/W 类型：通常选择 RS-232C 或 RS-485。

☺ 控制模式：表示控制模式的内容。

☺ 传送控制顺序：选择格式 1/格式 4。

☺ 站号设定：设定站号。

☺ 超时判定时间：设定暂停时间。

10.4.8　在线操作

在线操作主要包括 PLC 程序读取、PLC 写入等操作，如图 10-61 所示。

1. PLC 读取操作

执行菜单命令"在线"→"PLC 读取"，弹出"PLC 读取"对话框，如图 10-62 所示。按照需要选中程序、软元件注释、参数选项，然后单击按钮 执行 ，程序便由 PLC 上载到 PC。

图 10-61　"在线"菜单

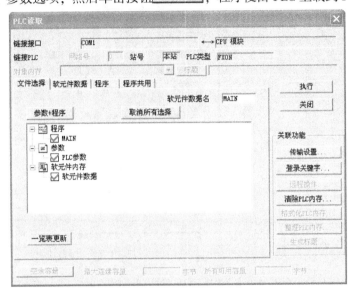

图 10-62　PLC 读取操作

2. PLC 写入操作

执行菜单命令"在线"→"PLC 写入"，弹出"PLC 写入"对话框，如图 10-63 所示。按照需要选中程序、软元件注释、参数选项，然后单击按钮 执行 ，程序便由 PC 写入到 PLC。

图 10-63　PLC 写入操作

【实例 10-2】 用 GX-Developer 开发一个电动机正/反转控制程序。

（1）执行菜单命令"工程"→"创建新工程"，弹出"创建新工程"对话框，如图 10-64 所示。在"PLC 系列"栏中选择"FXCPU"，在"PLC 类型"栏中选择"FX2N (C)"后，单击按钮 确定 。

图 10-64　步骤 1

（2）单击工具栏中的按钮 ，打开程序，输入窗口被打开，输入"X0"。单击按钮确定，显示程序（X0），如图 10-65 所示。

图 10-65　步骤 2

（3）在编辑状态下输入"OR Y0"，单击按钮确定，如图 10-66 所示。

图 10-66　步骤 3

（4）在编辑状态下输入"ANI X2"，单击按钮确定，如图 10-67 所示。

（5）在编辑状态下输入"ANI Y1"，单击按钮确定，如图 10-68 所示。

（6）在编辑状态下输入"OUT Y0"，单击按钮确定，如图 10-69 所示。

图 10-67　步骤 4

图 10-68　步骤 5

图 10-69　步骤 6

（7）得到正转控制部分，如图 10-70 所示。

图 10-70　正转控制部分

（8）反转控制部分程序的输入与正转控制部分的输入基本一致，在此不再赘述，由读者自己完成。最后得到完整的程序，如图 10-71 所示。

图 10-71　电动机正/反转控制完整程序

思考与练习

（1）简述便携式编程器的编程操作步骤。

（2）应用 GX Developer 软件进行编程练习，并熟练掌握程序上载、下载的方法。

（3）应用 GX Developer 软件实现十字路口交通信号灯的控制，时序可自行定义。

参 考 文 献

[1] 三菱公司 . 三菱 FX 系列可编程序控制器编程手册 . 2001.

[2] 三菱公司 . 三菱 FX 系列可编程序控制器应用 101 例 . 1994.

[3] 三菱公司 . 三菱 FX 系列可编程序控制器特殊功能模块用户手册 . 2001.

[4] 杜从商 . PLC 编程应用基础 (三菱) . 北京：机械工业出版社, 2009.

[5] 王阿根 . PLC 控制程序精编 108 例 . 北京：电子工业出版社, 2009.

[6] 颜全生 . PLC 编程设计与实例 . 北京：机械工业出版社, 2009.

[7] 吴丽 . 电气控制与 PLC 应用技术 . 北京：机械工业出版社, 2008.

[8] (美) 皮特鲁泽拉 著, 侯世英 等译 . PLC 教程 (第 3 版) . 北京：人民邮电出版社, 2002.

[9] 黄中玉 . PLC 应用技术 . 北京：人民邮电出版社, 2009.

[10] 杨亚萍 . 电气控制与 PLC. 北京：化学工业出版社, 2009.

[11] 肖峰 . PLC 编程 100 例 . 北京：中国电力出版社, 2009.

[12] 田淑珍 . 可编程控制器原理及应用 . 北京：机械工业出版社, 2009.

[13] 朱伯生 . PLC 编程理论·算法及技巧 . 北京：机械工业出版社, 2005.

[14] 王建, 张宏 . 电气自动化通用设备应用系列三菱 PLC 入门与典型应用 . 北京：中国电力出版社, 2009.

[15] 罗伟, 邓木生 . PLC 与电气控制 . 北京：中国电力出版社, 2009.

[16] 韩兵 . PLC 编程和故障排除 . 北京：化学工业出版社, 2009.

[17] 廖常初 . FX 系列 PLC 编程及应用 . 北京：机械工业出版社, 2004.

[18] 廖常初 . PLC 基础及应用 (第 2 版) . 北京：机械工业出版社, 2008.

[19] 于书兴 . 电气控制与 PLC. 北京：人民邮电出版社, 2009.

[20] 陈忠平, 周少华, 侯玉宝 . PLC 自学手册 (三菱 FX/Q 系列) . 北京：人民邮电出版社, 2009.

《三菱 FX 系列 PLC 编程及应用（第 2 版）》

读者调查表

尊敬的读者：

欢迎您参加读者调查活动，对我们的图书提出真诚的意见，您的建议将是我们创造精品的动力源泉。为方便大家，我们提供了两种填写调查表的方式：

1. 您可以登录 http://yydz.phei.com.cn，进入"读者调查表"栏目，下载并填好本调查表后反馈给我们。
2. 您可以填写下表后寄给我们（北京市海淀区万寿路 173 信箱电子信息出版分社　邮编：100036）。

姓名：＿＿＿＿＿＿＿　　性别：□ 男　□ 女　　年龄：＿＿＿＿＿＿　　职业：＿＿＿＿＿＿

电话：＿＿＿＿＿＿＿＿＿＿＿＿＿＿　　移动电话：＿＿＿＿＿＿＿＿＿＿＿＿＿＿＿＿＿＿

传真：＿＿＿＿＿＿＿＿＿＿＿＿＿＿　　E-mail：＿＿＿＿＿＿＿＿＿＿＿＿＿＿＿＿＿＿

邮编：＿＿＿＿＿＿＿＿＿＿＿＿　　通信地址：＿＿＿＿＿＿＿＿＿＿＿＿＿＿＿＿＿＿＿

1. 影响您购买本书的因素（可多选）：

□封面、封底　　　□价格　　　　□内容简介　　　□前言和目录　　　□正文内容

□出版物名声　　　□作者名声　　□书评广告　　　□其他＿＿＿＿＿＿＿＿＿＿＿＿＿＿＿＿

2. 您对本书的满意度：

从技术角度	□很满意	□比较满意	□一般	□较不满意	□不满意
从文字角度	□很满意	□比较满意	□一般	□较不满意	□不满意
从版式角度	□很满意	□比较满意	□一般	□较不满意	□不满意
从封面角度	□很满意	□比较满意	□一般	□较不满意	□不满意

3. 您最喜欢书中的哪篇（或章、节）？请说明理由。

＿＿＿

＿＿＿

4. 您最不喜欢书中的哪篇（或章、节）？请说明理由。

＿＿＿

＿＿＿

5. 您希望本书在哪些方面进行改进？

＿＿＿

＿＿＿

6. 您感兴趣或希望增加的图书选题有：

＿＿＿

＿＿＿

邮寄地址：北京市海淀区万寿路 173 信箱电子信息出版分社　张剑　收　　邮编：100036

电　　话：(010)88254450　　E-mail：zhang@phei.com.cn